艺术设计 ARTDESIGN

高等院校艺术学门类『十四五』系列教材

园林植物基础

YUANLIN ZHIWU JICHU

主　编　袁伊旻　傅　强　王植芳

副主编　谈　洁　程维舜　古　剑　吴　苗

参　编　戴　欢　曾　艳　张辛阳　刘　莉　段丽娟　何诗静　肖　冰

华中科技大学出版社

http://www.hustp.com

中国·武汉

内容简介

全书分课程导论和6个项目单元，每个项目单元又包括任务、实训模块、知识拓展、练习与思考。主要讲述园林植物与城市的关系、园林植物的美学特性、园林植物的城市应用、课程与工作岗位的对应关系、园林植物器官的认知及园林植物的分类，进而依次讲解常见园林乔木、灌木、藤本、花卉、水生植物、竹类植物、观赏草、草坪草等8类植物，从中文名、别称、拉丁名、科属、植物类型、识别要点、生态习性、园林用途、自然分布、植物文化10个角度介绍常见园林植物。全书配有约300种常见的园林植物的近1000张图片，充分展示了植物全貌及枝、叶、花、果等形态特点，并选取典型的植物应用形式进行说明。

本书采用“项目导向、任务驱动、实训加强、知识拓展、练习巩固”五位一体的新颖模式进行编写，引导读者“走出去、蹲下来、看清楚、能识别、会应用、懂设计”。本书可作为大中专院校植物景观设计及建筑学、园林设计、城乡规划、风景园林、环境艺术、园艺技术、环境设计等相关专业的教学用书，也可供与园林植物景观设计相关的管理者、景观设计师、工程技术人员和对相关内容有兴趣的人员阅读参考。

图书在版编目（CIP）数据

园林植物基础 / 袁伊旻，傅强，王植芳主编．—武汉：华中科技大学出版社，2022.5
ISBN 978-7-5680-8154-2

Ⅰ．①园…　Ⅱ．①袁…②傅…③王…　Ⅲ．①园林植物　Ⅳ．①S68

中国版本图书馆CIP数据核字（2022）第064546号

园林植物基础
Yuanlin Zhiwu Jichu　　袁伊旻　傅强　王植芳　主编

策划编辑：袁　冲
责任编辑：白　慧
封面设计：优　优
责任监印：朱　玢
出版发行：华中科技大学出版社（中国·武汉）　电话：（027）81321913
武汉市东湖新技术开发区华工科技园　邮编：430223
录　排：武汉创易图文工作室
印　刷：湖北新华印务有限公司
开　本：880 mm × 1230 mm　1/16
印　张：23.25
字　数：682千字
版　次：2022年5月第1版第1次印刷
定　价：49.00元

前言

Preface

随着城市化进程的日益加快、人们审美水平的提高，营造舒适、宜人的自然生态环境成为城市追求的目标，打造更高层次、更具品位的环境景观成为现代城市建设的必然趋势。园林植物是营造城市景观空间的重要材料，从事景观设计的相关人员需重视园林植物景观的设计与营造，让其在城市景观建设中发挥更大的作用。为此，我们结合园林植物的教学现状，参考国内外已出版的专业读物编写了这本书，以期尽可能满足大中专院校植物景观设计及建筑学、园林设计、城乡规划、风景园林、环境艺术、园艺技术、环境设计等相关专业的教师、学生及与园林植物景观设计相关的管理者、景观设计师、工程技术人员和对相关内容有兴趣的人员的需要。

本书以植物应用为导向，分为课程导论（讲述园林植物与城市的关系、园林植物的美学特性、园林植物的城市应用、课程与工作岗位的对应关系等）和6个项目单元（认知园林植物器官，园林植物的分类，常见园林乔木，常见园林灌木与藤本，常见园林花卉，常见园林水生植物、竹类植物、观赏草、草坪草），共包括18个工作任务（观察植物的根，观察植物的茎，观察植物的叶，观察植物的花，观察植物的果实和种子，园林植物的分类及命名，园林植物常见应用分类，针叶乔木认知及应用，阔叶乔木认知及应用，行道树、庭荫树、园景树的选择与应用，灌木认知及应用，藤本认知及应用，园林中常见一、二年生花卉的识别、认知及应用，园林中宿根花卉的识别、认知及应用，园林中球根花卉的识别、认知及应用，水生植物认知及应用，竹类植物认知及应用，观赏草、草坪草认知及应用）、6个实训模块（园林植物器官的观察识别，园林植物标本制作，本地常见园林乔木调查识别，常见园林灌木与藤本调查识别，常见园林花卉调查识别，常见园林水生植物、竹类植物、观赏草、草坪草调查识别）、6个知识拓展、6个练习与思考。

本书主要特色如下：

（1）编写模式新颖。本书打破了传统教材的章节结构，采用“项目导向、任务驱动、实训加强、知识拓展、练习巩固”五位一体的模式进行编写，结合作者多年的教学经验和研究成果，充分利用园林植物本身具有的鲜活、有机的生命色彩，突出植物本身的亲人性，引导读者 “走出去、蹲下来、看清楚、能识别、会应用、懂设计”，使内容更具互动性、针对性、实用性、可操作性，更加符合社会对应用型人才的需求。

（2）内容循序渐进，符合学生认知规律。全书先讲述园林植物器官认知及园林植物应用分类，进而依次讲解常见园林乔木、灌木、藤本、花卉、水生植物、竹类植物、观赏草、草坪草等 8 类植物，从中文名、别称、拉丁名、科属、植物类型、识别要点、生态习性、园林用途、自然分布、植物文化 10 个角度介绍常见的园林植物，并配有大量直观的图片，充分展示了植物全貌及枝、叶、花、果等形态特点，并选取典型的植物应用形式进行说明，提高植物认知的准确性，满足读者学习的需求。全书内容完全遵循读者的心理特征、技能形成规律、职业成长规律，按照从整体到局部、从易到难的顺序进行编排，层层递进、逐层深入，更加符合应用型人才培养的要求。

（3）突出应用特色的植物描述。目前应用型高校所使用的园林植物教材多与综合性大学相差无几，难以突出专业优势，学生和教师亟须具有针对性、专业性的园林植物与应用教材。本书以此诉求为目标，在植物描述中着重展示植物形态特征，阐述识别要点，增加园林用途、植物文化、生态习性等知识点，删减植物微观结构、栽培繁育、生长发育规律等内容。

（4）突出职业核心技能。注重与植物相关的工作岗位结合，与职业技能证书相结合，突出职业核心技能。本书根据对园林植物景观企事业单位的调研和深度访谈并结合国内外已出版的专业读物编写，每一内容模块的设置都是基于企业的岗位需求，尤其任务、实训模块、知识拓展等内容与绿化工、花卉工、施工员、建造师等从业人员的资格考试有紧密联系，使得读者的学习更具目的性，职业核心技能得以突出。

本书由华中农业大学、武汉设计工程学院、湖北工程学院和武汉市农业科学院、宜昌市森林病虫防治检疫站的高级工程师、工程师、副教授、讲师联合编写。同时，本书是教学研究的产物，感谢武汉设计工程学院校级教学研究项目“‘金课’背景下地方新建本科高校植物类课程建设的研究和实践”(2019JY111)、“数字化景观技术下的风景园林规划设计课程教学模式探索与实践”（2021JY101），武汉设计工程学院校级规划教材《园林植物基础》建设项目（JC202103），湖北省高等学校省级教学研究项目“立体化教学模式在园林专业应用型课程中的改革研究”（2017505），湖北省教育厅科研项目“肠道共生微生物对南亚果实蝇雌虫生殖力的影响研究”(B2019329)、“ 城市微更新理念下口袋公园设计探究”（B2021370），湖北省教育厅人文社会科学研究项目“基于景观都市主义理论的武汉市工业遗产地保护与再利用研究”（18G130）的支撑。在编写过程中，得到了编者所在单位的大力支持，同时感谢武汉设计工程学院刘崇敏、王雪晶、刘瑶、郑天朗、李志斌的热心帮助。本书植物的中文名与拉丁名均与 1999—2013 年出版的 *Flora of China* 保持一致，少数物种根据习惯略有变动。本书参考引用了有关单位和学者的书籍、文献资料等，恕未在书中一一标注，统列于书后参考文献中，少量图片来源于网络，因无法查询到原作者，所以未标注出处，在此一并感谢所有原作者。

由于编者水平有限，书中难免有错误和不足之处，敬请广大读者、同行批评指正，在此谨致以深深的谢意！

编　者

2021 年 4 月

目录
Contents

Yuanlin Zhiwu Jichu

课程导论

城市与园林之美学特性

一、城市与植物

城市是由自然生态系统与人工生态系统相互交融而组成的复合系统。城市化已经成为人类社会发展的一种必然趋势，对于发展中国家来说更是如此。随着我国社会经济的发展和人民生活质量的提升，特别是城镇化的大力推进，政府和人民对城市绿地的建设越来越关注。城市绿地生态系统对城市环境的改善至关重要。自 1992 年起，为建设结构合理、功能完善、人居舒适的生态城市，住房和城乡建设部展开了国家生态园林城市、国家园林城市以及国家园林县城和城镇的评选，作为城市品牌建设和推广的一项策略。

植物是城市绿地的主体，它在城市环境里能否正常地生长发育对绿地综合功能的发挥至关重要，同时决定了城市园林绿化的质量。植物不仅能够为城市绿地建设提供材料，给人们带来美的享受，还可改善城市环境，为人群健康服务。城市环境对于植物来说是一种特殊的生长环境，空气污染、土壤污染、水质污染以及城市热岛效应等使得植物需要承受比自然环境中更大的生长压力。随着城市建设的不断推进，综合心理学、美学以及生态学等的要求，在绿地建设规划中科学地选择适宜的植物越来越受到人们的重视，这也是城市生态园林体系建设需要研究的重要课题。

城市绿地建设的目标是在城市建立稳定的植物群落，满足居民对环境的需求，完善城市生态系统。城市绿地以乔木、灌木、草本植物为主体，不仅能让人感受到大自然的鸟语花香，而且能辅助实现合理的城市布局，是保证城市建设与环境保护协调发展的绿色基础。同城市规划类似，绿地规划也必须成为体制、技术、行为配套的完整系统。而科学地选择适宜的园林植物是城市绿地规划及设计的基础，这不仅在很大程度上影响着城市特色景观的形成，也关系到城市绿地建成后养护和管理的方便程度以及生态功能的体现。

国外城市绿地园林植物的使用最早始于王室或贵族居所的园林。19 世纪中后期，由于工业大革命的快速发展，出现了环境与生态等多方面的问题。而随着城市化进程的加速，大量人口涌入城市，促使城市开辟了供市民使用的公共绿地。但是对城市与自然之间关系的思考并没有引起人们的重视。1856 年，奥姆斯特德主持了纽约中央公园的建设，随后在美国掀起了大规模的公园运动，并逐渐影响到世界其他的地区。这个时期的植物造景在形式上主要遵循模拟自然山水的设计理念，但在植物群落结构的设计上显然已经具有更多的生态意识和适当的措施。1898 年，英国社会活动家霍华德在他的著作《明日，一条通向真正改革的和平道路》中提出了“田园城市”的理论，他主张在城市外围建立绿化带，使城市与乡村景观自然地融合在一起。在这一理论的指导下，霍华德于 20 世纪初在伦敦东北方向建立了世界上第一座“田园城市”。格特鲁德 · 杰基尔的植物设计是 20 世纪的园林设计的一次变革，在她的设计中，大量的植物运用勾勒出的植物群落形态以及花境植物的配置和苗木育种对之后园艺的发展影响深远。她认为“在有限的空间内要尽量丰富地应用植物素材”。二战后，国外开始对部分的城市植物进行研究。到 20 世纪 70 年代初，城市植物作为城市生态系统的重要组成部分，伴随着研究城市生态系统的第二波浪潮，更受到瞩目，并逐步得到深入、系统的研究。国外城市园林选择的核心原则是适地适树（right tree right place/location）， 除了考虑树木对环境的适应性以及作用之外，还非常关注树木和人的关系以及与周边建筑设施的关系，认为要在恰当的位置发挥树木的最大价值。

相对而言，我国城市园林植物的研究起步比较晚。城市园林树种规划始于1959年，其发展经历了60余年。1978 年 12 月，国家建委召开第三次全国城市园林绿化工作会议，通过了《关于加强城市园林绿化工作的意见》，强调每个城市要结合当地条件及特色做好普遍绿化，有规划地种树，扩大绿地面积，提高绿化覆盖率。20 世纪 80 年代之后，出现了许多以城市为单元的园林植物研究。唐秋子等人对广州市进行了外来植物调查，并对外来植物以及本土野生植物资源的利用给出了建议；吴文谱对南昌市、深圳市、银川市、天津市、海口市等城市的主要绿化树种进行了调查、采集和整理，并且提出了城市园林植物的选择标准，对城市的骨干树种、基调树种、一般树种进行了规划。分层抽样调查法是城市植物资源调查中的常用方法，分层方法依据研究目标不同而不同，可以利用城市绿地分类标准、人类干扰程度或土地利用情况等。随着城市植物研究调查以及中国城市绿地系统评价的发展，越来越多的学者开始寻求用新的分析方法对城市植物进行研究或者从植物生态效益等层面进行研究。

从概念上来说，凡适合于各种风景名胜区、疗养胜地和各类园林绿地应用的乔木、灌木、藤本、地被、竹类、草本花卉及草坪植物等统称为园林植物。

城市景观是推动城市化进程的基础设施，可以美化环境，为居民打造绿色的健康生活空间。园林植物是城市景观的关键组成部分，发挥着重要作用，园林植物的使用是否合理直接关系到城市景观整体功能的发挥。园林植物在城市景观设计中的应用应基于植物种类多样化原则、 社会效益与经济效益相结合原则、与实际环境相匹配原则，结合优化园林植物配置方法、 根据季节搭配园林植物、 因地制宜选择植物品种、 综合利用园林植物、 根据城市地形环境选择园林植物等策略，充分发挥园林植物的美化功能、生态作用。

园林植物种类繁多，每种植物都有自己独特的形态、色彩、风韵、芳香及质感等美的特色，这些特色又能随着季节的更换、时间的推移、生长环境的不同而有所丰富和发展。植物在一年四季中有不同的风姿和妙趣。例如，春季梢头嫩绿、花团锦簇；夏季绿叶成荫、浓荫覆地；秋季层林尽染、果实累累；冬季白雪挂枝、银装素裹。以年龄而论，植物在不同的年龄时期均有不同的形貌。例如，松树在幼龄时全株团簇似球，壮龄时亭亭如盖，老年时枝干盘虬而有飞舞之势。园林中的建筑、山石、水体均需恰当的园林植物与之相互衬托、掩映，以减少人工气氛，提升城市景观的美感度。

二、园林植物的美学特性

1. 园林植物美学特性的表现

园林植物的重要特性之一，是能给人以美的享受。园林植物的美主要表现在色彩、形态、芳香等方面，而色彩、形态、芳香等又是通过园林植物的体量、冠形，以及叶、花、果、枝干、根等观赏器官或观赏载体来体现的。作为园林空间中的主景的园林植物，不论是乔木、灌木、藤本，还是竹类、花卉，都各有其观赏特点。在植物造景中，我们可以根据需要，选择具有观花、观果、观叶、观枝、观形态等特点的植物，充分发挥它们的个体美或群体美，按照美学原则进行构图，和其他园林要素一起，形成朝夕不同、四时互异、千变万化、色彩丰富的景色，使人们感受到动态的美和生命的节奏。因此，我们首先要了解不同园林植物的观赏特性，如南洋杉 *Araucaria heterophylla*、侧柏 *Platycladus orientalis*、圆柏等主要是观赏树形；落羽杉 *Taxodiumi distichum*、水松 *Glyptostrobus pensilis* 等既可观赏树形，又可作为秋色叶树种；木棉 *Bombax ceiba*、刺桐 *Erythrina variegata* 、腊肠树 *Cassia fistula* 等开花时非常茂盛；荔枝 *Litchi chinensis*、黄皮 *Clausena lansium* 等结果时硕果累累；紫锦木 *Euphorbia cotinifolia*、红桑、变叶木等叶色美丽；垂柳 *Salix babylonica* 枝条飘逸。只有掌握好它们的观赏特性，才能合理配置植物，进行组景。

园林植物美的表现，会因种类、生境等的影响而有差异；而不同的人由于年龄、阅历、爱好、文化程度乃至性别、心理状况等的差异，也会对植物产生不同的美感。在个体美的基础上形成的群体美，更增加了园林植物美的多样性与复杂性。

植物的器官包括根、茎（枝）、叶、花、果等，不同植物的观赏特性各不相同，有些植物属于观叶，有些属于观花、观果，有些属于观树形，它们各有自身的观赏特点。以下是园林植物在美学特性方面的几点表现：

1）自然特性之美

园林植物在生长期间，会呈现出不同的、自己所特有的外部形态，会产生不同的观赏效果。这就是植物所表现出来的自然特性。园林植物的美是以其自然美为基础的，不论个体美或是群体美，色彩美或是形体美等，它们都具有自然的特性，不能由人随意创造。如南洋杉、圆柏等的树形是圆锥形，它们给人的感觉是庄严、肃穆，松柏以其苍劲挺拔的形态表现出坚贞不屈的感觉；棕榈科植物多表现出洒脱的特点，有些植物开花时色彩鲜艳夺目，给人热情、奔放的感觉。这些特性都是植物本身特有的。

2）时空特性之美

园林植物在生长过程中会受到生境条件的影响，随着年龄和季节的变化，各种美的表现形式会不断地丰富和发展，在时间和空间上处于动态变化之中。这个变化包括两方面：一是植物随着季节的变化会表现出“春花盛开，夏树成荫，秋果累累、冬枝苍劲”的不同景象；二是伴随植物的整个生长过程，个体形态也会发生相应的变化，从幼年期到壮年期，再到老年期，随着时间的推移，其体量在不断地发生变化，由稀疏的枝叶到茂密的树冠，从很小的苗木长到苍天大树，树干、枝条不断向高和宽延伸并充塞空间。植物的时空特性是由植物的自然生长规律形成的。

3）延伸特性之美

园林植物的美，除了通过人的感觉器官直接感受之外，还能通过人的思维器官加以比拟、联想，使园林植物的美得到进一步的扩展、延伸，形成园林植物的风韵美或抽象美。这种美比形式美更广阔、深刻、持久。

园林植物分布在不同的地理位置，会形成一定的乡土景色和情调；不同民族或地区的人民，由于生活文化及历史习俗等，对不同的园林植物常形成带有一定思想感情的看法，甚至将植物人格化。因此，园林植物经过一定的艺术处理后，便具有巨大的艺术力量，能使人们产生热爱祖国、热爱家乡的思想感情。例如，我国人民常以四季常青、抗性极强的松柏象征坚贞不屈的精神；而富丽堂皇、花大色艳的牡丹，则被视为繁荣兴旺的象征；还有人们所熟知的松、竹、梅，被称为“岁寒三友”，象征坚贞、气节和理想，代表高尚的品质；此外，紫荆象征兄弟和睦，含笑表示深情，红豆代表相思，桑梓表示故乡，桃李比喻门生，等等。在欧洲许多国家，人们以月桂代表光荣，油橄榄象征和平等，不胜枚举。

2. 园林植物的树形及其观赏特性

在园林空间的植物配置中，园林植物（主要是乔木、灌木）的树形是构景的基本因素之一，它在园林的组景中起着巨大的作用。如树形为尖塔形、圆锥形的园林植物，能够形成庄严、肃穆的气氛，也能产生高耸感；自然形、垂枝形的园林植物，能产生飘逸的感觉。不同树形的园林植物，经过妥善的配置和安排，可产生韵律感、层次感等艺术组景的效果。

不同树种各有其独特的树形，它们之间的差异主要是由树种的遗传性决定的，但在一定程度上也受环境因子的影响。同时，同一树种的树形也会随着生长发育的过程而呈现出规律性的变化。

一般所讲的某树种的树形，是指正常的生长环境下其成年树的形状。通常将园林植物的树形分为以下几种类型。

1）乔木类

①圆柱形，如塔柏 *Sabina chinensis* 'Pyramidalis' 等。

②圆锥形，如枇杷 *Eriobotrya japonica*、柏木 *Cupressus funebris* 等。

③尖塔形，如南洋杉 *Araucaria heterophylla* 等。

④卵圆形，如苹婆 *Sterculia monosperma*、梧桐 *Firmiana simplex* 等。

⑤伞形，如合欢 *Albizzia julibrissin* 等。

⑥倒卵形，如桑 *Morus alba* 等。

⑦扁球形，如油茶 *Camellia oleifera* 等。

⑧钟形，如欧洲山毛榉 *Fagus sylvatica*、悬铃木 *Platanus acerifolia* 等。

⑨倒钟形，如槐 *Sophora japonica* 等。

⑩棕榈形，如大王椰子 *Roystonea regia*、假槟榔 *Archontophoenix alexandrae* 等。

⑪芭蕉形，如芭蕉 *Musa basjoo*、鹤望兰 *Strelitzia reginae* 等。

⑫盘伞形，如老年期油松 *Pinus tabulaeformis* 等。

⑬苍虬形，如高山区一些老年期树木。

⑭垂枝形，如垂柳 *Salix babylonica* 等。

⑮自然形，如木麻黄 *Casuarina equisetifolia*、柠檬桉 *Eucalyptus citriodra* 等。

⑯圆球形，如黄皮 *Clausena lansium* 等。

⑰风致形，受自然环境因子的影响而形成的各种富于艺术风格的体形，如高山上或多风处的树木以及老年树或复壮树等，黄山上的迎客松就属此类。

⑱馒头形，如台湾相思 *Acacia confusa* 等。

2）灌木类

①丛生形，如玫瑰 *Rosa rugosa* 等。

②球形，如海桐 *Pittosporum tobira*、九里香 *Murraya exotica* 等。

③倒卵形，如刺槐 *Robinia pseudoacacia* 等。

④半圆形，如金露梅 *Potentilla fruticosa* 等。

⑤匍匐形，如平枝栒子 *Cotoneaster horizontalis*、野迎春 *Jasminum mesnyi* 等。

⑥偃卧形，如鹿角桧 *Sabina chinensis* 'Pfitzeriana' 等。

⑦拱枝形，如连翘 *Forsythia suspense* 等。

⑧悬崖形，如生于高山悬崖缝隙中的松树等。

3）园林植物的人工造型

除了各种天然生长的树形以外，对于枝叶密集、不定芽萌发力强的耐修剪植物，可将树冠修剪成所需要的形态，如朱槿 *Hibiscus rosa-sinensis* 可修成圆柱形、球形、立方形；基及树 *Carmona microphylla* 可修剪成立方形、圆弧形、波浪形；宝巾 *Bougainvillea glabra* 可修剪成花瓶、花篮等各种形状。

各种树形给人以不同的感觉，它们的美化效果会根据配置的方式及周围景物的影响而发生改变。可根据不同的环境气氛选择不同的树形，以提升整个景观的观赏效果。如在纪念性园林绿地中，一般选择配置尖塔形、圆锥形的植物，用来烘托其庄严、肃穆的气氛；或将耐修剪的植物修剪成某种形状，与环境相协调。我们应了解不同园林植物的树形，以便充分发挥其美化功能。

3. 园林植物的叶及其观赏特性

园林植物叶片的大小差异很大，叶形千变万化，叶色极其丰富多彩，质地等也各有差异。不同大小、形状、色彩、质地的叶片，具有不同的观赏特性。

1）叶的大小和形状

就园林植物叶的大小而言，大的叶片长度可达 20 米以上，小的仅几毫米长。一般原产于热带湿润地区的植物叶片都较大，如旅人蕉 *Ravenala madagascariensis*、假槟榔、大王椰子、蒲葵 *Livistona chinensis* 等；寒带、寒温带的植物叶片大多较小，如侧柏、垂柏等。

棕榈科植物具有热带情调，蒲葵、棕榈 *Trachycarpus fortunei* 的掌状叶给人以朴素感；长叶刺葵 *Phoenix canariensis*、椰子 *Cocos nucifera*、假槟榔等的羽状叶给人以洒脱感；此外，变叶木、银杏 *Ginkgo biloba*、芭蕉、琴叶榕 *Ficus pandurata*、龟背竹 *Monstera deliciosa* 等叶形奇特的植物，都有很高的观赏价值，皆可选择其叶形作为主要观赏特性来配置。

2）叶的色彩

利用叶色的变化来配置植物，是园林组景的常用手法。既有各种色彩差异大的叶片，又有属于同一色系，只是深浅不同的叶片。将叶片颜色相近或各异的植物按美学原理进行配置，能产生丰富的层次感和色彩感。根据植物叶色的特性，大致分类如下：

①深绿色 。南洋杉、苏铁 *Cycas revoluta*、侧柏、山茶、桂花 *Osmanthus fragrans*、榕树 *Ficus microcarpa*、印度榕 *Ficus elastica*、福建茶、塞楝 *Khaya senegalensis* 等属此类。

②浅绿色 。水杉 *Metasequoia glyptostroboides*、落羽杉、散尾葵 *Chrysalidocarpus lutescens*、假连翘 *Duranta erecta*、玉堂春等属此类。

③异色。紫锦木、变叶木、红桑、彩叶草 *Coleus blumei*、吊竹梅 *Zebrina pendula* 等属此类。

④双色。红背桂 *Excoecaria cochinchinensis*、红背竹芋 *Calathea sanguinea*、紫背万年青 *Tradescantia spathacea* 等属此类。

有些植物的叶色会因季节不同而发生变化，它们有的在春季叶色发生显著变化（春色叶树），有的在秋季叶色发生显著变化（秋色叶树），有的春秋两季的叶色与夏季的叶色有很大差异，根据造景需要，分为以下几种：

①春色叶树。玉堂春、黄葛榕 *Ficus virens* 、小叶榄仁 *Terminalia mantaley* 等属此类。

②秋色叶树。南天竹 *Nandina domestica*、乌桕 *Triadica sebifera* (L.) Small、无患子 *Sapindus mukorossi*、银杏、水杉、落羽杉、槐、爬山虎 *Parthenocissus tricuspidata* 等属此类。

③既是春色叶又是秋色叶。 紫薇 *Lagerstroemia indica*、大花紫薇 *Lagerstroemia speciosa* 等属此类。

还有一些园林植物的叶片颜色以绿色为基调，上面分布有各色各样规则或不规则的斑纹或线条，我们把它们称为彩叶植物，如变叶木、金脉爵床 *Sanchezia speciosa*、花叶万年青 *Dieffenbachia picta*、金边虎尾兰 *Sansevieria trifasciata* var. *laurentii*、金边吊兰 *Chlorophytum capense* 'variegatum' 等。

3）叶的质地

由于叶片质地的不同，植物的观赏效果也各异。革质或厚革质的叶片，具有很强的反光能力，植物在阳光的照射下，有光影闪烁的效果，如印度榕、山茶、荷花玉兰 *Magnolia grandifolra* 等。纸质、膜质的叶片常给人以恬静的感觉。叶片粗糙多毛的植物，则富有野趣。

叶片除了具有以上观赏特性外，还可以形成声响效果。中国园林自古以来就有“松涛阵阵”“雨打芭蕉”的声音，它们是大自然的天籁之声。另外，植物的单叶或复叶，以及叶片在枝条上的排列方式等，都能产生很好的观赏效果。因此，只有深刻了解并掌握园林植物叶的特性，并进行细致搭配，才能创造出优美的景色。

4. 园林植物的花及其观赏特性

园林植物的花有各种形状和大小，色彩更是千变万化。植物的花朵在枝条上的排列顺序不同会产生不同的观赏效果。园林中的观花植物通常在花本身的形状、色彩、香味等方面取胜。

1）花形

植物在进化过程中，花器官产生了各种各样的变化，形成了千姿百态的花形，极富观赏性。有些观花植物的花有比较奇特的形状，我们利用此特点来组景，能收到较好的效果。如仙客来 *Cyclamen pensicum* 的花朵像一个个活泼可爱的小兔子；文心兰 *Oncidium sphacelatum* 的花朵像一群翩翩起舞的女孩；鹤望兰、拖鞋兰、蝴蝶兰 *Phalaenopsis amabilis* 等的花朵都有奇特、可爱的形状，能给游人留下深刻的印象。

2）花色

植物花色繁多，花朵的色彩效果是观花植物的主要观赏因素之一。现将植物的基本花色列举如下：

①红色系花，如桃、红玫瑰 *Rosa rugosa var.rosea*、石榴、凤凰木 *Delonix regia*、朱槿、木棉、夹竹桃 *Nerium oleander*、红绒球 *Calliandra haematocephala*、红千层 *Callistemon rigidus*、五星花 *Pentas lanceolata* 等。

②黄色系花，如相思树 *Acacia confusa*、黄兰 *Michelia champaca*、南迎春、腊肠树、黄花夹竹桃 *Thevetia peruviana*、黄槐决明 *Cassia surattensis*、黄蝉 *Allamanda schottii*、软枝黄蝉 *Allamanda cathartica* 等。

③紫色系花，如五爪金龙 *Ipomoea cairica*、大花紫薇、紫薇、红花羊蹄甲 *Bauhinia* ×*blakeana*、长春花 *Catharanthus roseus*、雪茄花、紫藤 *Wisteria sinensis*、紫茉莉 *Mirabilis jalapa* 等。

④蓝色系花，如紫罗兰 *Matthiola incana*、假连翘、鸢尾 *Iris tectorum*、蓝花鼠尾草 *Salvia farinacea*、羽扇豆 *Lupiuns polyphyllus* 等。

⑤白色系花，如白兰 *Michelia alba*、茉莉花 *Jasminum sambac*、百合 *Lilium brownii*、荷花玉兰、木荷 *Schima superba*、栀子 *Gardenia jasminoides*、狗牙花 *Tabernaemontana divaricata*、白玫瑰、昙花 *Epiphyllum oxypetalum* 等。

还有一些自然界比较少见的花色，如绿菊、黑玫瑰、黑牡丹等具有罕见的花色，它们是极其珍贵的，观赏价值极高，可以盆栽形式进行观赏。

3）花香

很多植物的花是有香味的，有些花的香味很浓，有的则很淡。不同的花香会引起人们不同的反应。有的能让人兴奋，有的能使人镇静，有的能令人陶醉，有的却会引起反感。在园林造景中，这些不同的作用应受到足够重视。

以花的芳香而论，可以大致分为清香（如茉莉等）、淡香（如玫瑰、米兰 *Aglaia odorata* 等）、阴香（如 *Cinnamomum burmanii* 等）、甜香（如桂花、含笑等）、浓香（如白兰、栀子等）、奇香（如鹰爪花 *Artabotrys hexapetlus* 等）。

4）花相

不同植物的花在植株上的分布不同，有些是零星生长，有些却是成团成簇。虽然有些植物的花朵很小，毫不起眼，但当这些小花排成庞大的花序后，有时会比具有大花的植物还要美观。花相即花或花序着生在树冠上所表现出的整体面貌，可分成以下几种：

①干生花相。花着生于茎干之上，如槟榔 *Areca cathecu*、鱼尾葵 *Caryota ochlandra*、大王椰子、椰子、菠罗蜜 *Artocarpus heterophyllus* 等。

②线条花相。花排列在小枝上，形成长形的花枝，如一串红 *Salvia splendens*、假连翘、猫须草 *Clerodendranthus spicatus*、随意草 *Physastegia virginiana*、飞燕草 *Consolida ajacis* 等。

③星散花相。花朵或花序数量较少，散布于树冠各部，如白兰、含笑、茉莉、山茶、大红花、黄蝉等。

④团簇花相。花朵或花序形大而多，就全树而言，花感较强烈，但每朵花或每个花序的花簇仍能充分表达其特色，如腊肠树、刺桐、银桦 *Grevillea robusta*、黄槐等。

⑤覆盖花相。花或花序着生于树冠的表层，形成覆伞状，如凤凰木、大花紫薇、合欢、瓜叶菊 *Pericallis hybrida*、美女樱 *Verbena hybrida* 等。

⑥密满花相。花或花序密生于全植株各小枝上，使树冠形成一个整体的大花团，花感最为强烈，如山樱花 *Prunus serrulata*、榆叶梅 *Prunus triloba* 等。

对于园林空间的组景，我们既可以选用观花植物进行单株种植，也可以运用相同或不同花期的不同观花植物进行造景。把同一花期的数种观花植物配置在一起，可构成繁花似锦、缤纷夺目的景观；将多种观花植物按不同花期配植成丛或将同一观花植物的不同花期的品种配植成丛，则能得到四时花开、连绵不断的景色。通过观花植物的花色、花形、花香、花相等的组合，我们可创造出绚丽多彩的景色。

5. 园林植物的果及其观赏特性

许多植物具有美丽的果实或种子，它们像花一样，同样有千变万化的形状和色彩，而且有些具有很高的经济价值。“一年好景君须记，正是橙黄橘绿时。”苏轼的诗说出了植物的果实有着很高的观赏效果。园林设计中出于观赏目的而选择观果植物时，多是从形与色两方面去考虑。

1）果形

如果选择观果植物的果形作为观赏对象，一般果形以奇、巨、丰等为准。

①奇，即形状奇特。如佛手 *Citrus medica* 'Fingered' 的果形像佛的手；小叶罗汉松 *Podocarpus macrophyllus* var.*maki*、罗汉松 *Podocarpus macrophyllus* 的种子形似一个个罗汉在打坐；腊肠树、猫尾木 *Dolichandrone cauda-felina* 等的果实形同树名。

②巨，就是体形大。如菠萝蜜、柚子 *Citrus grandis*、榴梿等的个头都很大。

③丰，就是多，无论单果或果序，均应有一定的数量。如荔枝、黄皮等硕果累累、果压枝头，给人以沉甸甸的感觉。

2）果色

果实或种子也有丰富的色彩，与花相似，也有多个色系。

①红色系，如石榴、草莓 *Fragaria ananassa*、柿 *Diospyros kaki*、洋蒲桃 *Syzygium samarangense*、小叶罗汉松、罗汉松等。

②黄色系，如柚子、柑橘 *Citrus reticulata*、橙 *Citrus sinensis*、杧果 *Mangifera indica*、香蕉 *Musa nana*、佛手、番木瓜 *Carica papaya*、枇杷等。

③蓝紫色系，如葡萄 *Vitis vinifera*、桂花、杨梅 *Myrica rubra*、海南蒲桃 *Syzygium cumini* 等。

④黑色系，如常春藤 *Hedera nepalensis* var. *sinensis*、金银花 *Lonicera japonica*、女贞 *Ligustrum lucidum* 等。

除了以上基本色系外，还有白色、绿色等色系以及带有各色各样花纹的果实。

观果植物的配置，可弥补秋冬季节缺乏姹紫嫣红的遗憾，营造另一个仪态万千的世界。

另外，园林植物的茎干、枝条、树皮、刺毛等也有一定的观赏价值，有些并不亚于叶、花、果的观赏效果。我们只有充分了解植物的各个组成部分的观赏特性，才能更好地进行植物组景。

三、园林植物的城市应用

1. 园林植物造景

园林植物造景就是应用乔木、灌木、藤本、竹类及花卉植物来创造景观，充分发挥植物本身的形体、线条、色彩等自然美，或经修剪而构成图案的人工美，配置成一幅幅美丽动人的画面。要创造出丰富多彩的植物景观，首先要有丰富的植物材料，掌握园林植物的特点、习性，并能恰当地应用。

1）植物造景的形式

园林植物的多姿多彩为造景提供了条件。利用各种植物材料，可以创造富有生命活力的园林景观。可以说世界上没有任何物体像植物这样生机勃勃、千变万化。

运用植物的时空特性形成具有季相变化的园林景观，能使人们在游览时看到“春天繁花盛开，夏季绿树成荫，秋季硕果累累，冬季枝干苍劲”的不同景象，由此而产生“春暖花开绿枝头”“霜叶红于二月花”的特定景观。如在水岸边种植桃树、垂柳，当春天到来时，一片桃红柳绿的江南水乡春景；而北京香山红叶在秋季的火红景色真是美不胜收，让人流连忘返。

园林植物造景的形式有规则式和自然式。规则式的植物景观具有庄严、肃穆的气氛，例如在广场上种植整齐一致的高大乔木，会给人庄严的感觉，又如在大草坪上种植华丽的观花或观叶植物，组成大型的图案，会给人壮观的感觉。自然式的植物景观模拟自然界植物的生长状态，体现植物的个体美及群体美。自然式的植物景观常体现出宁静、深邃、活泼的气氛。

园林植物独特的形态、色彩、风韵等决定了其形成的景观是丰富多彩、特色鲜明的。运用各种植物配置方式来造景可以形成千姿百态的景观。如在开阔的空间中栽植美丽的单株树或丛植几株高耸的大树来构成观赏中心；在起伏变化的地形中把植物配置成一个整体，构成树林；将色彩缤纷的草本花卉按一定的构图方式配植成花坛，布置在广场中心、大门口、建筑前等比较显眼的位置上，获得较好的观赏效果。

2）园林植物的意境创作

中国传统园林的打造讲究意境的创作，寓情于景，情景交融，寓意于景，联想生意，借助植物抒发情怀。例如松柏象征坚贞不屈、万古长青的气概；竹象征虚心有节、清高雅洁的风尚；梅象征不畏严寒、纯洁坚贞的品质；兰象征居静而芳、高风脱俗的情操；荷花象征廉洁朴素、出淤泥而不染的品格。利用人们公认的植物的象征意义，创造出富有诗情画意的园林景观。

完美的植物景观设计必须具备科学性与艺术性两方面的高度统一，既要满足植物与环境在生态适应上的统一，又要通过艺术构图原理，体现出植物个体及群体的形式美，以及人们在观赏时所产生的意境美。

3）植物造景中的美学原理

在植物造景设计中，植物配置同样要遵循绘画艺术和造园艺术的基本美学原理，即多样与统一、对比与调和、节奏与韵律、均衡与稳定。

①多样与统一，在进行植物景观设计时，树形、色彩、线条、质地及尺寸等都要有一定的差异和变化，具有多样性，但它们之间还应保持一定的相似性，达到和谐统一。如行道树绿带是最具统一感的，常等距种植同种同龄乔木或乔、灌木间种。又如将同种不同龄的植物配置成单纯林，或在布置以绿色为基调的景观时，选用深浅不一的绿色叶子植物搭配在一起，就能达到既统一又变化的效果。

②对比与调和。不同植物配置在一起时，要注意相互联系与配合，体现调和原理，使人感觉到柔和、平静、舒适和愉悦。但只追求调和会显得单调，只有加入对比，景观才会变得生动活泼、丰富多彩。如在植物造景中，绿色的乔木和灌木、圆锥形树冠与伞形树冠的搭配，形成了明显的对比，而它们本身又是协调的。体量大小的显著差异也可以产生对比，如蒲葵与棕竹 *Rhapis excelsa* 的配合，它们同是掌状叶，但高度差异很大。色彩差异明显的植物组合更是引人注目，如在池岸边种桃植柳，当春天来临时，一片桃红柳绿，红绿两色产生了强烈的对比，容易给人留下深刻的印象。

另外，将高耸的乔木和低矮的绿篱进行搭配，垂直向上的绿柱体和横向延伸的绿条会形成鲜明的对比；植物有疏有密的种植会产生明暗虚实、开合收放等的对比。在这些对比中，注意它们之间的相似性，就能协调起来。在植物造景设计中，如果我们只考虑对比而忽视调和，就会适得其反，创造出的景观不是美，而是丑。例如一些城市道路分隔带上，用美人蕉和九里香配植，让人感觉很零乱。

③节奏与韵律。在植物组景中，植物有规律地重复，又在重复中发生变化，就出现了节奏与韵律。植物配置的方式有很多，如等距种植黄葛树或黄葛树与含笑间种，前者形成简单韵律，后者形成交替韵律；不同植物高低错落的搭配形成起伏曲折韵律；在形状相同的花坛中种植不同的观叶植物而形成拟态韵律等。

在运用节奏与韵律来配置植物时，可单独采用某种方式，也可将几种方式用于同一布置中，关键要看功能和造景的需要。

④均衡与稳定。在自然界里，静止的物体都要遵循力学原则，以平衡的状态存在。在进行植物配置时，构图要把握均衡原则，使景物显得稳定。最简单的方法是采用规则式种植，如在轴线两侧的等距离位置上各种植一株大小相同的小叶罗汉松或南洋杉。采用自然式种植时，为了保持均衡，体量大的，数量应少，体量小的，则数量多些，配植在一起时，才能显得稳定。如在园路的一侧种一株大花紫薇，另一侧种成丛的花灌木。

在植物造景时，要充分发挥植物独特的观赏价值，做到快生植物和慢生植物、常绿植物和落叶植物、乔木和灌木的结合，以及各花木物候期的合理搭配，保持景观的连续性。配置植物时，还要主次分明、疏密有致，实现如宋代诗人欧阳修的诗句所述的“浅深红白宜相间，先后仍须次第栽，我欲四时携酒去，莫教一日不花开”的景观，做到月月有花赏，季季有景观，花开花落，此起彼伏，构成一幅幅富有诗情画意的图画。

2. 园林植物与其他景物的配置

除园林植物本身的配置所形成的丰富多彩的景观外，园林植物与其他景物的结合，在园林绿地中几乎是无处不在的。植物使得其他景物更加生动活泼、丰富多彩。

1）园林植物与建筑的配置

园林植物与建筑的配置是自然美与人工美的结合，若处理得当，二者关系可求得和谐一致。植物丰富的自然色彩、柔和多变的线条、优美的姿态及多姿多彩的风韵都能给建筑增添美感，使建筑与周围的环境更为协调，产生出一种生动活泼而具有季节变化的感染力。若处理不当，就会适得其反。

园林植物能使建筑变得柔和。建筑的线条往往比较生硬，而植物的线条就比较柔和、活泼，配合在一起就会削弱建筑的生硬感。广州双溪宾馆走廊中配置的龟背竹，犹如一幅饱蘸浓墨泼洒出的画面，不仅为宾馆增添了活泼的气氛，而且浅色的建筑色彩与浓绿的植物色彩形成了强烈的对比。

一般体形较大、立面庄严的建筑物附近，应配置树干高大粗壮、树冠开展的植物；而小巧玲珑的建筑物应搭配枝叶纤细的树种。

某些园林建筑本身并不吸引人，可利用植物把建筑物不足之处遮挡住，完善建筑物的外观。如园林绿地里的管理类建筑，周围就可以用植物遮挡。

植物如果配置得当，可以对建筑起到衬托和强调的作用，还可以突出建筑的性质、功能。比如，在建筑入口两侧对称种植两株体量合适的同种树，就能突出建筑；北京颐和园的知春亭小岛上栽柳植桃，桃柳报春信，点出知春之意；杭州岳飞庙的“精忠报国”影壁下种植杜鹃，是借“杜鹃啼血”之意，表达人们对岳飞的敬仰与哀思，突出了主题。

古典园林建筑有不同的类型，其旁的植物主要根据这些建筑的外形特征及意境进行配置。在园林建筑中，亭的应用最常见，亭的形式不同、性质不同，对环境植物的要求也就不同。在古典园林中，有将亭建于大片丛林之中的，使亭若隐若现，令人有深郁之感。在亭子周围也可以配孤植树、丛植树作为衬托。要在建筑物周围空间创造一种感人的气氛，在很大程度上依赖于植物的配置。如拙政园的荷风四面亭，四周柳丝飘飘，池内莲荷环绕，夏季清香四溢，刻画出“四壁荷花三面柳，半潭秋水一房山”的意境；又如苏州虎丘后山的揽月榭，四面竹树成林，景色幽静宜人；再如苏州网师园的看松读画轩旁，自然式的湖石树坛中，栽以姿态古拙的白皮松 *Pinusbungeana*、圆柏、罗汉松等，曲桥、湖池、山丘、亭廊隐约于后，好一幅秀丽的江南山水画。

许多寺庙园林设有塔院，它的绿化应表现其崇拜和寄思的功能。因此，塔内常以七叶树 *Aesculus chinenis* 、龙柏 *Sabin cinenisis*、香樟、菩提树 *Ficus religiosa* 等为基调树种，适当点缀花灌木。北京潭柘寺塔院中的七叶树，其塔形花序与塔院环境极为协调。

在风景区中，建筑与绿化的结合更为紧密， 大部分建筑掩映于绿色丛林之中，藏于山际林冠线之内，正如《园冶》里所说的“杂树参天，楼阁碍云霞而出没，繁花覆地，亭台突池沼而参差”。宛若天然，不落斧凿痕迹。

总之，园林中的各种建筑物，无论位于山上或水际，如能与植物合理搭配，便会成为整体园林中一个完美的组合。

2）园林植物与山石的配置

山的形态多姿多彩，具有很高的审美价值，但如果没有丰富的植物与之相配，就失去了婀娜与妩媚。“山藉树而为衣，树藉山而为骨。树不可繁，要见山之秀丽，山不可乱，须显树之光辉。”山若配以得体的植物，则相得益彰。

园林中的山有土山、石山、土石结合之山。土山由土堆砌而成，可根据山体的高矮选择树种，四周都可以配置植物，既可同种成片种植，又可异种混植。苏州沧浪亭，山上老林古树，藤萝垂挂，竹影婆娑，使人仿佛置于绿林野谷之中。石山全部用石叠筑而成，体形较小。由于山上无土，植物配置于山脚，为显示山之峭拔，树木既要数量少，又要形体低矮，宜选用具有古朴、沧桑感的灌木。土石结合之山配置植物时，可根据不同位置的土层深度来选择植物，做到适地适树，乔木与灌木相配，林下种植地被植物。较矮之山，不宜选择高大乔木。山体植物配置还应考虑一年四季有景可观，变化丰富。园林中除叠山外，还可置石。可布置单个峰状石头进行欣赏，其植物配置以低矮的花木为宜，如杜鹃、南天竺、书带草 *Ophiopogon japonicus*、佛肚竹 *Bambusa ventricosa*（灌木型）、凤尾竹 *Bambusa multiplex*、长春花、马缨丹 *Lantana camara* 等；也可群置石块来欣赏。群置石块可形成岩石园，其植物配置宜选择植株低矮、生长缓慢、叶小、花开繁茂、色彩艳丽的种类。

3）园林植物与水体的配置

水是构成景观的重要因素。在各种风格的园林中，水体均有不可替代的作用。园林中各类水体，无论其在园林中是主景、配景或小景，无一不借助植物来丰富其景观。“画无草木，山无生气；园无草木，水无生机。”可见，园林水体的植物配置是造景不可缺少的素材。运用植物材料进行造景，能创造出丰富多彩的水体景观，给人以美的享受，陶冶人的情操。

水体的植物配置可分为岸边的植物配置和水面的植物配置。

①岸边的植物配置。水岸线有规则式和自然式两种，进行植物配置时，要根据水岸线的形式来确定。

自然式水岸的植物配置切忌等距种植及整形式修剪，以免失去画意。栽植片林时，要留出透景线，利用树干、树冠框住对岸景点。我国园林中自古主张水边植以垂柳，造成柔条拂水、湖上新春的景色，此外，在水边种植落羽杉、池杉 *Taxodium ascendens*、水杉及具有下垂气根的小叶榕等均能起到线条构图的作用。岸边植物探向水面的枝条，或平伸，或斜展，或拱曲，在水面上都可形成优美的线条。华南植物园内有几处很优美的湖岸景观，以群植的方式形成大片的落羽杉林、假槟榔林、散尾葵群，颇具热带园林风光。

园林中，水岸的处理直接影响水景的面貌，自然式水岸边的植物应结合地形、道路和曲折的岸线，配置成有远有近、疏密有致的自然效果。杭州植物园的一个自然式水池，岸边配以香樟、紫楠 *Phoebe sheareri*，枫杨 *Pterocarya stenoptera* 等高大的乔木，池岸是草皮土驳岸，一泓水池，倒影摇曳，显出大自然的朴素和宁静。英国园林中自然式水岸边的植物配置，多半以草坪为底色，种植大量的宿根球根花卉，引导游人到水边赏花。如要观赏倒影，可布置孤植树、丛植树及花灌木，特别是变色叶树种，可在水中产生虚幻的斑斓色彩。

规则式石岸的线条生硬、枯燥，柔软多变的植物枝条可补其拙。石岸的岸石有美有丑，配置植物时要露美遮丑，一些大水面往往应用花灌木、藤本及一些草本植物做局部遮挡。苏州拙政园的规则式石岸边种有垂柳和南迎春，细长柔和的柳枝条及南迎春枝条下垂至水面，遮挡了石岸的丑陋。

水边绿化植物首先应具备一定的耐水湿能力，另外还要符合美化环境的要求。我国从南到北常用的水边绿化植物有：水松、蒲桃、洋蒲桃、小叶榕、高山榕、水翁 *Cleistocalyx operculatus*、印度榕、木麻黄、椰子、蒲葵、落羽杉、池杉、水杉、大叶柳 *Salix magnifica*、垂柳、旱柳 *Salix matsudana*、串钱柳 *Callistemon viminalis*、乌桕、苦楝 *Melia azedarach* 、悬铃木、水石榕 *Elaeocarpus hainanensis*、枫香 *Liquidambar formosana* 、枫杨、三角枫 *Acer buergerianum*、重阳木 *Bischofia polycarpa*、柿、榔榆 *Ulmus parvifolia*、桑、柘 *Cudrania tricuspidata* 、柽柳 *Tamarix chinensis*、梨属 *Pyrus*、白蜡属 *Fraxinus*、香樟、棕榈、棕竹、无患子、蔷薇、紫藤、南迎春、连翘、棣棠 *Kerria joponica*、夹竹桃、桧柏、蟛蜞菊 *Wedelia chinensis*、马缨丹等。

②水面的植物配置。水面具有扩大空间的作用，但单调的水面往往给人死板的感觉，应考虑在水中配置水生植物。配置植物时，可以成片种植，布满整个水面，如杭州曲院风荷，湖面上种植了大片荷花，盛夏时，可产生“接天莲叶无穷碧，映日荷花别样红”的壮观场面；也可进行局部配置，如在小水池里种植少量荷花，深秋时，有“留得残荷听雨声”的意境。

4）园林植物与道路的配置

城市道路及园林道路为了美观和遮阴，均要考虑植物的配置与应用。

①城市道路的植物配置。城市道路绿化包括行道树绿带、人行道绿带（包括游息林荫道）、分隔带绿化、高速公路绿带、交叉口（包括立交桥）绿地等。

行道树绿带：车行道与人行道之间种植行道树的绿带。行道树种植方式分为树池式和种植带式两种。树池式是指除植物种植点所形成的种植池（边长或直径不少于 1.5 m）外，地面的其余部分用铺装材料覆盖。种植带式是在人行道与车行道之间留出一条不加铺装的种植带。种植带在人行横道处或人流比较集中的公共建筑前面中断。行道树绿带除了高大的遮阴树外，树下可间种灌木（种植带式可形成绿篱）及草本类植物，但不能配植成绿墙的形式，以免影响废气扩散，使道路空间污染严重。

行道树绿带的立地条件较差，并且常受城市各种空中电缆、地下各种管网的影响，绿带一般较窄，常为 1 ~ 1.5 m。选择行道树种时要考虑以下因素。选择的树种应能适应各种环境因子，抗病虫害能力强，苗木来源容易，成活率高；树冠大，枝叶茂密，树干挺直，形体优美，花朵艳丽；无飞絮、毒毛、刺、臭味、污染的种子或果实；寿命长、耐修剪。

我国地域辽阔，地形和气候复杂多样，植被类型也各不相同，因此各地应坚持适地适树原则，选择在本地区生长最多和最好的树种来做行道树。如湛江市海滨公园旁的主干道种植了椰子树作为行道树，突出了海滨城市的风貌；广州许多道路种植了生长良好的木棉、小叶榕、黄葛榕等作为行道树，提升了道路沿线的美感。行道树绿带除了种植乔木外，可选一些较美观的灌木与之交替种植。行道树绿带为城市增添了一道亮丽的风景线。

华南地区的行道树种可考虑香樟、阴香、榕属、木棉、台湾相思、塞楝、麻楝 *Chukrasia tabularis*、羊蹄甲属、凤凰木、猫尾木、黄槿 *Hibiscus tiliaceus*、悬铃木、银桦、大王椰子、椰子、假槟榔、蒲葵、木菠萝、扁桃 *Mangifera persiciforma* 、杧果、人面子 *Dracontomelon duperreanum*、蝴蝶果 *Cleidiocarpon cavaleriei* 、白千层 *Melaleuca leucadendron* 、石栗 *Aleurites moluccana* 、糖胶树 *Alstonia scholaris*、白兰、黄兰、荷花玉兰、大花紫薇等。

人行道绿带：车行道边缘至建筑红线之间的绿化带，主要指步行道绿带及建筑基础绿带。由于绿带宽度不一，植物配置亦各异。基础绿带一般用藤本植物做墙面垂直绿化，将直立的植物植于墙前作为分隔。如果绿带比较宽，则可在此绿色屏障前配植各种灌木、花卉及草坪，再在外缘用绿篱分隔，防止行人破坏。在国外，基础绿带很受重视，在无须行道树遮阴的城市，常以各式各样的基础种植来构成街景。

另外，建筑物的窗台、阳台等处可考虑栽植盆花、悬挂花篮。绿带宽度如果超过 10 m，可用规则式或自然式的配植方式形成花园式林荫道。

分隔带绿化：为了保证行车安全，一般在干道的分隔带上不能种植乔木，可以种植绿篱、灌木、花卉、草皮之类，但其高度不宜超过 70 cm。分隔带应适当分段，一般以 75 ~ 100 m 为宜。

交叉口绿地、高速公路绿带等配置植物时，也要美观和行车安全相结合。

②园林道路的植物配置。园路是园林的骨架和脉络，不仅起着导游的作用，而且本身又是园中之景，其植物配置的优劣会影响全园的景观。园路按其性质和功能分，一般有主路、次路和小路，各有相应的植物配置方法。

主路的植物配置：主路是指从园林入口通向全园各景区中心、各主要广场、主要建筑、主要景点及管理区的道路。道路两旁应充分绿化，形成树木交冠的庇荫效果。对于笔直的主园路，可采用规则式方式配置植物，当前方有造型漂亮的建筑作为对景时，园路两旁可密植植物，形成夹景；对于曲折的主园路，则宜以自然式方式配置植物，形成有疏有密、有高有低的视觉效果。为了使园路的景观丰富有趣，可以考虑多种植物配置方式，形成草坪、花境、灌木丛、树丛、孤丛、孤植树、植物图案等植物景观。

路边无论远近，若有景可观，则配置植物时应留出透视线。园路旁的树种应选择主干优美、树冠浓密、高低适度、能起画框作用的树种，如无患子、香樟、大花紫薇、小叶榕等。

对于主路的植物，可以种植单一种类，也可以种植两种以上的种类，但不宜过多过杂，应以某一树种为主，间以其他树种，在统一中求变化。

次路和小路的植物配置：次路是园林中各景区内的主要道路，连接各景区内的景点，通向各主要建筑；小路主要供游人散步、休息，引导游人更深入地到达园林的各个角落。次路和小路两旁的植物可灵活配置，根据园路所处的园林空间进行考虑，应用丰富多彩的植物，形成野趣之路、幽深之路、花径、竹径等，产生不同趣味的园林意境。由于路窄，有时只需在路的一旁种植乔、灌木，就可达到既遮阴又赏花的效果。如广州中山大学的小路，有的只在一旁种植榕树和大红花，有的配置成复层混交群落，营造出幽深的氛围。又如华南植物园内，一条小路两旁种植大叶桉、长叶竹柏、棕竹、沿阶草四个层次的群落，另一条小路两旁种植的是竹子，形成了“竹径通幽”的景观。国外则常在小径两旁配置花境或花带。

3. 运用园林植物组织空间

在园林设计中，空间的组织是非常重要的，它是组织景区，形成丰富园林景观不可缺少的条件。在组织空间时，可以利用园林的各组成要素，植物便是其中之一。

在园林设计中运用园林植物组织空间，就是运用不同大小、高低的植物来控制人们的观赏视线。通过视线控制（有两种情况，引导与遮挡），形成以下几种空间组织情况。

1）用并列延续的植物序列引导视线，形成视线通道

在比较狭长的地方，如道路、街巷、河流、溪谷等的两侧，可以运用乔木列植或将植物种植成树墙的方式，把游人的视线引向前方，植物所围合的空间就成了视线的通道。这个通道的前方如果有景观，就形成了夹景。如果主园路前方设有一主景，为了使游人的视线集中在主景上，可在园路两旁配置密集的植物，构成极强烈的长廊形空间，将游人的视线自然地引到前方的景物上。

2）形成框景

植物对可见或不可见的景物，以及对展现景观的空间序列，都有直接影响。植物以其大量的叶片、枝干封闭了景物两旁的空间，为景物本身提供开阔的、无阻拦的视野，从而达到将观赏者的注意力集中到景物上的目的。在这种方式中，植物如同众多的遮挡物，围绕在景物周围，形成一个景框。如在建筑物两侧、出入口两侧等处配置对植树、树丛，把视线集中在植物所围合的景物中，这就是框景。

3）利用植物的延伸，使不同性质的空间互相渗透和交融

在园林规划设计时，需要组织各种不同性质的空间以供游人欣赏、活动、休息等，这些不同的空间之所以能够成为一个整体，是因为有某些因素把它们联系起来。如可以将某种或几种植物配置在这些空间里，利用这些植物作为园林绿地的基调树，使绿地里的空间互相交融。从一个空间进入另一个空间的过程中，还可以运用植物的配置，使两个空间能自然过渡。在这个过渡空间中，既有前一个空间的植物，又有后一个空间的植物，利用植物使前一个空间顺利、自然地过渡到后一个空间。

在园林建筑空间的处理上，利用植物配置使室内外空间有机联系起来。如在建筑物入口及门厅对植植物，既强调了出入口，又起到了从外部空间进入建筑内部空间时的自然过渡和延伸的作用，有室内外动态的不间断感。

植物景观不仅能使室内外空间互相渗透，也有助于它们相互连接，融为一体。如广州白天鹅宾馆内庭的"故乡水"，水池边配置了各种耐阴的植物，使室内空间有了蓬勃的生机，室内空间的人为感被大大减弱了，人们在其中倍感亲切。

4）划分虚空间

植物可以用于空间中的任何一个平面。在地平面上，常以不同高度和不同种类的地被植物或矮灌木来暗示空间的边界，在此情形下，植物虽然不是以垂直面的实体来限制空间，但它确实在较低的水平面上以实体来限制着空间。如一块草坪和一片地被植物之间的交界处，虽然不具有实体的视线屏障，但却暗示着空间范围的不同；又如在大草坪中利用几丛低矮的灌木形成活动和休息空间的分隔，这两个空间并没有完全分开，游人可以在它们之间穿越。这样分隔出的空间就属于虚空间。

5）遮挡视线，分隔空间

园林绿地各个空间的功能不同、风格不同、动静要求不同，需要使它们相对独立，可以利用绿篱、疏林、密林、树丛等植物配置形式来组织空间。

根据视线被挡的程度和方式可分为全部遮挡、漏景、部分遮挡。

①全部遮挡一方面可以挡住不佳的景色，另一方面可以挡住暂时不希望被看到的景物内容，以控制和安排视线。如公园管理区应加以隐蔽，可配置密集的植物形成树墙，使其与其他观赏景区分隔开来，成为一个完全封闭的空间，具有强烈的隐秘性和隔离感；又如在活动空间与休息空间之间配置高篱或密林，使人们的视线被分别限制在两个空间里，达到了互不干扰的目的。为了避免园中景物一览无遗，往往在入口和场地边缘种植树林或树丛，暂时挡住游人视线。

②漏景是指利用植物稀疏的枝叶、较密的枝干来形成面，把另外一个空间的景观透过来，景物只是隐

约可见。若处理得当，这种相对均匀的遮挡产生的漏景便能获得一定的神秘感。

③部分遮挡可以用来挡住不佳部分，吸收较佳部分。如把园外的景物用植物部分遮挡加以取舍后，留出透景线，把好的景物借到园内视景范围中，扩大视域。

在园林设计中，应遵循“嘉则收之，俗则屏之”的原则，运用植物组织好视线。

总之，在运用植物构成空间时，首先应明确设计目的和空间性质，然后根据需要选取和组织设计相应的植物，将植物材料作为空间限定的因素，将视线的“收”与“放”、“引”与“导”，合理地安排到空间构图中，就能创造出许多不同类型的、有一定感染力的空间。

4. 运用园林植物修饰地形

园林中的地形有平地、坡地、山体、水体等，这些高低起伏、变化丰富的地形，不仅是园林组景的需要，也是园林绿地功能的要求。地形若处理得当，能增强空间变化，让处于其中的人产生新奇感和好奇感，从而增强园林的艺术性。

利用园林植物能改善地形的外观。例如在坡地或山体较高处种植较高大的乔木或灌木，能加强地形高耸的感觉；植于凹处，则会削弱地形的起伏变化，使地形趋于平缓。对于具有显著高差的上下两级地形来说，如果在较高的一层上种植高耸的植物，会使上层的地形显得更高；而在较低的一层上种植植物，将减小两级地形的高差。

5. 运用园林植物的季相变化加强园林景物的季节特点

植物在生长过程中会随着时间的变化而呈现出不同的观赏效果，尤其随四季的交替会有显著的季相变化。在园林绿化中，可利用植物的这种季相变化有意强调季节的交替，使景物在不同的季节有大异其趣的观赏效果。

落叶树在春季萌生新叶时，或满树碧绿，生机盎然，或繁花似锦，灿烂热烈，是组织春景的最好选择，如垂柳、桃树、紫薇（春叶）、大花紫薇（春叶）、木棉（春花）、刺桐（春花）、杜鹃（春花）等。

形成夏景特色景观的园林植物有：大花紫薇（夏花）、紫薇（夏花）、腊肠树（夏花）、黄槐（夏花）、荔枝（夏果）、杧果（夏果）、荷花（夏花）、枇杷（夏果）等。

秋季造景的植物有：大花紫薇（秋叶）、紫薇（秋叶）、乌桕（秋叶）、无患子（秋叶）、落羽（秋叶）、银杏（秋叶）等。

冬季具有特色的植物有：大花紫薇（枝及果）、中国槐（冬枝）、一品红（冬花）等。

除了一年四季各有特点的植物外，还有很多四季变化不大的常绿树，可在园林中用作基调树，以衬托各季之景，如榕属植物、海桐、福建茶等。另外，有些色彩艳丽的观叶植物，它们在园林中不同的季相景观里起到了丰富色彩的作用，如红桑、彩叶草、花叶垂榕 *Ficus Goldenprincess*、水竹草类 *Tradescantia* spp. 等。

四、课程与工作岗位的对应关系

通过对园林植物景观企事业单位的调研和深度访谈发现，目前园林行业分化明显，相应的，岗位分工也更加细化。据调查，植物应用相关专业人员的初始就业岗位主要有园林景观设计员、园林施工员、质检员、安全员、材料员、资料员、监理员、绿化工、花卉园艺工、草坪工、育苗工、养护工、盆景工、植保工、假山工、插花员等。其核心岗位群是园林设计、园林工程施工与管理、园林植物生产养护及应用等。识别、应用园林植物是应用型高校相关专业学生必须掌握的技能。本课程主要适用于从事园林植物栽培、生产、管理、养护、应用的人员，如景观设计员、花卉园艺工、绿化工等（这些岗位均需要掌握园林植物识别及应用的基本知识，能够认识常见的园林植物），可培养学生对园林植物的识别和应用能力，为学生考取景观设计员、花卉园艺师、绿化工等职业资格提供指导，为从事园林景观设计、园林植物生产销售、园林绿化、插花技艺等工作奠定基础。同时，本课程可以为后续园林花卉学、园林树木学、园林树木栽培与养护、园林植物造景、植物景观设计、园林规划设计等课程的学习奠定基础，让学生养成细心观察、独立思考的习惯，培养其团队协作、吃苦耐劳精神，从而促进学生良好职业素养的形成。

Yuanlin Zhiwu Jichu

项目单元一
认知园林植物器官

学习目标

知识目标：能够准确阐述植物的根、茎、叶、花、果、种子等器官的定义、功能、形态特征、分类及变态类型。

技能水平：通过掌握植物各器官的功能、基本形态以及变态类型，将其与环境相互联系，能够达到识别植物的目的，从而发现与利用植物各器官的形态特征与观赏价值，合理地利用园林植物的景观特质与生态功能。

项目导言

由多种组织构成的，能行使一定功能的结构单位称为器官。通常高等植物的器官包括根、茎、叶、花、果、种子六种类型，每种器官都有着各自的特性。

植物的器官是鉴别植物的重要依据，认识植物的某个器官并不代表认识整株植物，只有将植物的各个部分联系起来，加以比较，才能对植物有更为深刻的认识。如同属的植物，通常在外观上相差不大，仅靠茎、叶是很难鉴别的，这时就要通过茎、叶、花、果、种子的结合，甚至通过解剖来进行比较和鉴别。

植物是园林规划与设计的核心元素。识别植物、熟悉植物习性并很好地应用植物，是学习园林植物基础的目的之一。认识植物，要从植物的器官开始，应正确地认识植物的根、茎、叶、花、果、种子；了解并掌握植物各器官的功能、基本形态以及变态类型；将植物的各器官联系起来，通过比较来认识，从而达到识别植物的目的；从感性的层面体会各器官的观赏价值。

任务一
观察植物的根

【任务提出】 植物的根常生长于土壤中，在土壤中伸向四面八方，将植株牢牢地固定在大地上。观察图 1-1 中两种植物的根可以发现，它们在形态、组成和分布等方面有着明显的区别。那么，根的类型有哪些？各类根有何特点？根又是如何向土壤的深处生长的呢？除固定植株外，根还有什么作用？校园中就有很多园林植物，我们该如何识别其根，并准确描述其特征、判断其类型呢？

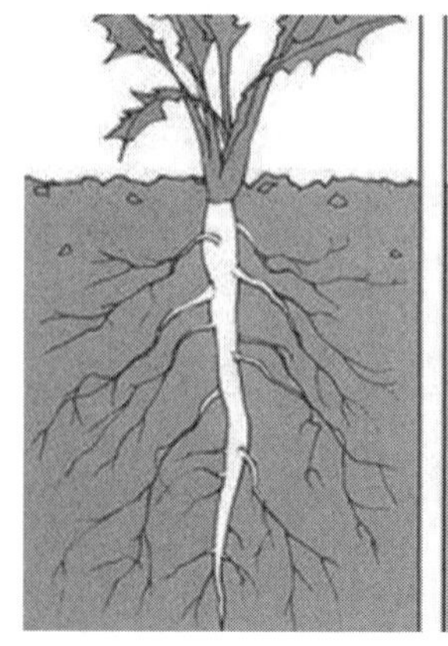
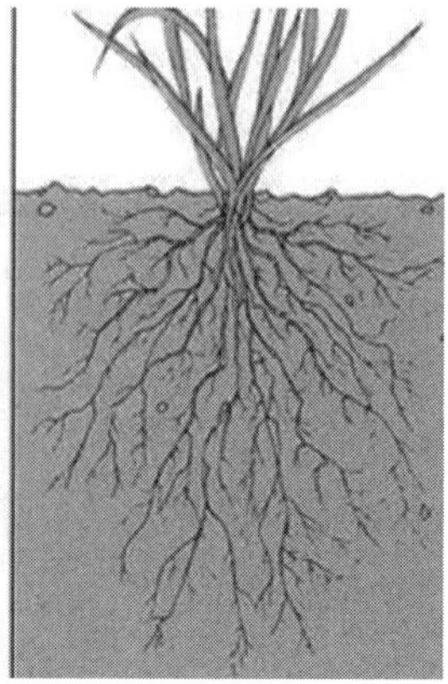

图 1-1　植物的根

【任务分析】 园林植物营养器官的发育始于种子的萌发，种子萌发时，胚根向下生长，扎根土壤，胚轴和胚芽向上生长，伸出土面，形成地上茎叶系统。根、茎、叶共同担负着植物体的营养生长活动，所以称为营养器官。其形、姿、色丰富多彩，具有重要的观赏价值。识别园林植物的根，首先要了解其形态特征，熟练掌握描述根的形态的名词术语，以便准确地描述、识别和鉴定。

【任务实施】 教师准备不同类型的根的标本或新鲜材料及多媒体课件，结合校园中的园林植物及同学们比较熟悉的园林植物，简介其特征、类型、识别方法，然后引导学生依次观察识别。

一、根的生理功能

根是植物的地下营养器官。根将植物固定在土壤中，与茎共同支撑着整个植物体；根能从土壤中吸收大量的水分及溶于水中的营养物质，并担负着输导营养物质的作用；根也是一个储藏物质的场所，常储藏有糖类、矿物质元素等物质；此外，有些植物的根还有合成、分泌和繁殖的作用，如火炬树、栾树、核桃、刺槐、杜梨、文冠果、丁香、紫藤、福禄考、天竺葵等均可采用根插繁殖。

二、根的种类与根系

（一）根的种类

按照根的发生部位不同，可以分为主根、侧根和不定根，其中主根和侧根统称为定根。

1. 主根

主根是种子萌发时，胚根突破种皮，直接生长而形成的根（见图 1–2）。主根一般垂直向地下生长。

2. 侧根

侧根是主根产生的各级大小分支（见图 1–3）。侧根从主根向四周生长，与主根成一定的角度，侧根又可产生分枝。

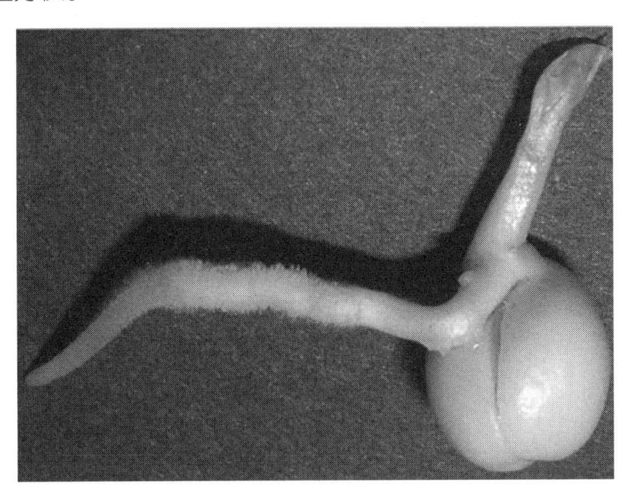

图 1–2　主根

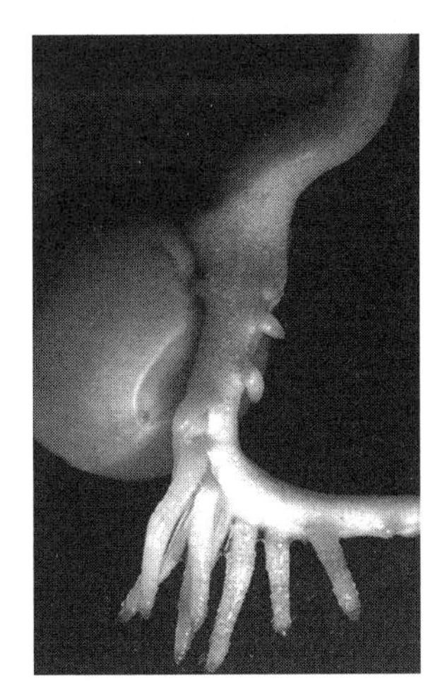

图 1–3　侧根

主根和侧根都来源于胚根，位置固定，所以称为定根。例如用松子发育成的根。

3. 不定根

有些植物可以从茎、叶上产生根，这种不是由根部产生，位置也不固定的根，统称为不定根。例如生产中用扦插、压条等繁殖技术所产生的根。

（二）根系的类型

植物根的总和称为根系。根系可分为直根系和须根系两类。

1. 直根系

植物的根系由一明显的主根（由胚根形成）和各级侧根组成。主根发达，较各级侧根粗壮，能明显区别出主根和侧根的根系称为直根系。大多数双子叶植物和裸子植物的根系为直根系，如雪松、金钱松、马尾松、杉木、侧柏、圆柏、银杏、白玉兰、香樟、栾树、枫杨、马褂木、紫叶李、鸡爪槭、蒲公英、油菜等。

2. 须根系

植物的须根系由许多粗细相近的不定根（由胚轴和茎下部的节上长出）组成。在须根系中不能明显地区分出主根（这是由胚根形成主根生长一段时间后，停止生长或生长缓慢造成的）。香蒲、水鳖、粉条儿菜、百合、芒、灯芯草、羊茅等大部分单子叶植物的根系均为须根系。

三、根的变态

由于生态环境的不同，有些植物的根在长期的发展过程中，形态与功能发生了变化，这种变化相对稳定，且可代代遗传，称为根的变态。这种现象也可成为植物的鉴别特征。

1. 贮藏根

贮藏根主要是一些二年生或多年生草本植物的地下越冬器官，贮藏有大量营养物质，通常肉质肥大、形态多样，大致可分为两类。

（1）肉质直根：由主根发育而成，粗大，一般不分枝，仅在肥大的主根上有细小须状的侧根，外形有圆柱形、圆锥形、纺锤形等（见图 1-4）。如蒲公英、菊苣、胡萝卜、萝卜等的根。

（2）块根：由不定根或侧根的局部膨大而成，一棵植株上可形成多个块根（见图 1-5）。块根的形状有很多种，有不规则块状、纺锤状、圆柱状、掌状、串珠状等。如何首乌、大丽花、马铃薯等的根。

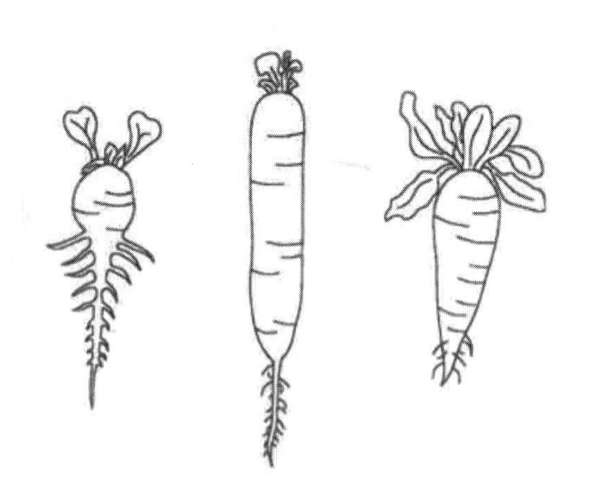

图 1-4　肉质直根

图 1-5　块根

2. 气生根

气生根指由植物茎上发生的、生长在地面以上的、暴露在空气中的不定根，一般无根毛。根据其生理功能的不同，又可分为攀缘根、呼吸根、支持根和板状根。

（1）攀缘根：通常从藤本植物的茎上长出，用于攀附其他物体或固着在其他树干、山石或墙壁表面，这类不定根称为攀缘根，常见于木质藤本植物，如常春藤、凌霄、薯蓣等（见图 1-6）。

（2）呼吸根：有些生长在沿海或沼泽地带的植物，为了增强呼吸作用，一部分根从泥中向上生长，暴露在空气中，以帮助植物体进行气体交换，形成呼吸根，如红树、水松、落羽杉、池杉等。还有些植物从树枝上发出许多向下垂直的呼吸根，如榕树等（见图 1-7）。

（3）支持根：由接近地面的茎节所产生的一种具有支持作用的变态的不定根，如甘蔗、玉米、高粱等禾本科植物的根（见图 1-8）。

（4）板状根：热带、亚热带树木在干基与根茎之间形成板壁状凸起的根，起支持作用，如中山杉、人面子、野生荔枝等。

3. 寄生根

高等植物中的寄生植物通过其不定根发育出的吸器伸入寄主植物的根或茎中获取水分和营养物质，这种结构称为寄生根（见图 1-9）。如菟丝子、桑寄生等属于茎寄生植物；列当、肉苁蓉、檀香树等则属于根寄生植物。

图 1-6 攀缘根

图 1-7 呼吸根

图 1-8 支持根

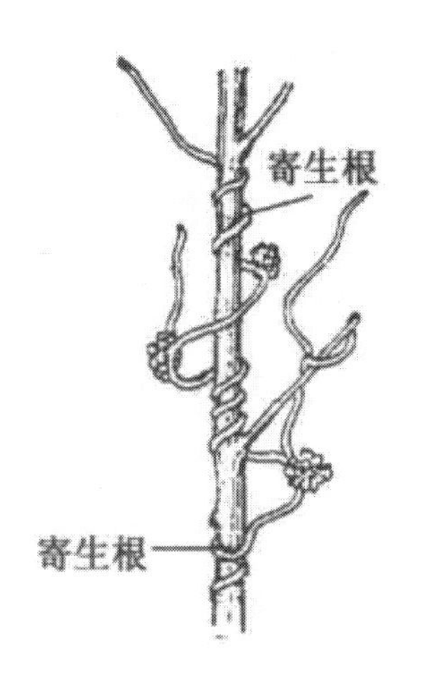

图 1-9 寄生根

四、根瘤与菌根

根系生长在土壤中，土壤中有些微生物能侵入植物根部，与其建立一种互助互利的关系，即共生。植物根部与微生物的共生现象，最常见的有根瘤与菌根。

1. 根瘤

在豆科植物的根上常有大小不等的瘤状突起，这些瘤状物称为根瘤，它是土壤中的根瘤细菌与根的共生体（见图1-10）。根瘤细菌从根的细胞中吸取养分，同时能固定空气中的游离氮素，将其转变成含氮化合物，供植物生长利用，还可以增加土壤中的氮肥。因此，农业生产中常栽种豆科植物以提高土壤肥力，即“种豆肥田”。

图 1-10　豆科植物根瘤

除豆科植物外，苏铁、罗汉松、胡颓子等植物的根上也会形成根瘤。

2. 菌根

菌根是植物的根与土壤中真菌的共生体。植物为菌根菌提供定居场所，供给光合产物。菌根菌的菌丝纤细，表面积大，可扩大根系吸收面积，并能分泌多种水解酶，促进根周围有机物质的分解，供植物利用。此外，菌根菌还能合成某些维生素类物质，促进植物生长发育。

菌根可分为内生菌根、外生菌根（见图 1-11、图 1-12）和内外生菌根三种。

内生菌根是真菌的菌丝侵入根部皮层的细胞腔内和胞间隙中，根尖仍具根毛。

外生菌根是真菌的菌丝包在根尖外面形成套状，仅有少数菌丝侵入表皮和皮层细胞的胞间隙内。

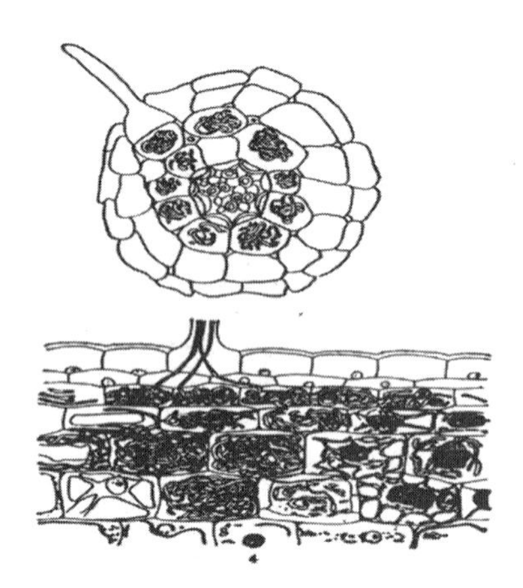
图 1-11　内生菌根

图 1-12　外生菌根

有些植物具有内外生菌根，真菌的菌丝不仅包围着根尖，而且还侵入到皮层细胞的细胞腔内和胞间隙中，如桦木属植物。

有些树木（如马尾松、栎树等）如果缺乏菌根，就会生长不良。在生产实践中可用菌根菌接种，使苗木长出菌根，从而提高树苗的成活率，加速其生长发育。

任务二
观察植物的茎

【**任务提出**】在自然界中，有高大挺拔的乔木、低矮丛生的灌木，还有攀缘缠绕的藤本及枝干纤细的草本等。这些植物的根本区别在于茎的不同。那么，如何区别乔木、灌木、藤本、草本呢？茎的类型和分枝方式以及主要功能又有哪些？茎是如何生长发育的呢？

【**任务分析**】识别园林植物的茎，首先要了解其形态特征，熟练掌握描述茎的形态的名词术语，以便准确地描述、识别与鉴定。

【**任务实施**】教师准备不同类型的茎的标本或新鲜材料及多媒体课件，结合校园中的园林植物及同学们比较熟悉的园林植物，简介其特征、类型、识别方法，然后引导学生依次观察识别。

一、茎的生理功能

茎是植物体的枝干，包括植物的主干（主茎）和侧枝（枝条）。茎支撑植物体的叶、花、果向四面伸展，支持植物体对风、雨、雪等不利自然条件的抵御；茎能把根所吸收的物质和植物光合作用的产物输送到植物体的各个部分。有些植物的茎还有储藏营养物质和繁殖的作用，如杨树、红叶李、桑树、紫薇等许多树种均可用扦插的方式进行繁殖。

二、茎的基本形态

大多数种子植物的茎的外形为圆柱形，少数植物的茎有其他形状，如莎草科植物的茎为三棱形，唇形科植物的茎为方柱形，仙人掌科植物的茎为扁圆形或多角柱形等。

茎上着生叶的部位，称为节。相邻两个节之间的部分，称为节间。叶片与枝条所形成的夹角称为叶腋，叶腋处的芽称为腋芽（或侧芽），茎顶端的芽称为顶芽（见图1-13）。多年生落叶乔木和灌木的叶子脱落后，在枝条上留下的疤痕（叶柄痕迹）称为叶痕。叶痕中的小突起是叶柄和茎之间的维管束断离后的痕迹，称为叶迹（或维管束痕）（见图1-14）。春季顶芽萌发时，芽鳞脱落留下的痕迹，称为芽鳞痕，根据芽鳞痕可以辨别茎的生长年龄和生长量。

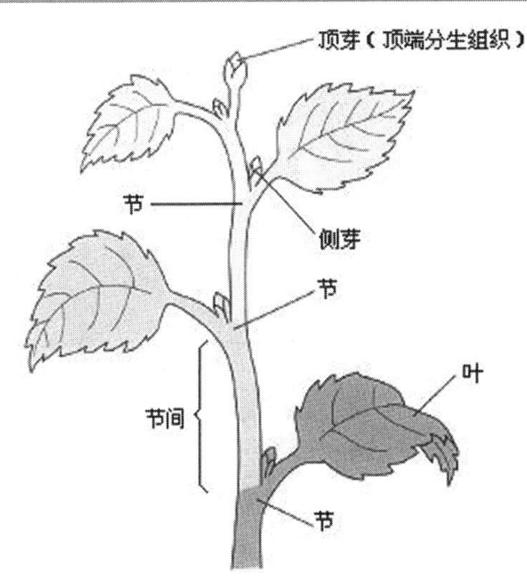

图1-13　茎的外部形态

节间较长的枝条称为长枝，节间极度缩短形成的枝条称为短枝（见图 1-15）。如银杏、金钱松、雪松、梨树和苹果树等均有明显的长短枝之分。有些草本植物节间短缩，叶排列成基生的莲座状，如马蔺、车前、蒲公英等。

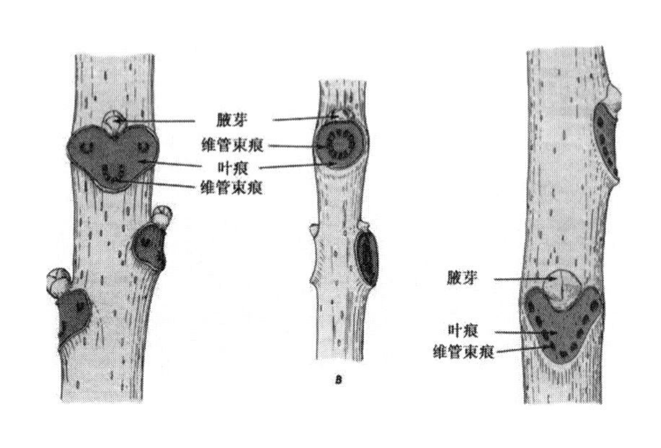

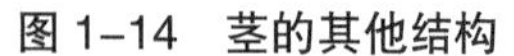
图 1-14　茎的其他结构

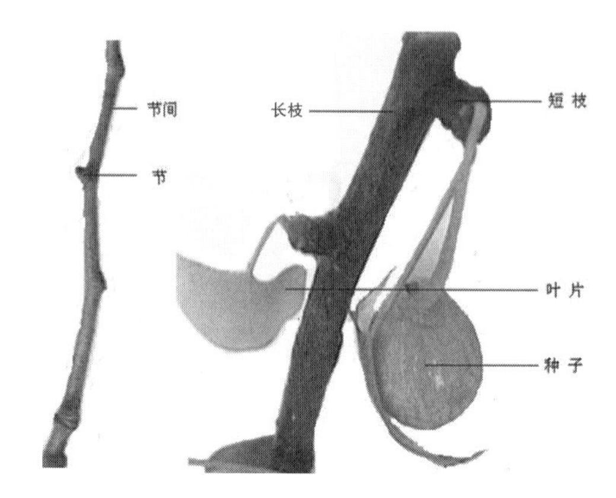

图 1-15　银杏长短枝

三、茎的基本类型

1. 直立茎

直立茎垂直于地面生长，大多数植物的茎为这种类型（见图 1-16）。在具有直立茎的植物中，可以是草质茎，也可以是木质茎，如雪松、金钱松、杉木、柳杉、侧柏、圆柏、马褂木、柳树、西府海棠、红枫、蓖麻、向日葵等。

2. 缠绕茎

缠绕茎不能直立生长，靠茎本身缠绕他物上升（见图 1-17）。不同植物的茎旋转的方向各不相同，如紫藤、常春油麻藤、菜豆和旋花的茎由左向右旋转缠绕，叫左旋缠绕茎；葎草、叶子花的茎则从右向左旋转缠绕，叫右旋缠绕茎；还有左右均可旋转的，称为左右旋缠绕茎。

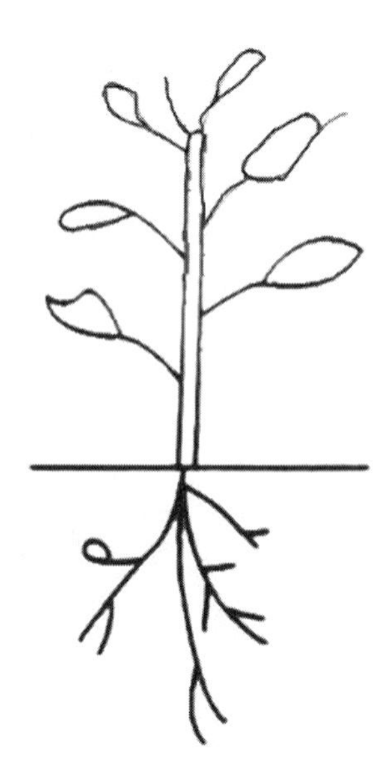
图 1-16　直立茎

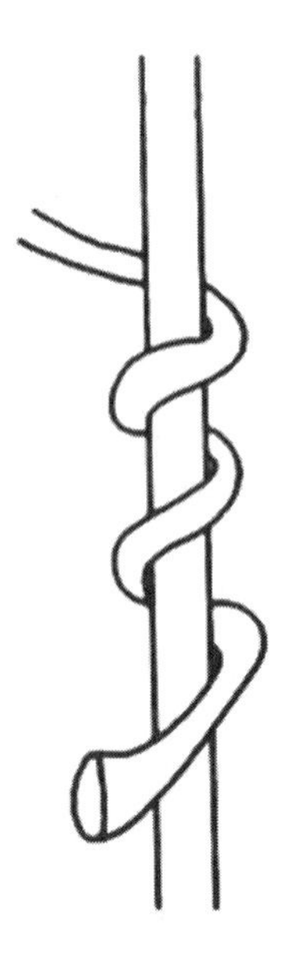
图 1-17　缠绕茎

3. 攀缘茎

用小根（气生根）、叶柄或卷须等特有的变态器官攀缘他物上升的茎称为攀缘茎（见图 1–18），如地锦、常春藤、绿萝、海金沙等的茎。

4. 平卧茎

平卧茎平卧地面而生长，枝间不再生根，如铺地柏、平枝栒子、酢浆草等的茎。

5. 匍匐茎

匍匐茎细长柔弱，平卧地面，蔓延生长，一般节间较长，节上能生不定根（见图 1–19），如石松、肾蕨、翠云草、火炭母、活血丹、虎耳草、积雪草、委陵菜、香蒲、水鳖、加拿大早熟禾、匍茎剪股颖、野牛草、地毯草、草莓、蔓长春花、地瓜藤等的茎。

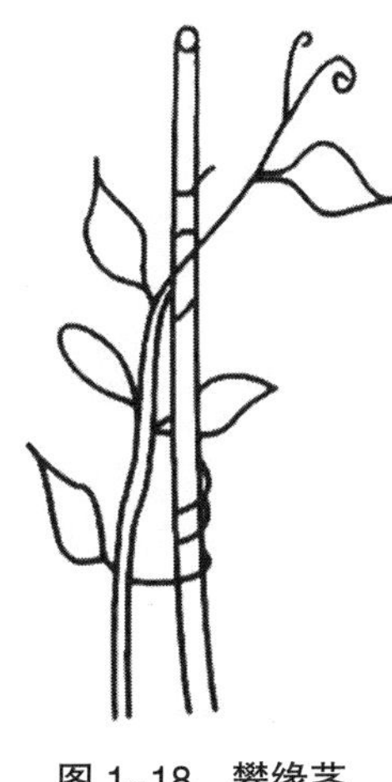

图 1–18 攀缘茎

图 1–19 匍匐茎

四、茎的分枝方式

枝通常由顶芽和腋芽发育而来。各种植物的芽的性质和活动情况不同，所产生的枝的组成和外部形态也不同，因而分枝方式各异。茎的分枝方式主要有以下几种类型。

1. 单轴分枝

单轴分枝也称总状分枝。此类分枝方式顶端优势明显，侧芽不发达，主干极显著，主干的伸长和加粗能力比侧枝强得多（见图 1–20）。被子植物如杨树、山毛榉、香樟等，裸子植物如银杏、雪松、马尾松、金钱松、水杉等均属单轴分枝类型。

2. 合轴分枝

合轴分枝是指主干的顶芽在生长季节生长迟缓或死亡或分化为花芽，由顶芽下方的腋芽代替原顶芽继续生长，发育成粗壮的新枝，如此每年重复生长、延伸主干。这种主干是由许多腋芽发育而成的侧枝联合组成，故称为合轴分枝（见图 1–21）。如无花果、桑树、梧桐、葡萄、桃、梅等均属合轴分枝类型。

3. 假二叉分枝

假二叉分枝是指具有对生叶（芽）的植物，在顶芽停止生长或顶芽分化为花芽后，顶芽下的两侧腋芽同时发育成二叉状分枝（见图 1–22）。它是合轴分枝的一种特殊形式，苔藓植物中的石松、卷柏等，被子植物中的石竹、繁缕、丁香、茉莉、接骨木、泡桐、梓树等均属假二叉分枝类型。

图 1-20 单轴分枝

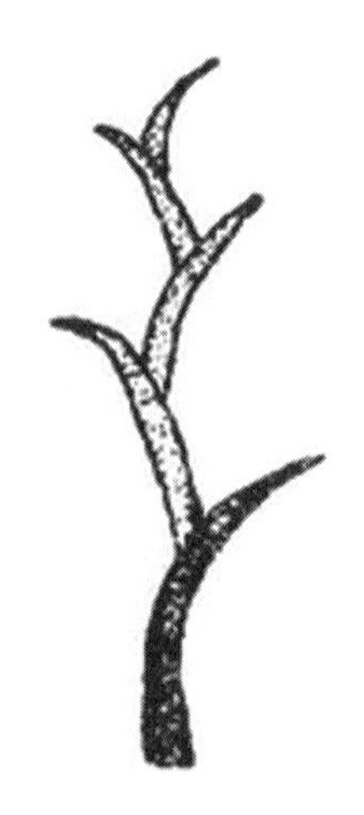

图 1-21 合轴分枝

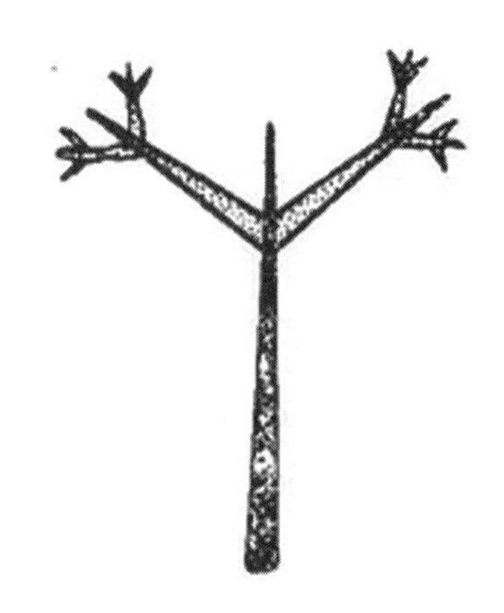

图 1-22 假二叉分枝

五、茎的变态

大多数园林植物的茎生长在地面以上，有些植物的茎为适应不同的环境，在形态、结构上发生了一些变化，从而形成了很多形态各异、功能多样的变态茎。茎的变态分为地上茎的变态和地下茎的变态。

1. 地上茎的变态

（1）肉质茎：茎肥大多汁，绿色，能贮藏养分和水分，可进行光合作用。肉质茎的形态有多种，有球状、圆柱状或饼状，如球茎甘蓝、茭白、许多仙人掌科植物的变态茎（见图 1-23）。

图 1-23 仙人掌肉质茎

（2）茎刺：茎刺又称枝刺，是由茎转变而成的刺，常位于叶腋处，具有保护作用，如柑橘、梅、柑橘、山楂、酸橙的单刺，皂荚的分枝刺（见图 1-24）。而月季、蔷薇、悬钩子等茎上的刺是由茎表皮的突出物发育而来的，称皮刺。

图 1-24 皂荚茎刺

（3）叶状茎：有些植物的叶完全退化或不发达，而一部分茎变成扁平的叶状体，常呈绿色而具有叶的功能，代替叶进行光合作用，称为叶状茎（枝）。如假叶树、竹节蓼、文竹、仙人掌、蟹爪兰、昙花、天门冬等的茎（见图 1-25）。

图 1-25 假叶树叶状茎

（4）茎卷须：许多攀缘植物的卷须是由枝变态而成的，用以攀附他物上升。茎卷须又称枝卷须，或与花枝的位置相当（如葡萄、秋葡萄）（见图 1-26），或生于叶腋（如南瓜、黄瓜）。

图 1-26　葡萄茎卷须

2. 地下茎的变态

（1）根状茎：地下茎肥大呈根状，具有明显的节与节间，节上有芽并能发生不定根，可分割成段用于繁殖。其顶芽能发育形成花芽开花，侧芽则形成分枝。如红花酢浆草、紫花地丁、香蒲、花蔺、菖蒲、石菖蒲、白穗花、铃兰、花叶水葱、美人蕉、荷花、睡莲、鸢尾类、姜花等的茎（见图 1-27）。

图 1-27　荷花根状茎

（2）块茎：地下茎膨大，呈不规则的块状或球状，其上具明显的芽眼，往往呈螺旋状排列，可分割成许多小块茎，用于繁殖，如马铃薯的茎（见图 1-28）。但另一类块茎类植物，如仙客来、球根秋海棠、大岩桐等，其芽着生于块状茎的顶部，须根则着生于块状茎的下部或中部，块状茎能多年生长，但不能分成小块茎用于繁殖，所以也有人把其划为块根类。

图 1-28　马铃薯块茎

（3）球茎：地下茎短缩膨大，呈实心球状或扁球形，其上着生环状的节，节上具褐色膜物，即鳞叶，球茎底端根着生处生有小球茎，如唐菖蒲、香雪兰、番红花、观音兰、花魔芋、慈姑等的茎（见图 1-29）。

图 1-29　花魔芋球茎

（4）鳞茎：地下茎短缩为圆盘状的鳞茎盘，其上着生多数肉质膨大的鳞片，能适应干旱炎热的环境，整体呈球形，如郁金香、风信子、网球花、百合、大花葱、葡萄风信子、葱兰、韭兰、水仙等的茎（见图 1-30）。

（5）竹类地下茎：竹类地下茎的类型多种多样，主要有如下几种类型。

合轴丛生型：无真正的地下茎，秆基的大型芽直接萌发出土成竹，不形成横向生长的地下茎，秆柄在地下也不延伸，不形成假鞭，竹秆在地面丛生，又称为丛生竹。如刺竹属、牡竹属等。

合轴散生型：秆基的大型芽萌发时，秆柄在地下延伸一段距离，然后出土成竹，竹秆在地面散生，延伸的秆柄形成假地下茎（假鞭）。假鞭与真鞭（真正的地下茎）的区别是，假鞭有节，但节上无芽，也不生根。秆柄延伸的距离因竹种不同而有很大差异，有些种为数十厘米，有些可达几米。如箭竹属等。

图 1-30　水仙鳞茎

单轴散生型：有真正的地下茎（即竹鞭），鞭上有节，节上生根，每节着生一侧芽，交互排列。侧芽或出土成竹，或形成新的地下茎，或呈休眠状态。顶芽不出土，在地下扩展，地上茎（竹秆）在地上散生，又称散生竹。如刚竹属、方竹属、酸竹属等。

复轴混生型：有真正的地下茎，间有散生和丛生两种类型，既可从竹鞭抽笋长竹，又可从秆基萌发成笋长竹。竹林散生状，而几株竹又可以相对成丛状，故又称为混生竹。如赤竹属、箬竹属等。

任务三 观察植物的叶

【任务提出】在自然界中有形形色色的叶，这些叶子的形状、大小和生长方式有着明显的区别，那么该如何进行区分呢？ 不同的植物，叶形的变化很大，即使在同一种植物的不同植株上，或者同一植株的不同枝条上，叶形也不会绝对一样，多少会有一些变化。但同一种植物的叶形总体上是相似的，其原因何在呢?

【任务分析】识别园林植物的叶，首先要了解其形态特征，熟练掌握描述叶的形态的名词术语，以便准确地描述、识别和鉴定。

【任务实施】教师准备不同类型的叶的标本或新鲜材料及多媒体课件，结合校园中的园林植物及同学们比较熟悉的园林植物，简介其特征、类型、识别方法，然后引导学生依次观察识别。

一、叶的生理功能

叶着生在茎上，由枝芽中的叶原基发育而来。叶的主要功能是进行光合作用，制造有机物。叶也具有蒸腾作用，为根系从外界吸收水和矿物质营养提供动力，叶表皮上的气孔是植物与外界进行气体交换的通道。有些植物的叶还具有储藏营养物质和繁殖的功能，生产上常对叶面施肥证明了叶还有吸收作用等。

二、叶的形态

（一）叶的组成

典型的叶可分叶片、叶柄和托叶三部分，这种叶称为完全叶，如梨、桃、月季等植物的叶（见图 1-31）。仅有叶片或仅有叶片和叶柄的叶，称为不完全叶，如丁香、樟树的叶缺托叶，属不完全叶。叶片通常为绿色扁平状，能进行光合作用。叶柄是连接叶片与茎的柄状结构，主要起输导和支持作用。托叶为叶柄基部的附属物，通常成对而生，形状因种而异，托叶对幼叶和腋芽有保护作用。禾本科植物的叶柄扩展成片状，将茎包围，称为叶鞘；在叶鞘与叶片连接处的内侧有膜质的小片，称为叶舌；叶舌两侧的毛状物称为叶耳（见图 1-32）。

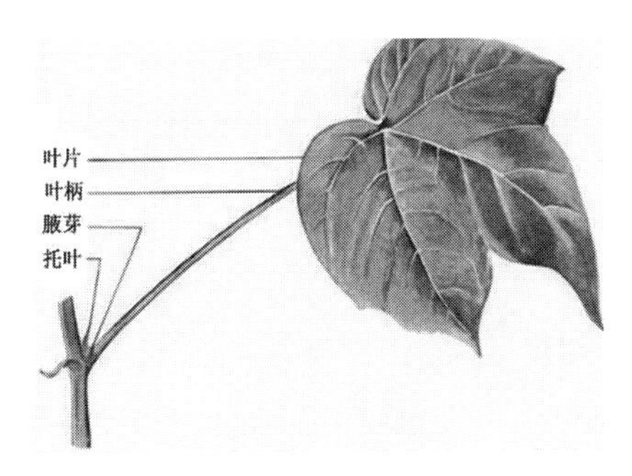

图 1-31　完全叶

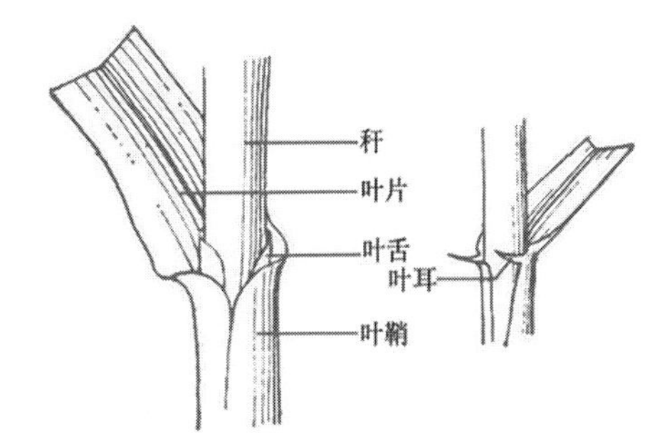

图 1-32　禾本科植物的叶

（二）叶片的形状

叶片的形状主要是根据叶片的长宽比和最宽处的位置来确定的。叶片的基本形状有以下几种（见表 1-1）。

表 1-1　叶片的基本形状

最宽处的位置	叶片的长宽比	长等于或约等于宽	长为宽的 1.5 ～ 2 倍	长为宽的 3 ～ 4 倍	长为宽的 5 倍以上
最宽处的位置	靠近叶片基部	阔卵形	卵形	披针形	剑形
	在叶片中部	圆形	阔椭圆形	长椭圆形	
	在叶片先端	倒阔卵形	倒卵形	倒披针形	条形

（1）圆形：长宽相等或接近相等，形如圆盘，如黄栌、芡实、山麻杆、圆叶榕、小檗、睡莲的叶片。

（2）披针形：叶片中部以下最宽，向上渐狭，如柳、桃、紫叶鸭跖草、麝香百合、浙贝母、郁金香、益智的叶片。

（3）椭圆形：叶片中部最宽，两端较窄，两侧叶缘成弧形，如长叶肾蕨、胡桃、枫杨、苦槠、石栎、青冈栎、樟树、苹果、深山含笑、薜荔、火炭母、肖竹芋、石斛的叶片。

（4）矩圆形（或长圆形）：长是宽的 2 ～ 4 倍，两边近平行，两端均圆形，如紫穗槐、山合欢、洒金桃叶珊瑚、毛蕊花、郁金、铁甲秋海棠的叶片。

（5）针形：叶细长，先端尖锐，这种叶形以松科植物最多，如雪松、黑松、华山松、白皮松、油松、长叶松、马尾松、火炬松、湿地松、黄山松、日本五针松等。

（6）卵形：叶端为小圆，叶基呈大圆，叶身最宽处在中部以下，且向叶端渐细，如冬青卫矛、稠李、垂丝海棠、落新妇、溲疏、英桐、洋紫荆、非洲凤仙、枳椇的叶片。

（7）条形：叶片狭长，两侧叶缘近平行，如冷杉、麦冬、吉祥草、蛇鞭菊，水烛、苦草、高羊茅、草地早熟禾、芒、巢凤梨的叶片。另外，杉科植物的叶大多为条形叶。

（8）匙形：形似勺，先端圆形，向基部变狭，如补血草、羽衣甘蓝、凹叶景天的叶片。

（9）倒卵形：叶端为小圆，叶基呈大圆，叶身最宽处在中部以下，且向叶端渐细，如二乔玉兰、天女花、海桐、金心冬青卫矛、白三叶草的叶片。

（10）倒披针形：叶片中部以上最宽，向下渐狭，如雀舌黄杨的叶片。

（11）倒心形：叶尖具较深的尖形凹缺，而叶两侧稍内缩，如酢浆草的叶片。

（12）盾形：凡叶柄着生在叶片背面的中部或近中部（非边缘），不论叶形如何，均称为盾形叶，如莲、旱金莲、蓖麻的叶片。

（13）剑形：长而稍宽，先端尖，常稍厚而强壮，形似剑，如香蒲、龙血树、墨兰、鸢尾属植物的叶片。

（14）镰刀形：叶片狭长而弯曲，如扭叶镰刀藓的叶片。

（15）肾形：叶片基部凹形，先端钝圆，横向较宽，似肾形，如锦葵、积雪草、冬葵的叶片。

（16）菱形：叶片呈等边斜方形，如菱叶绣线菊、菱、乌桕、秋丹参的叶片。

（17）钻形（或锥形）：先端锐尖或呈短且窄的三角形状，常为革质，如柳杉、池杉、丛生福禄考的叶片。

（18）扇形：形状如扇，如银杏的叶片。

（19）鳞形：形状如鳞片，如日本香柏、侧柏、十头柏、柏木、日本花柏、砂地柏、圆柏等多数柏科植物的叶片。

（20）心形：与卵形相似，但叶片下部更为广阔，基部凹入，似心形，如紫荆、泡桐、虎耳草、雨久花的叶片。

（21）三角形：基部宽，呈平截状，三边或两侧边近相等，如加拿大杨、意大利杨、野荞麦、圆盖阴石蕨的叶片。

常见叶片形状如表 1-2 所示。

表 1-2　常见叶片形状

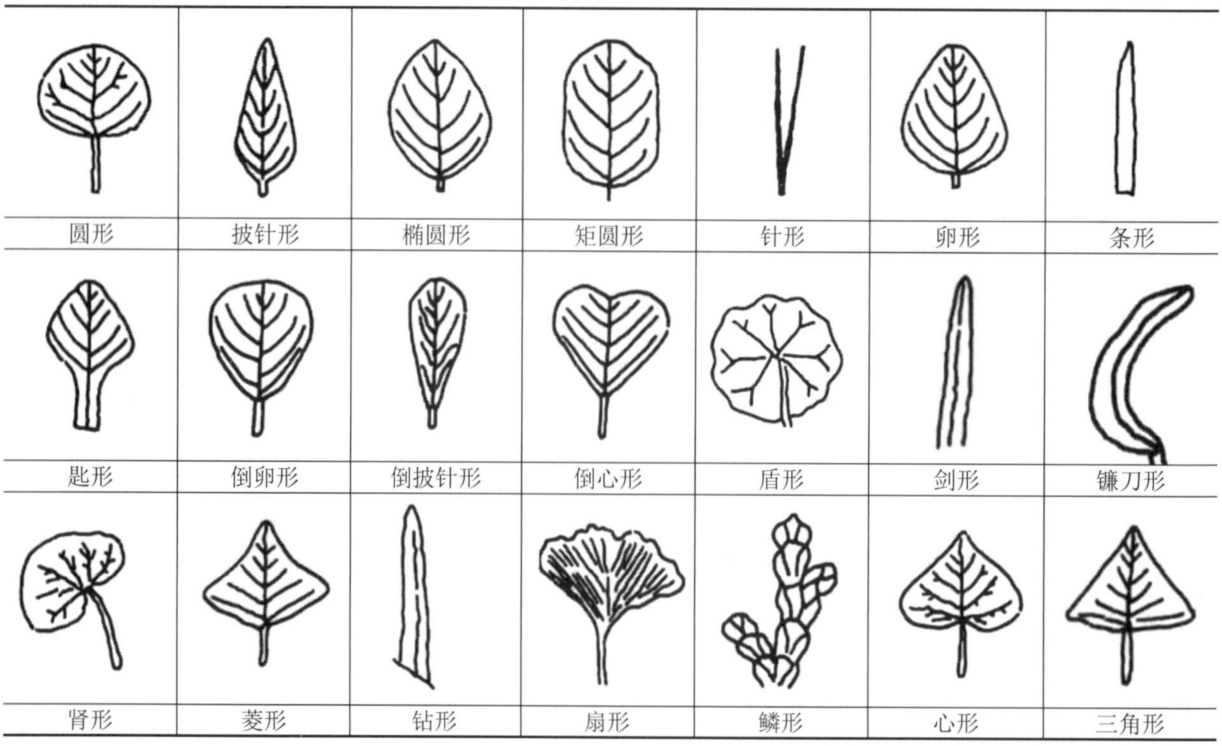

圆形	披针形	椭圆形	矩圆形	针形	卵形	条形
匙形	倒卵形	倒披针形	倒心形	盾形	剑形	镰刀形
肾形	菱形	钻形	扇形	鳞形	心形	三角形

（三）叶的形态识别

可从叶尖、叶基、叶缘、叶脉几个方面去识别叶的形态（见图 1–33）。

图 1–33　叶的形态识别

1. 叶尖的形态

叶尖指叶片的顶端，常见的形状如下。

（1）芒尖：叶顶尖具芒状刚毛（见图 1–34），如蒙桑、无刺枸骨、苔草。

（2）卷须状：叶片顶端变成一个螺旋状的或曲折的附属物（见图 1–35），如黄精 *Polygonatum sibiricum*。

图 1–34　芒尖

图 1–35　卷须状

（3）锐尖：尖头成锐角，叶端叶尖两侧缘近直（见图 1–36），如丝棉木、南天竹、何首乌、荞麦、粉花绣线菊、球根秋海棠、花叶万年青、绒叶喜林芋。

（4）倒心形：叶端凹入，形成倒心形（见图 1–37），如酢浆草、心叶球兰。

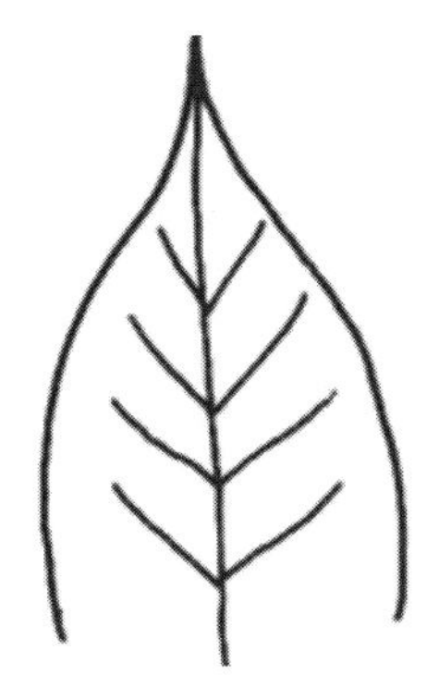

图 1–36　锐尖

图 1–37　倒心形

（5）尾尖：叶端渐狭长，成长尾状附属物（见图 1-38），如梅、日本晚樱、乐昌含笑、郁李、菩提树。

（6）尖凹：叶端微凹入（见图 1-39），如苜蓿、酢浆草、三叶木通、凹叶厚朴、雀舌黄杨。

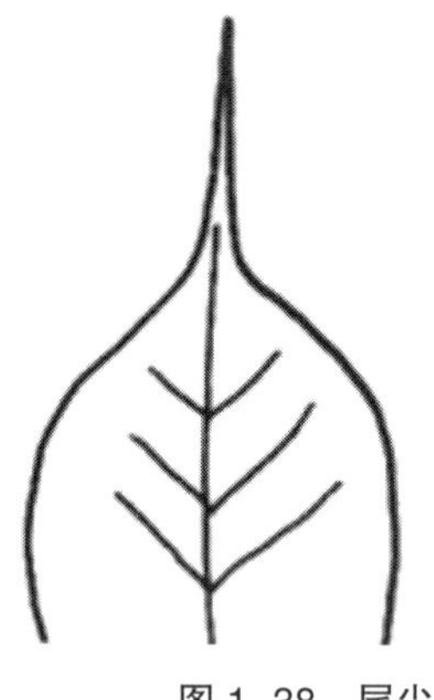

图 1-38 尾尖

图 1-39 尖凹

（7）渐尖：叶端尖头稍延长，两侧有内弯的边（见图 1-40），如三尖杉、红豆杉、毛白杨、加拿大杨、旱柳、阔瓣含笑、小叶朴、鹰爪枫、榆叶梅、桃叶珊瑚、水蓼、秋牡丹、三白草。

（8）钝形：叶端钝而不尖或近圆形（见图 1-41），如冬青、厚朴、红楠、福建紫薇、琼花、多花黄金。

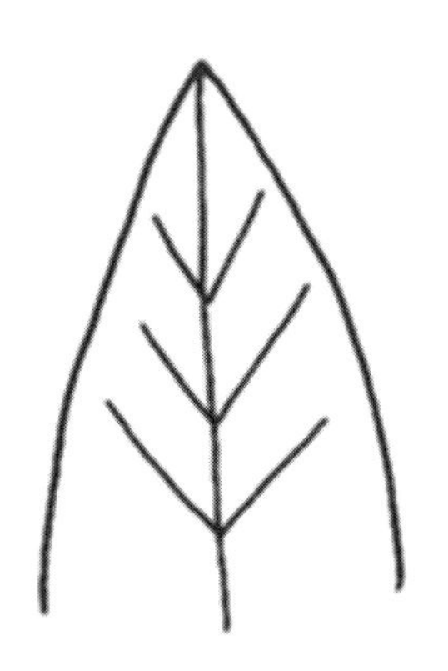

图 1-40 渐尖

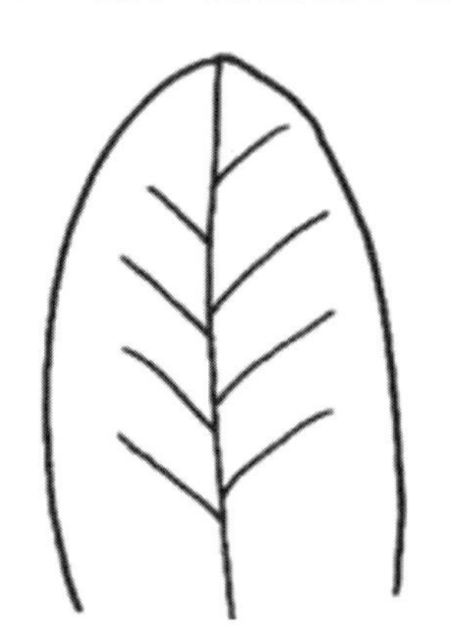

图 1-41 钝形

2. 叶基的形态

（1）心形：叶基圆形而中央微凹，呈心形（见图 1-42），如梧桐、珙桐、丁香、巨紫荆、洋紫荆，山麻杆、五角枫、葡萄、蛇葡萄、地锦、木芙蓉、金叶过路黄。

（2）耳垂形：叶基两侧的裂片钝圆，下垂如耳（见图 1-43），如芋、紫芋、白英、牛皮消。

图 1-42 心形叶基

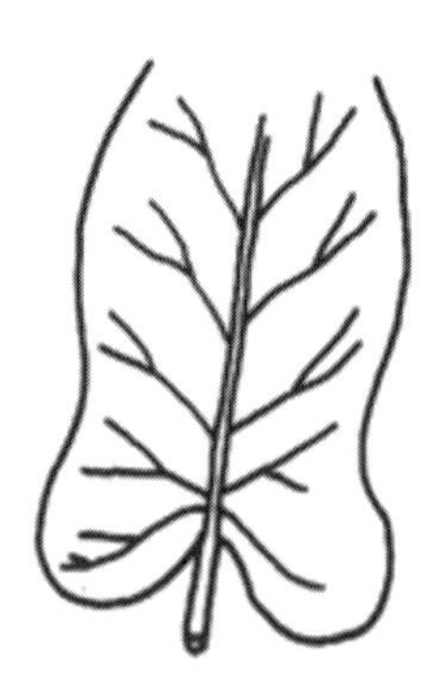

图 1-43 耳垂形叶基

（3）箭形：叶基两侧的小裂片尖锐向下，形似箭头（见图 1-44），如慈姑、旋花。

（4）楔形：叶片中部以下向基部两边逐渐变狭，形如楔子（见图 1-45），如垂柳、旱柳、小叶杨、观光木、杨梅、香港四照花、桂花、锣木石楠、菊花、千日红、藜。

图 1-44 箭形叶基

图 1-45 楔形叶基

（5）戟形：叶基两侧的小裂片向外，呈戟形（见图 1-46），如菠菜、天剑、小旋花。

（6）圆形：叶基圆形（见图 1-47），如盾蕨、苹果、虎杖、三叶木通、天女花。

图 1-46 戟形叶基

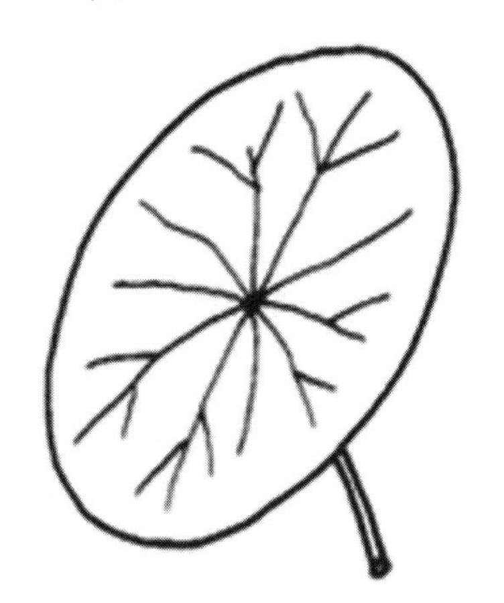

图 1-47 圆形叶基

（7）偏斜：叶基两侧不对称（见图 1-48），如榆树、榔榆、朴树、美国山核桃、檵木、枳椇。

（8）合生穿茎：对生叶的基部两侧裂片彼此合生成一整体，而茎恰似贯穿在叶片中（见图 1-49）。

（9）抱茎：没有叶柄的叶，其基部两侧紧抱着茎（见图 1-50）。

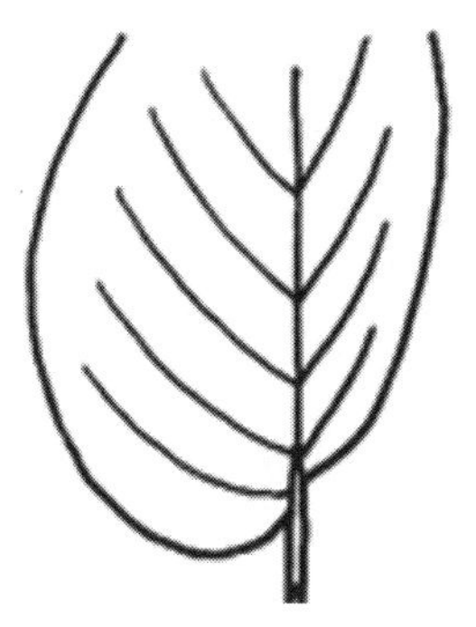

图 1-48 偏斜叶基

图 1-49 合生穿茎叶基

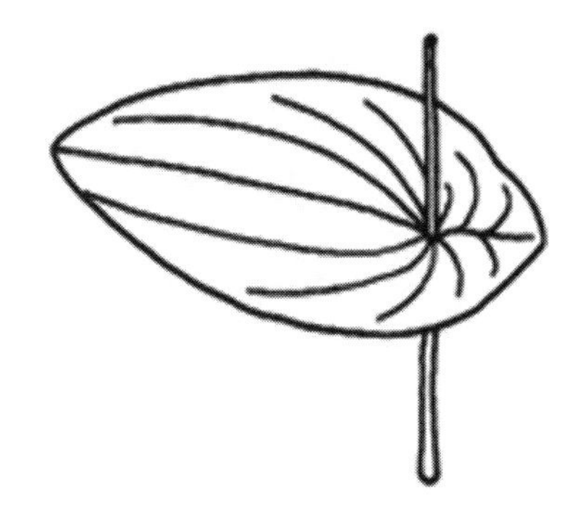

图 1-50 抱茎叶基

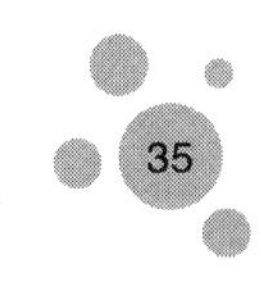

3. 叶缘的形态

（1）全缘：叶缘呈一连续的平线，不具任何锯齿或缺裂（见图 1-51），如木莲、女贞、丁香、蜡梅、樟树、浙江桂、薜荔、五色草、叶子花、大血藤、小檗、南天竹。

（2）波状：叶片边缘如起伏的波浪（见图 1-52），如茄、昙花、万年青、海芋、羽衣甘蓝。

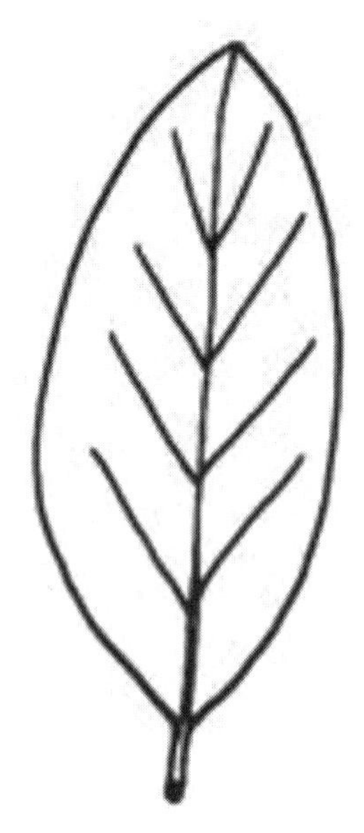

图 1-51　全缘叶缘

图 1-52　波状叶缘

（3）锯齿：叶缘具尖锐的齿，齿尖朝向叶片先端（见图 1-53），如珍珠花、苹果、月季、小果蔷薇、海棠花、桃、旱柳、垂柳、杜仲、白头翁。

（4）重锯齿：锯齿上复生小锯齿（见图 1-54），如榆树、三叶海棠、棣棠、郁李、樱草、落新妇。

图 1-53　锯齿叶缘

图 1-54　重锯齿叶缘

（5）齿状：叶缘具尖锐的齿，两侧接近等边，齿直而尖，向外（见图 1-55），如灰藜。

（6）圆齿状：叶缘具圆而整齐的齿（见图 1-56），如山毛榉、锦葵、毛地黄。

图 1-55　齿状叶缘

图 1-56　圆齿状叶缘

（7）钝齿：叶缘具圆而钝的齿（见图 1-57），如梅树、秋牡丹、蛇莓。

（8）叶裂（又称缺刻）：叶片边缘凹凸不齐，凹入和凸出的程度较齿状缘大而深，如梧桐、三角枫、山楂、菱叶绣线菊。按叶裂的深浅程度不同，可分为浅裂、深裂、全裂；按叶裂的形式不同，可分为羽状裂（见图 1-58）、掌状裂、三出裂。

图 1-57 钝齿叶缘

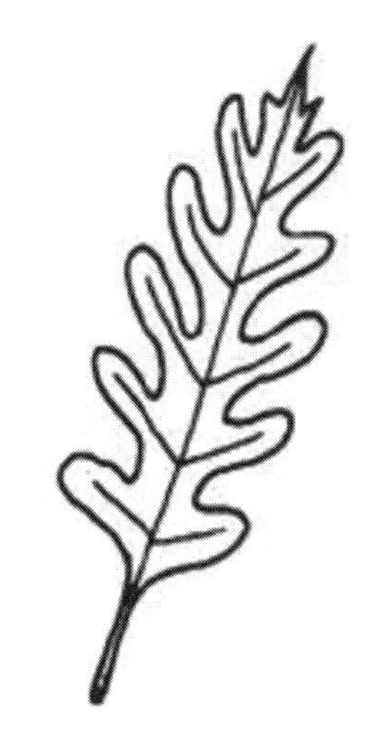

图 1-58　羽状裂叶缘

（9）浅波状：叶缘起伏如小波浪（见图 1-59），如茄。

（10）睫毛状：叶缘有细毛向外伸出（见图 1-60）。

图 1-59　浅波状叶缘

图 1-60　睫毛状叶缘

4. 叶脉的类型

（1）平行脉：各叶脉平行排列，由基部至顶端或由中脉至边缘，没有明显的小脉联结，如芭蕉、美人蕉等。平行脉又可分为直出平行脉、侧出平行脉、弧形平行脉（见图 1-61 至图 1-63）。直出平行脉指中脉与侧脉平行地自叶基直达叶尖，如水稻、小麦、玉米。侧出平行脉指侧脉与中脉垂直，侧脉之间彼此平行，直达叶缘，如芭蕉、香蕉。弧形平行脉指所有叶脉自叶片基部发出，彼此距离逐渐增大，呈弧状分布，最后距离又缩小，在叶尖汇合，如车前、玉簪、紫萼。

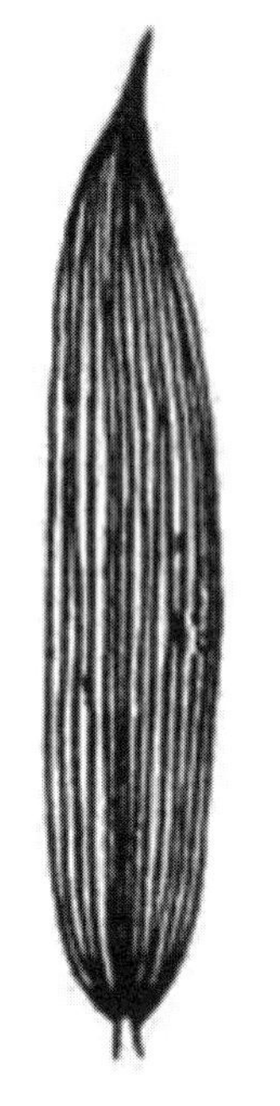

图 1-61　直出平行脉

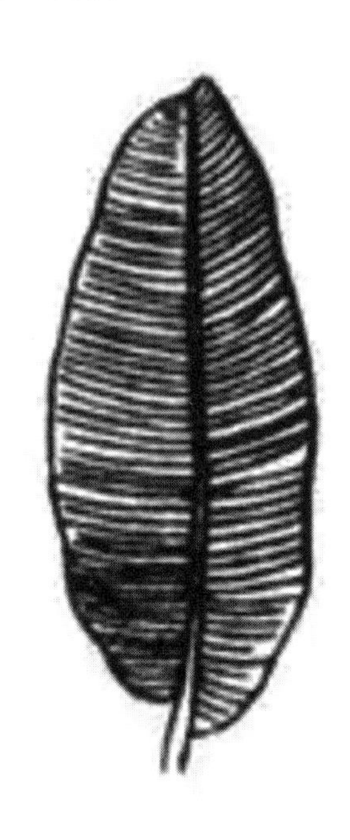

图 1-62　侧出平行脉

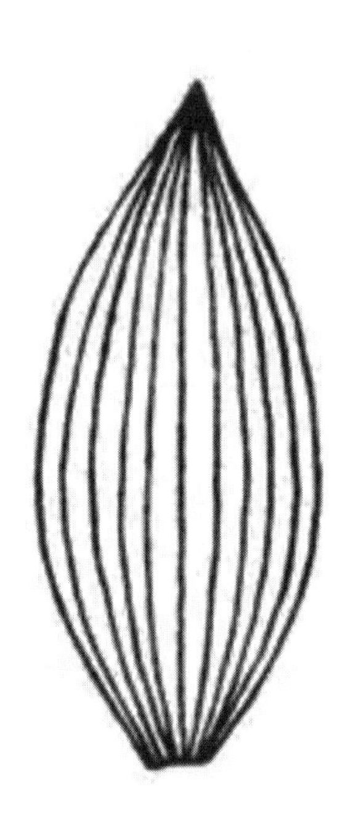

图 1-63　弧形平行脉

（2）网状脉：叶脉经多级分枝后，联结组成网状。大多数双子叶植物属此类型。网状脉依主脉数目和排列方式又分为羽状脉和掌状脉（见图 1-64 至图 1-66）。羽状脉指叶片具有一条明显的主脉（中脉），两侧生羽状排列的侧脉。掌状脉指由叶基发出多条主脉，主脉间又一再分枝，形成细脉。如果有三条自叶基发出的主脉，称掌状三出脉，如果三条主脉离开叶基一段距离才发出，则称离基三出脉。

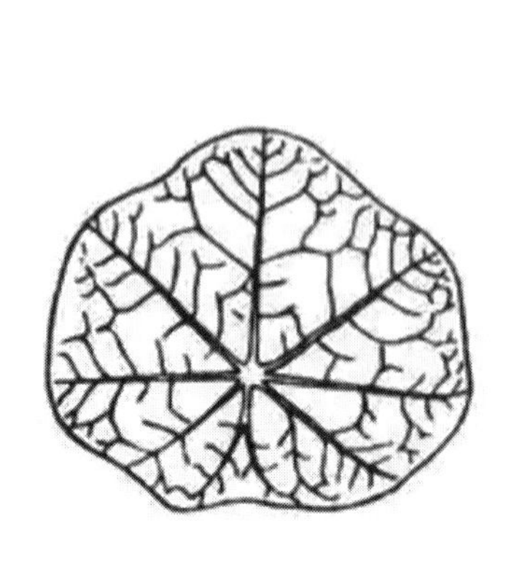

图 1-64　掌状脉 1

图 1-65　掌状脉 2

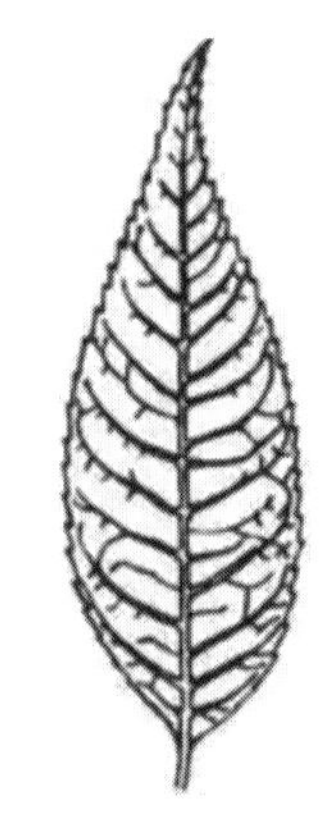

图 1-66　羽状脉

（3）射出脉：多数叶脉由叶片基部辐射出（见图 1-67），如棕榈、蒲葵等。

（4）叉状脉：叶脉从叶基生出后，均呈二叉状分枝。这种脉序是比较原始的类型，在种子植物中极少见，如银杏（见图 1–68），但在蕨类植物中较为常见。

图 1–67　射出脉

图 1–68　叉状脉

三、叶序的类型

叶在茎上有规律的排列方式称为叶序。叶序基本类型如下。

（1）互生：每节上只生 1 叶，交互而生（见图 1–69），如樟树、悬铃木、山麻杆、乌桕、一品红黄栌、枸骨、无患子、酸枣、菊花、美女樱等。

（2）对生：每节上生 2 叶，相对排列（见图 1–70），如丁香、女贞、桂花、紫薇、赤楠、雪柳、红瑞木、毛梾、山茱萸、桃叶珊瑚、石竹、葡萄等。

（3）轮生：每节上生 3 叶或 3 叶以上，呈辐射状（见图 1–71），如铺地柏、刺柏、夹竹桃、梓树、小叶女贞、红叶石楠、狐尾椰子、百合、垂盆草、佛甲草等。

（4）基生：叶着生茎基部近地面处（见图 1–72），如蒲公英、紫花地丁、多叶羽扇豆、红花酢浆草、三色堇、报春花。

（5）簇生：多数叶着生在极度缩短的枝上（见图 1–73），如雪松、金钱松、落叶松、银杏。

图 1–69　互生叶序

图 1–70　对生叶序

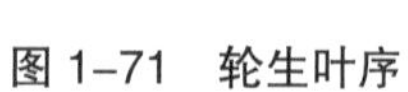

图 1-71　轮生叶序

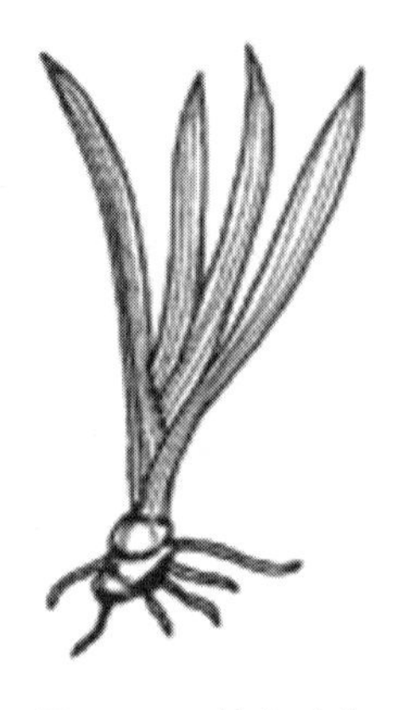

图 1-72　基生叶序

图 1-73　簇生叶序

四、叶的类型

一个叶柄上所生叶片的数目，各种植物是不同的。一个叶柄上只生一枚叶片，称为单叶；一个叶柄上生多枚小叶，称为复叶。

（1）羽状复叶：小叶排列在叶轴的左右两侧，呈羽毛状，可分为奇数羽状复叶（见图 1-74）、偶数羽状复叶（见图 1-75）、大头羽状复叶、参差羽状复叶、二回羽状复叶（见图 1-76）、三回羽状复叶（见图 1-77）等。如井栏边草、铁线蕨、枫杨、牡丹、南天竹、落新妇、花椒、皂荚、合欢、花榈木、香豌豆、九里香紫藤、月季、槐树等。

图 1-74　奇数羽状复叶

图 1-75　偶数羽状复叶

图 1-76　二回羽状复叶

图 1-77　三回羽状复叶

（2）掌状复叶：小叶生在叶轴的顶端，呈掌状排列（见图 1-78），如唐松草、大麻、七叶树、五叶地锦、乌蔹莓、木棉、发财树、木通、鹰爪枫、多叶羽扇豆等。

（3）三出复叶：仅有三个小叶集生于叶轴的顶端。如果三个小叶的叶柄等长，称为掌状三出复叶（见图 1-79），如橡胶树、红三叶草、紫花酢浆草等；如果顶端小叶的叶柄较长，称为羽状三出复叶（见图 1-80），如大豆、菜豆、苜蓿等。

（4）单生复叶：总叶柄顶端只具一个叶片，总叶柄与小叶连接处有关节（见图 1-81），如柑橘、金橘、柚、甜橙、回青橙、香橼的叶。

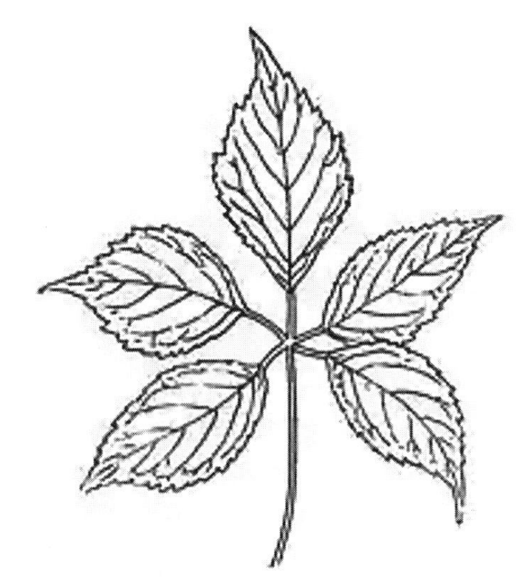

图 1-78 掌状复叶

图 1-79 掌状三出复叶

图 1-80 羽状三出复叶

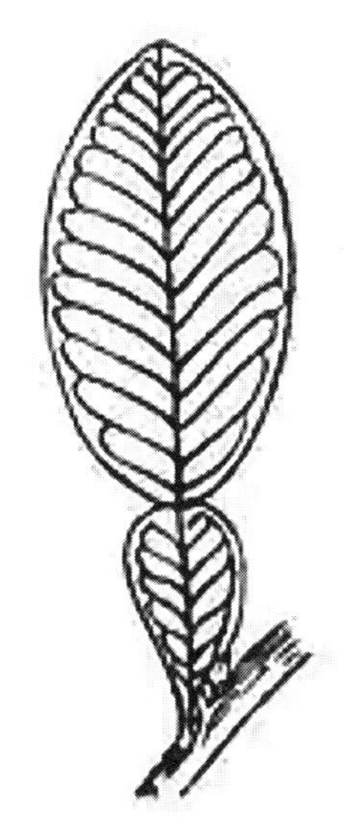

图 1-81 单生复叶

五、叶的变态

有些植物的叶由于长期适应环境条件的变化，其原有的形态与功能往往发生改变，形成变态叶。

叶的变态类型及特点等如表 1-3 所示。

表 1–3　叶的变态类型及主要特点和作用

变态类型	主要特点	主要作用	实　例	图　例
芽鳞	冬芽外面所覆盖的变态幼叶	保护作用	杨、柳、棠梨、丁香等	
苞片	花序、果序下方的变态叶	保护花果	马蹄莲、叶子花等	
鳞叶	叶退化成不含叶绿体的鳞片状	储藏营养物质	洋葱、风信子、百合等	
叶刺	植株的部分或全部叶变为刺	保护作用	仙人掌、火棘等	
叶卷须	植株的部分叶变为卷须状	攀缘生长	豌豆、土茯苓等	
叶状柄	叶片退化，叶柄成为扁平的叶状体	光合作用	相思树、金合欢等	
捕虫叶	叶变成能捕食昆虫的结构	捕食昆虫	猪笼草等	

任务四
观察植物的花

【任务提出】花是被子植物的重要特征之一。花以其特有的形态、色彩成为植物体的重要组成部分。那么，植物的花是由哪几部分组成的？有哪些类型？花的着生方式有哪些？花的各部分是如何发育的？花又是如何形成果实的呢？

【任务分析】识别园林植物的花，首先要了解其形态特征，熟练掌握描述花形态的名词术语，以便准确地描述、识别和鉴定。

【任务实施】教师准备不同类型的花的标本或新鲜材料及多媒体课件，结合校园中的园林植物及同学们比较熟悉的园林植物，简介其特征、类型、识别方法，然后引导学生依次观察识别。

花是被子植物所特有的生殖器官，从形态发生和解剖结构来看，花是适应生殖功能的变态短枝，花被和花蕊都是变态的叶。

一、花的组成

一朵典型的花是由花梗、花托、花萼、花冠、雄蕊和雌蕊组成的（见图1-82）。在一朵花中，花萼、花冠、雄蕊、雌蕊四部分均具有，称为完全花；缺少其中一至三部分的花，称为不完全花。兼有雌蕊和雄蕊的花为两性花；只有雌蕊的叫雌花，只有雄蕊的叫雄花，二者均为单性花。一朵花同时具有花萼和花冠，称为两被花，仅具花萼或花冠的称单被花，二者均无时称无被花。

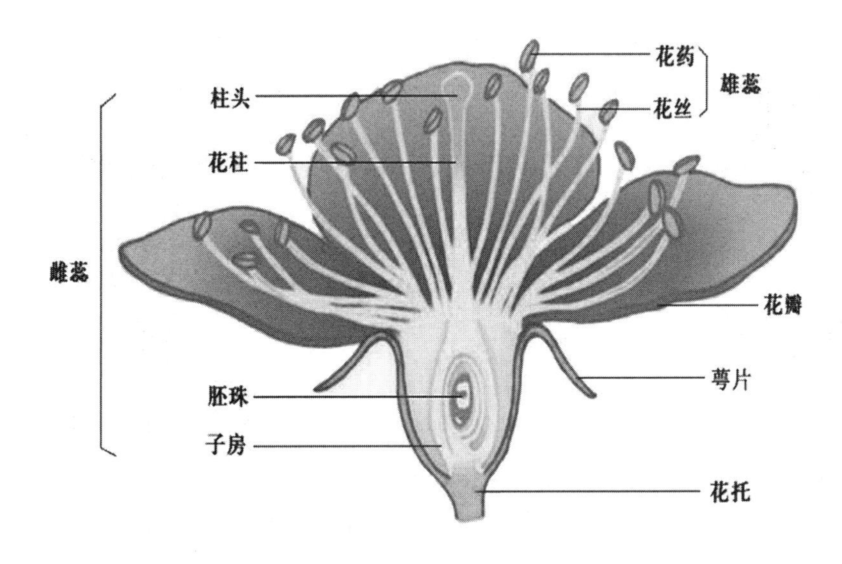

图1-82 花的组成

1. 花梗

花梗也称作花柄，是花着生的小枝，其结构与茎相似，主要起支撑花冠及输送养分和水分的作用，其长短、粗细随植物种类的不同而不同。有的植物会形成无柄花。

2. 花托

花托是花梗顶端膨大的部分，花的其他部分按一定方式着生其上。不同的植物，其花托的形状不同，花的其他部分在其上排列的方式也不同，如较原始的木兰科植物，花托为柱状，花的各部分螺旋排列其上。

3. 花萼

花萼由萼片组成，常小于花瓣，质较厚，通常呈绿色，是花的最外一轮或最下一轮。有些植物的花萼有鲜艳的颜色，状如花瓣，叫瓣状萼，如白头翁花萼为淡紫色，倒挂金钟花萼为红色或白色。

根据花萼的离合程度，有离萼和合萼之分。萼片各自分离的称离萼，如油菜；萼片彼此连合的称合萼，基部连合部分为萼筒，上部分离部分为萼裂片，如蔷薇、益母草等。有些植物的萼筒下端向外延伸，形成细小中空的短管，称距，如凤仙花、飞燕草、耧斗菜等。

4. 花冠

花冠位于花萼之内，由若干花瓣组成。花瓣彼此分离的，称离瓣花，如李、杏等；花瓣之间部分或全部合生的，称合瓣花，如牵牛、南瓜等。花冠下部合生的部分称花冠筒，上部分离的部分称花冠裂片。花冠的形状因种而异，根据花瓣数目、性状及离合状态，花冠筒的长短，花冠裂片的形态等特点，可将花冠分为以下几种类型。

（1）蔷薇形：花瓣五片，等大，分离，每片呈广圆形，形成辐射对称的花，无瓣片与瓣爪之分（见图 1-83），如蔷薇科植物的花。

（2）漏斗状：花冠筒下部呈筒状，向上渐扩大成漏斗状（见图 1-84），如牵牛花、田旋花、槭叶茑萝、枸杞、菜豆树、六月雪、香果树的花。

图 1-83　蔷薇形花冠

图 1-84　漏斗状花冠

（3）钟状：花冠筒阔而稍短，上部扩大成钟形（见图 1-85），如桔梗科植物的花。

（4）辐射状：花冠筒极短，花冠裂片向四周辐射伸展（见图 1-86），如茄、番茄等的花。

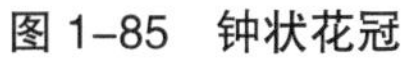

图 1-85　钟状花冠

图 1-86　辐射状花冠

（5）蝶形：花瓣五片，最上面（外层）的一片花瓣最大，常向上扩展，叫旗瓣，侧面对应的二片通常较旗瓣小，且不同形，常直展，叫翼瓣，最下面对应的两片，其下缘稍合生，状如龙骨状，叫龙骨瓣（见图 1-87），如红花槐、紫藤的花。

（6）唇形：花瓣五片，基部合生成花冠筒，花冠裂片稍呈唇形，上面二片合生为上唇，下面三片合生为下唇（见图 1-88），如一串红、薄荷等唇形科植物的花。

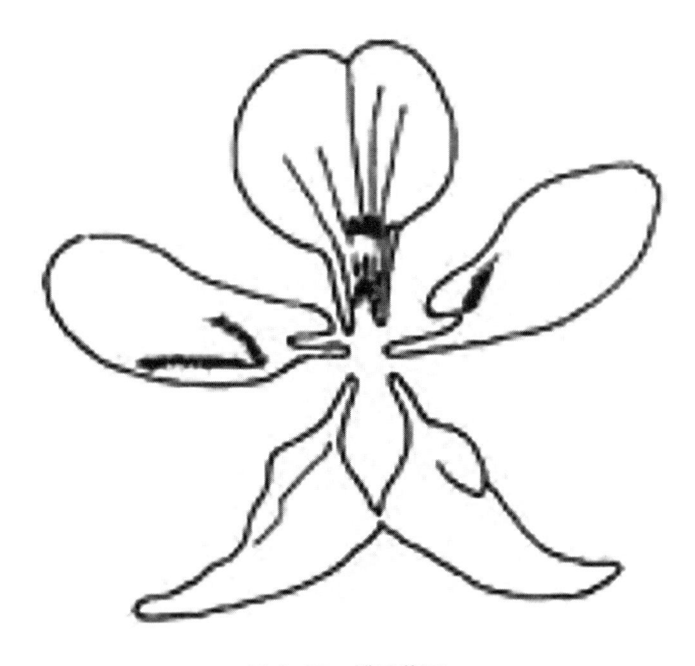

图 1-87　蝶形花冠

图 1-88　唇形花冠

（7）舌状：花瓣五片，基部合生成短筒，上部向一侧伸展成扁平舌状（见图 1-89），如向日葵的边缘花、蒲公英等一些菊科植物的花。

（8）十字形：花瓣四片，分离，相对排成十字形（见图 1-90），如十字花科植物的花。

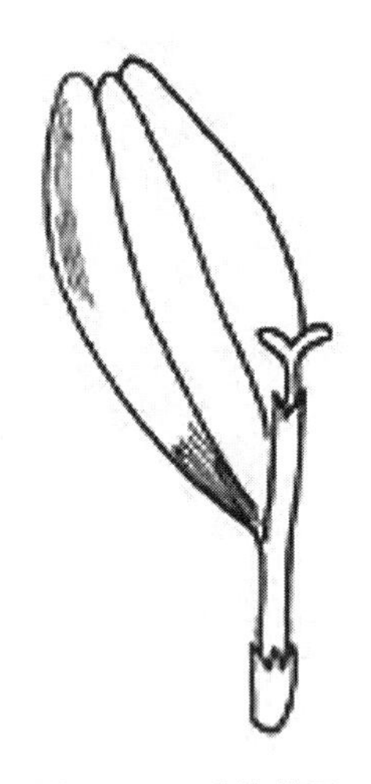

图 1-89 舌状花冠

图 1-90 十字形花冠

（9）高脚碟状：花冠下部合生成狭长的圆筒形，上部突然水平扩展成碟状（见图 1-91），如水仙、迎春、蓝雪花、络石、长春花、蔓长春花的花。

（10）坛状：花冠筒膨大为卵形或球形，上部收缩成短颈，花冠裂片微外曲（见图 1-92），如柿树、葡萄、风信子、菟丝子的花。

（11）管状：花冠管大部分呈圆管状，花冠裂片向上伸展（见图 1-93），如醉鱼草的花、向日葵的盘花等。

图 1-91 高脚碟状花冠

图 1-92 坛状花冠

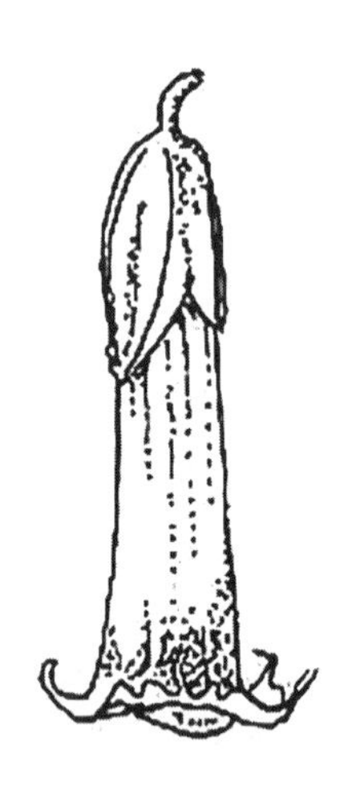

图 1-93 管状花冠

二、花序

花在花序轴上排列的方式叫花序。最简单的花序是一朵花单独生于枝顶或叶腋，叫单生花。多数植物的花是按一定规律排列在花轴上而形成花序的。根据花轴长短、分枝与否、有无花柄及开花顺序等，花序可分为以下几类。

1. 无限花序

无限花序的开花顺序是花序轴基部的花先开，渐及上部，花序轴顶端可继续生长延伸；若花序轴很短，则由边缘向中央依次开花。无限花序的生长方式属单轴分枝式，常称为总状类花序，又称为向心花序。

（1）总状花序：花序轴不分枝而较长，花多数有近等长的小梗，花序轴而随开花不断伸长（见图1-94），如刺槐、皂荚、云实、黄槐、美丽山扁豆、双荚决明、紫藤、商陆等。

（2）穗状花序：花轴较长，其上着生许多无柄或近无柄的花（见图1-95），如马鞭草。

图1-94 总状花序

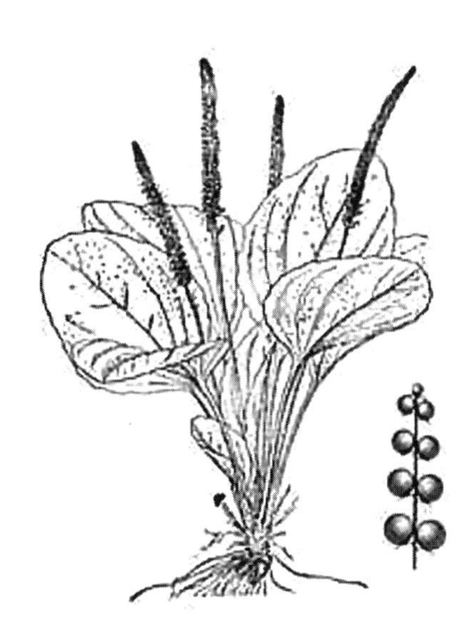

图1-95 穗状花序

（3）葇荑花序：许多无柄或具短柄的单性花着生于柔软下垂的花轴上（见图1-96），如杨、柳、枫杨、核桃等，常无花被而苞片明显，开花或结果后，整个花序脱落。

（4）圆锥花序：花轴有分枝，每一小枝自成一总状花序，整个花序由许多小的总状花序组成，形如圆锥（见图1-97），如南天竹、荆条花。

图1-96 葇荑花序

图1-97 圆锥花序

（5）伞房花序：与总状花序相似，但下部花的花柄较长，向上渐短，各花排列在同一平面上（见图1-98），如海桐、鸡爪槭、梨、苹果、山楂、果子蔓、百合、射干。

（6）伞形花序：许多花柄等长的花着生于花轴的顶部（见图1-99），如香菇草、茴香、吊钟花、点地梅、五加科植物等。

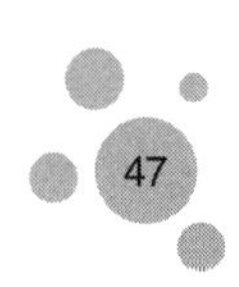

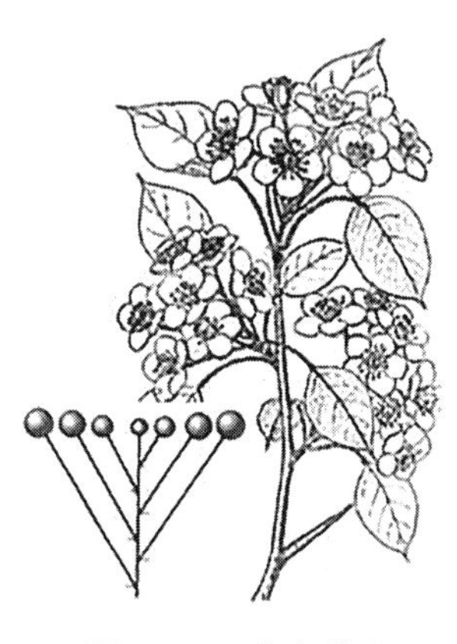

图 1-98　伞房花序

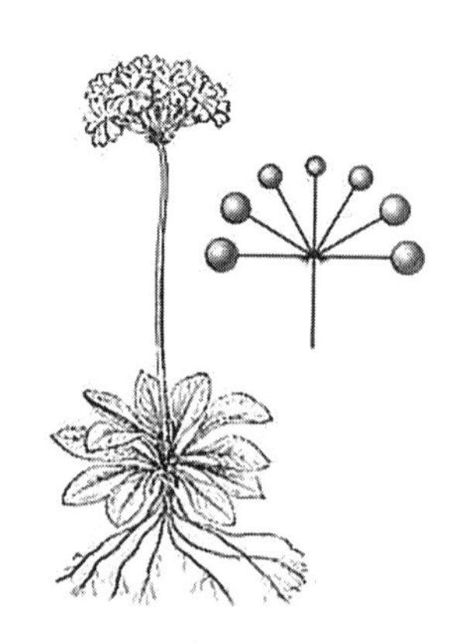

图 1-99　伞形花序

（7）复伞形花序：在长花轴上分生许多小枝，每个分枝均为总状花序，又称复总状花序（见图 1-100），如水稻、燕麦等。

（8）头状花序：多数无柄或近无柄的花着生于极度缩短、膨大扁平或隆起的花序轴上，形成一头状体，外具形状、大小、质地各异的总苞片（见图 1-101），如菊科植物。

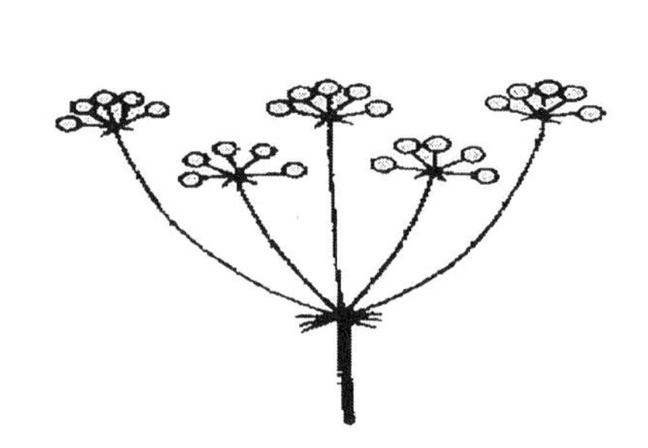

图 1-100　复伞形花序

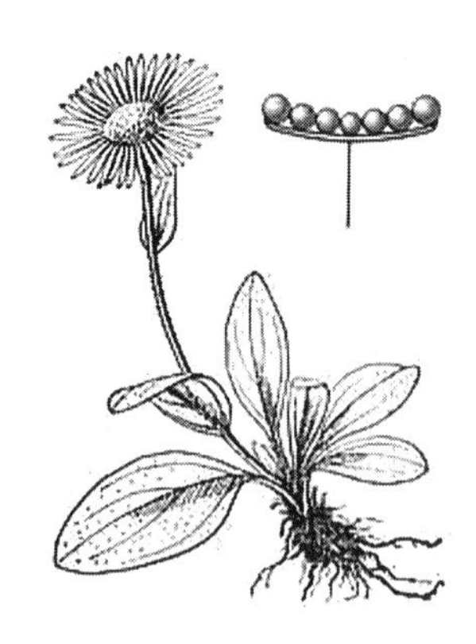

图 1-101　头状花序

（9）隐头花序：花序轴顶端膨大，中央凹陷，许多单性花隐生于花序轴形成的空腔内壁上（见图 1-102），如无花果、菩提树等桑科榕属植物。

（10）肉穗花序：穗状花序的一种，但花序轴肉质肥厚，且花序外围有佛焰苞保护（见图 1-103）。

图 1-102　隐头花序

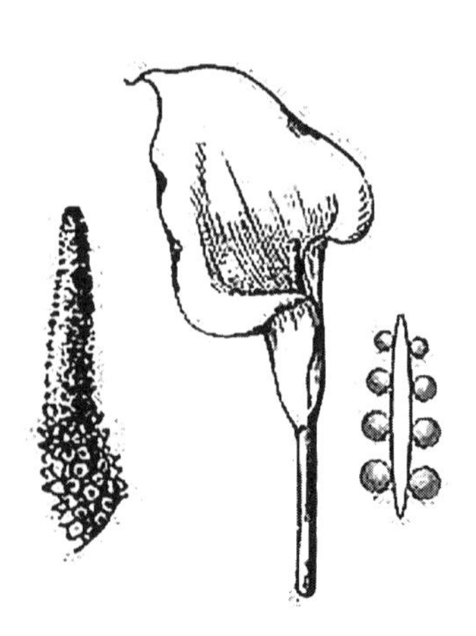

图 1-103　肉穗花序

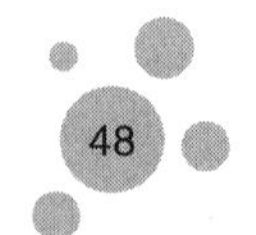

2. 有限花序

有限花序的开花顺序与无限花序相反，顶端或中心的花先开，然后由上而下或从内向外逐渐开放（见图 1–104）。其生长方式属合轴分枝式，常称为聚伞花序，也称为离心花序。

（1）单歧聚伞花序：顶芽首先发育成花后，仅顶花下一侧的侧芽发育成侧枝，侧枝的顶芽又形成一朵花，如此依次向下开花，形成单歧聚伞花序。如各次分枝都是从同一方向的一侧长出，整个花序呈卷曲状，称为螺旋状聚伞花序，如勿忘草等；如各次分枝左右相间长出，则称为蝎尾状聚伞花序，如唐菖蒲。

（2）二歧聚伞花序：顶花形成以后，在其下面两侧同时发育出两个等长的侧枝。每枝顶端各发育一花，之后再以同样的方式产生侧枝，如石竹。

（3）多歧聚伞花序：顶花下同时发育出三个以上分枝，各分枝再以同样的方式进行分枝，外形似伞形花序，但中心花先开，如天竺葵。

（4）轮伞花序：聚伞花序着生于对生叶的叶腋，花序轴及花梗极短，呈轮状排列，如益母草、地瓜苗等唇形科植物。

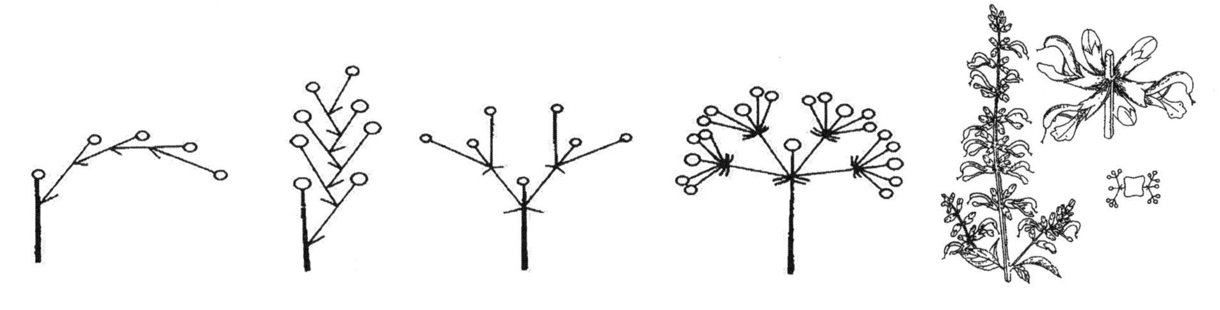

(a) 螺旋状聚伞花序 (b) 蝎尾状聚伞花序 (c) 二歧聚伞花序 (d) 多歧聚伞花序 (e) 轮伞花序

图 1–104　有限花序

自然界中花序的类型比较复杂，有些植物是有限花序和无限花序混生的，如泡桐的花序是由聚伞花序排列而成的圆锥花序。花序轴还有分枝和不分枝之分。花序轴不分枝，称为简单花序；花序轴有分枝，每一分枝相当于一种简单花序，则称为复合花序。此外，有复总状花序（又称圆锥花序），如法国冬青；有复伞房花序，如火棘；有复伞形花序，如荚蒾；有复穗状花序，如马唐、狗牙根。

三、花的类型

（1）根据花被的数目，可将花分为三种类型（见表 1–4）。

表 1–4　花的类型（一）

种　类	特　点	实　例
双被花	花萼、花冠都存在，而且有明显区别	玉兰、桃、香花槐等
单被花	仅有花萼或花冠的花	榆、桑等
无被花（裸花）	无花萼和花冠的花	杨、柳、杜仲等

（2）根据花中是否具备花蕊（雌蕊和雄蕊），可将花分为三种类型（见表 1–5）。

表 1-5　花的类型（二）

种　　类	特　　点	实　　例
两性花	兼有雄蕊和雌蕊的花	丁香、苹果、国槐等
单性花	仅有雄蕊或雌蕊的花，分别称雄花和雌花	板栗、桑等
中性花（无性花）	既无雄蕊，又无雌蕊的花	绣球花序边缘的花

（3）根据花中花瓣的轮数及形态，可将花分为四种类型（见表 1-6）。

表 1-6　花的类型（三）

种　　类	特　　点	实　　例
单瓣花	仅有一轮花冠的花	桃、苹果等
重瓣花	具有多轮花冠的花	碧桃、十姊妹等
整齐花（辐射对称花）	花瓣大小、形状相似的花	月季、李、牵牛等
不整齐花（两侧对称花）	花瓣大小、形状不一的花	国槐、紫荆等

对植物而言，雄花和雌花生在同一植株上，称为雌雄同株，如胡桃等；雄花和雌花分别生在不同植株上，称为雌雄异株，其中只长有雄花的为雄株，只长有雌花的为雌株，如柳、桑、银杏等。两性花和单性花生在同一植株上，称为杂性同株，如鸡爪槭、红枫等。

任务五
观察植物的果实和种子

【任务提出】果实是植物的繁殖器官之一，它保护着种子的发育和成长，成熟后有助于种子的传播。那么，果实有哪些类型？各有何构造特点？在植物的系统发育过程中有何作用呢？

【任务分析】识别园林植物的果实和种子，首先要了解其形态特征，熟练掌握描述果实和种子形态的名词术语，以便准确地描述、识别和鉴定。

【任务实施】教师准备不同类型的果实和种子标本或新鲜材料及多媒体课件，结合校园中的园林植物及同学们比较熟悉的园林植物，简介其特征、类型、识别方法，然后引导学生依次观察识别。

当一朵花完成受精后，其各部分会发生很大的变化，胚珠发育成种子，整个子房发育成果实。在一般情况下，被子植物必须经过受精作用，其子房才能发育为果实，而有些植物不经过受精，子房也能长大为果实，称为单性结实。一种情况是不经传粉和其他任何刺激，子房膨大成无籽果实，称为自发单性结实，如香蕉、葡萄、柑橘等。另一种情况是子房必须经过一定的刺激才能形成无籽果实，称为刺激单性结实或诱导单性结实，例如用马铃薯花粉刺激番茄的柱，用一定浓度的 2，4-D、吲哚乙酸或萘乙酸等生长素的水溶液喷洒到西瓜、番茄或葡萄等的花蕾或花序上，都能获得无籽果实。

单纯由子房发育成的果实称为真果，如桃、樱花、桂花等的果实。由子房、花托、花萼，甚至整个花序共同发育而成的果实称为假果，如苹果、垂丝海棠等的果实。

一、果实的类型

受精作用完成以后，花的各部随之发生显著变化。通常花被脱落，雄蕊与雌蕊的柱头与花柱枯萎，仅子房连同其中的胚珠生长膨大，发育成果实（见图 1-105）。

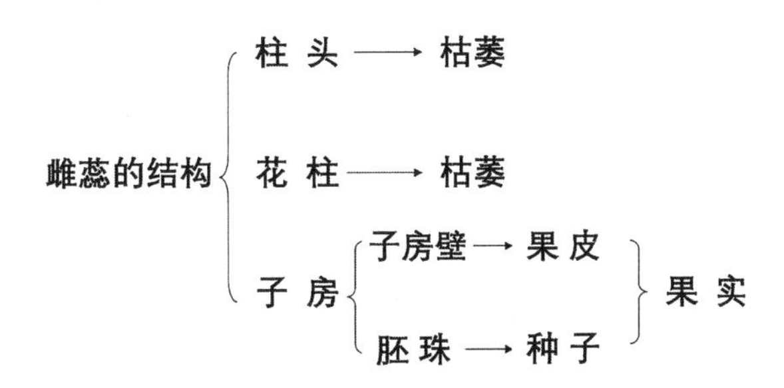

图 1-105　雌蕊的变化

果实通常由果皮和种子两部分组成。果皮一般有外果皮、中果皮、内果皮三层。根据果实的来源，将果实分为复果（聚花果）、聚合果、单果三大类。

1. 复果

由整个花序发育而成的果实称为复果（聚花果）。花序中的每朵花形成独立的小果，聚集在花序轴上，外形似一果实（见图 1-106），如悬铃木、无花果、菠萝、桑树。

2. 聚合果

聚合果由一朵花中多数离心皮雌蕊的子房发育而来，每一雌蕊形成一个独立的小果，集生在膨大的花托上（见图 1-107）。根据小果的不同，聚合果可以是聚合蓇葖果，如八角、玉兰；也可以是聚合瘦果，如蔷薇、草莓；还可以是聚合核果，如悬钩子。

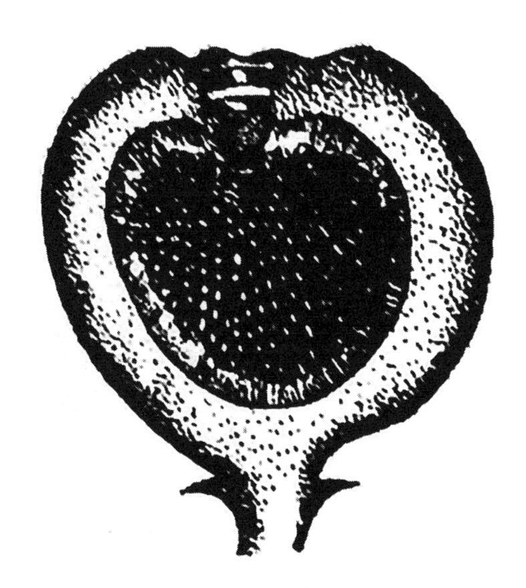

图 1-106　复果

图 1-107　聚合果

3. 单果

由一朵花的单雌蕊或复雌蕊组成的单子房所形成的果实称为单果。按果实成熟时果皮的质地、结构等特征，单果可分为干果和肉质果两类。

1）干果

干果成熟时果皮干燥，根据果皮开裂与否可分为裂果和闭果。

（1）裂果：果实成熟后果皮开裂，依开裂方式不同，分为以下几种。

蓇葖果：由单心皮形成，成熟时沿背缝线或腹缝线一侧开裂（见图 1–108），如飞燕草、夹竹桃、长春蔓。

荚果：由单心皮形成，成熟时沿背缝线和腹缝线同时开裂，如豆科植物的果实（见图 1–109）。其中槐树的荚果在种子间收缩变狭细，呈节状，成熟时则断裂成具一粒种子的断片，叫节荚。荚果也有不开裂的，如苜蓿等植物的果实。

蒴果：由两个以上合生心皮的子房形成，一室或多室，每室具多数种子（见图 1–110、图 1–111）。蒴果成熟时的开裂方式有室背开裂（如百合）、室间开裂（如杜鹃花）、孔裂（如罂粟）、盖裂（如马齿苋）等。

角果：由两个心皮组成，心皮边缘向中央产生假隔膜，将子房分为两室（见图 1–112）。角果成熟时，沿假隔膜自下而上开裂，如十字花科植物的果实。

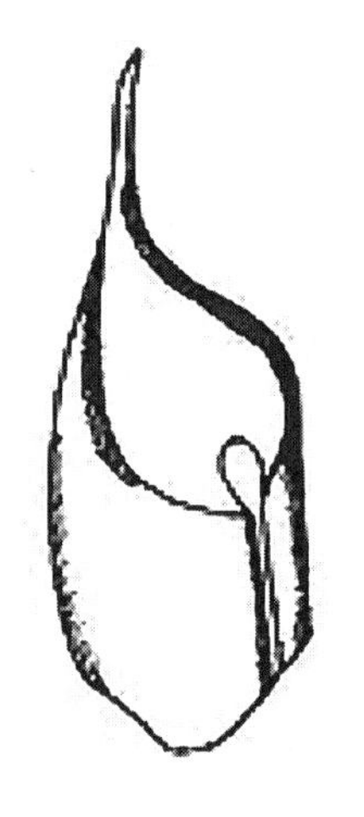

图 1–108　蓇葖果

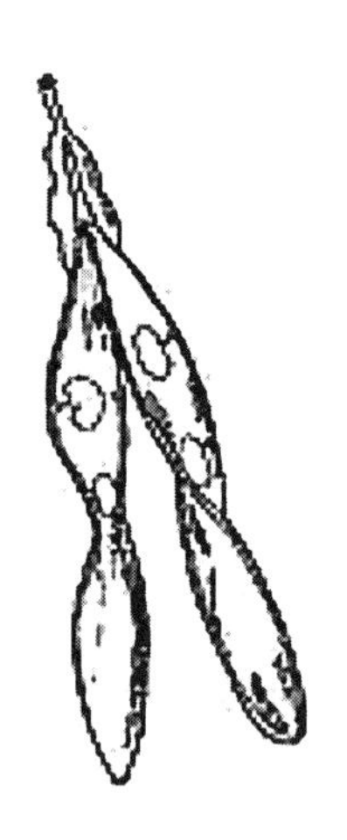

图 1–109　荚果

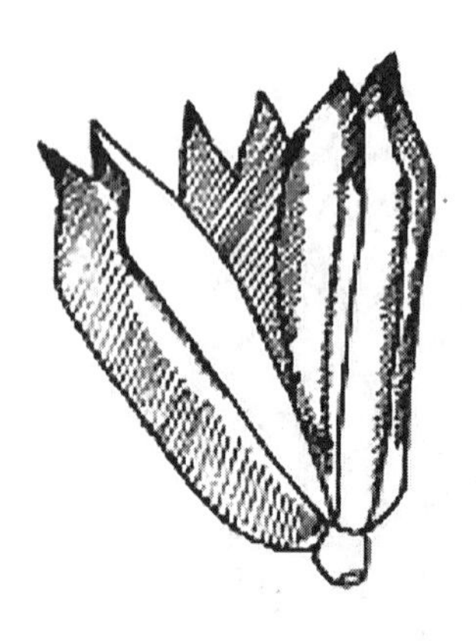

图 1–110　蒴果 1

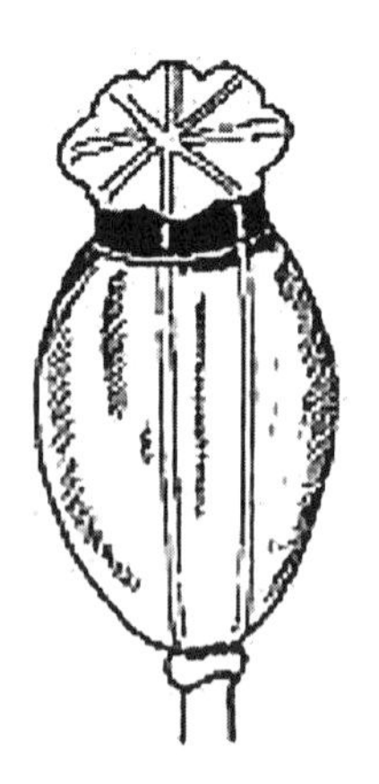

图 1–111　蒴果 2

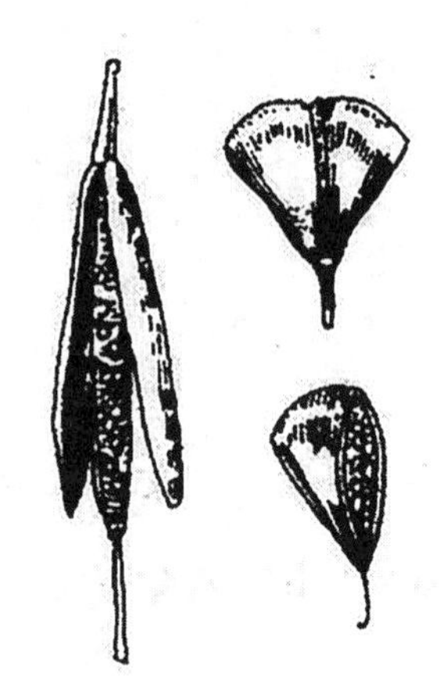

图 1–112　角果

（2）闭果：果实成熟后，果皮不开裂，可分为以下几种类型。

瘦果：由单雌蕊或二至三个心皮合生的复雌蕊的仅具一室的子房发育而成，内含一粒种子，果皮与种皮分离（见图 1–113），如向日葵、赤胫散、水蓼、虎杖、秋牡丹、毛茛的果实。

坚果：果皮木质化、坚硬，具一室一粒种子（见图 1–114），如板栗、泽苔草、油棕、椰子的果实。

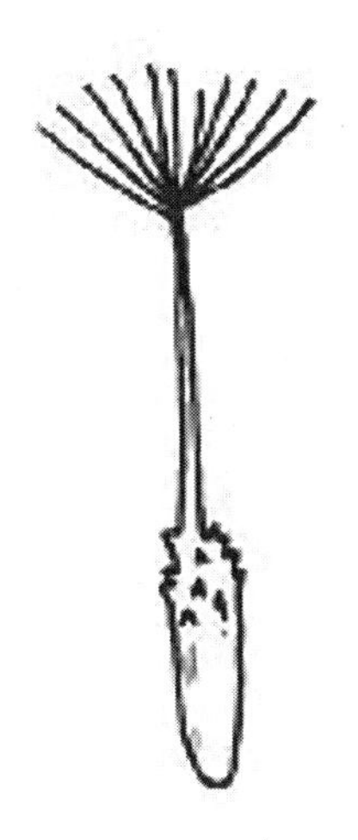

图 1–113　瘦果

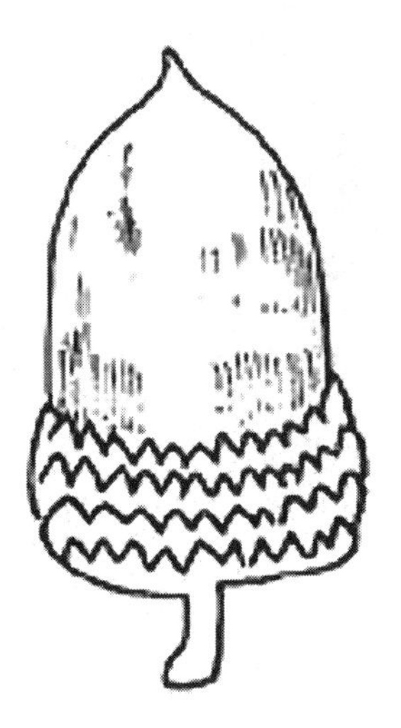

图 1–114　坚果

翅果：果皮伸展成翅，瘦果状（见图 1–115），如水曲柳、榆树的果实。

分果：由复雌蕊子房发育而成，成熟后各心皮分离，形成分离的小果，但小果果皮不开裂（见图 1–116），如锦葵、蜀葵等。伞形科植物的果实成熟后分离为两个瘦果，称为双悬果；唇形科和紫草科植物的果实成熟后分离为四个小坚果，称为四小坚果。

图 1–115　翅果

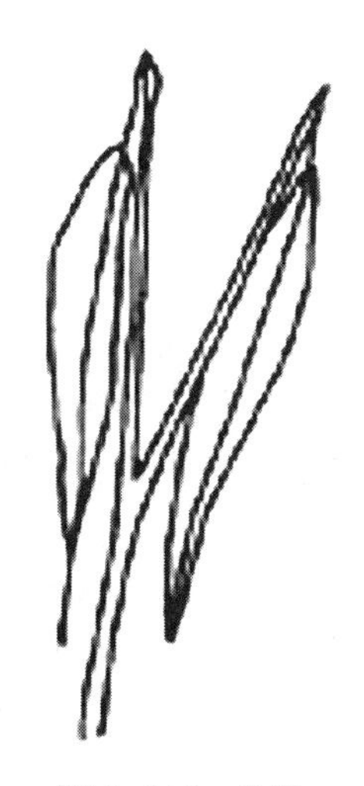

图 1–116　分果

颖果：由二至三心皮组成的、一室的子房发育而来，含一粒种子，果皮和种子愈合，不易分离（见图 1–117）。颖果是禾本科植物特有的果实。

胞果：由合生心皮形成的一类果实，具一枚种子，成熟时干燥而不开裂，果皮薄，疏松地包围种子，极易与种子分离，如灰藜、菠菜的果实。

2）肉质果

肉质果实成熟时，果皮或其他组成果实的部分肉质多汁。常见的肉质果有以下几类。

（1）浆果：由单雌蕊或复雌蕊的子房发育而成，外果皮膜质，中果皮和内果皮肉质多汁，内含一粒至多粒种子（见图 1–118），如葡萄、枸杞。

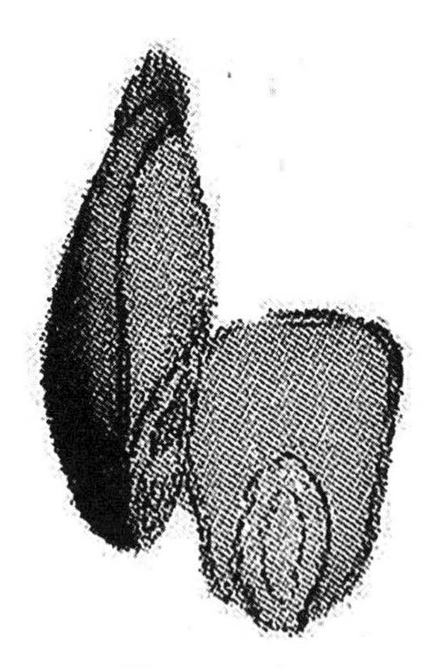

图 1-117　颖果

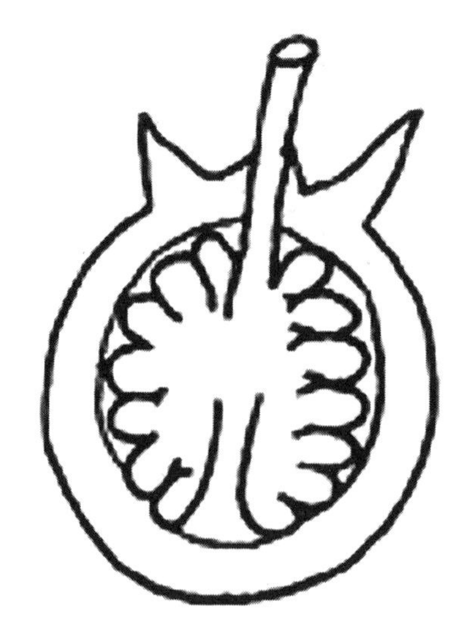

图 1-118　浆果

（2）柑果：柑橘类植物特有的一类肉质果，由复雌蕊发育而成。外果皮革质，分布有许多分泌腔；中果皮疏松，具多分枝的维管束；内果皮膜质，分为若干室，向内产生许多多汁的毛囊，是食用的主要部分，每室有多个种子。

（3）核果：具坚硬果核的一类肉质果，由一至多心皮形成，外果皮较薄，中果皮多肉质化，内果皮坚硬，包于种子之外而成果核，通常含一粒种子（见图 1-119），如珊瑚树、天目琼花、香荚蒾、接骨木、丝葵、蒲葵、银杏、罗汉松、桃、杏、李等的果实。

（4）梨果：由花托和子房共同形成的假果（见图 1-120）。果实外层厚而肉质，主要由花托形成，其内为肉质化的外果皮和中果皮，界限不明显，内果皮木质或革质，中轴胎座常分隔为五室，每室含两粒种子，如苹果、梨、石楠、椤木石楠、小丑火棘、水榆花楸等的果实。

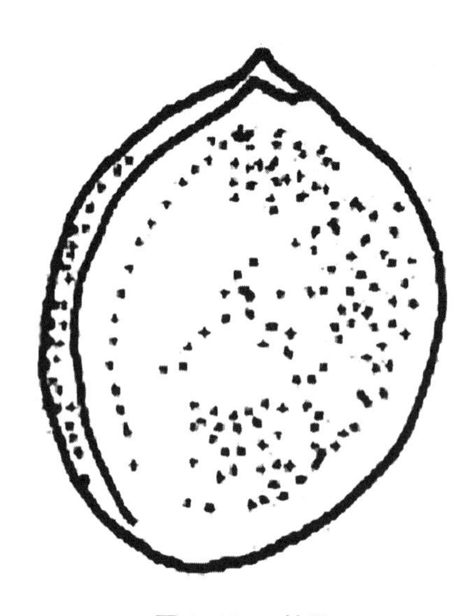

图 1-119　核果

图 1-120　梨果

（5）瓠果：瓜类所特有的果实，由三个心皮组成，是具侧膜胎座的下位子房发育而来的假果。花托与外果皮常愈合成坚硬的果壁，中果皮和内果皮肉质，胎座发达。南瓜、冬瓜和甜瓜的食用部分为肉质的中果皮和内果皮，而西瓜的主要食用部分为发达的胎座。

二、种子的结构和功能

一粒种子可以萌发成一株幼苗，幼苗长大后，经过生长发育，又会结出种子。那么，种子的萌发对环境条件有什么要求？种子又是怎样生长发育成一株植物体的呢？

1. 种子的生理功能

种子是种子植物特有的器官，是识别植物的依据之一。种子的主要功能是繁殖。种子中储藏有大量的营养物质，如淀粉、脂肪、蛋白质等。

2. 种子的形态

种子的外形、颜色、大小因植物种类不同而各异。有的种子很大，如椰子种子直径约 15 cm；有的种子较小，如兰花种子极为微小，细如灰尘，肉眼几乎辨认不清。从外形上看，蚕豆、菜豆种子为肾脏形，豌豆、龙眼种子为圆球状。从质地上讲，油茶种子粗糙，而皂角种子光滑。卫矛种子有肉质种皮，而美人蕉、鹤望兰、荷花的种皮较厚且坚硬等。种子的颜色多为褐色和黑色，但也有其他颜色，如豆类种子就有黑、红、绿、黄、白等色。

3. 种子的构造

种子的外面是种皮，种子里面是胚，有些植物的种子中还有胚乳。种子的基本构造如图 1-121 所示。

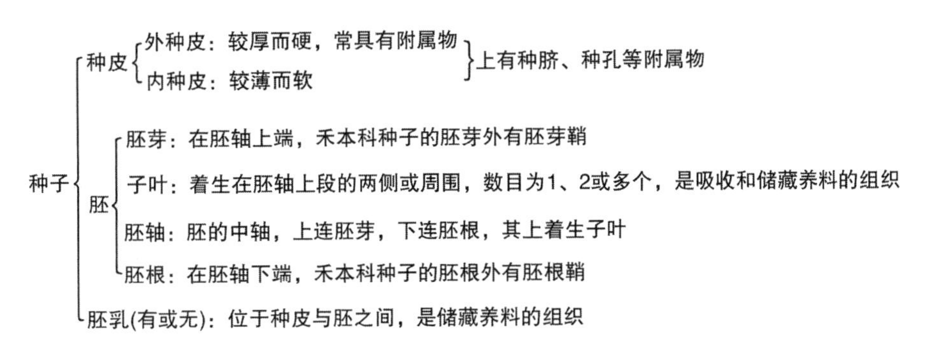

图 1-121　种子的基本构造

1）种皮

种皮位于种子外面，具有保护胚及胚乳的作用。有些植物仅有一层种皮，有些植物则具有内外两层种皮。种皮上常具光泽、花纹或附属物，如乌桕种皮外有蜡层，榆树种皮外有翅，楸树种皮外有纤维毛等。

成熟的种子，种皮上一般还有种脐、种孔、种脊等部分。种脐是种柄脱落后留下的痕迹，它在豆类种子中最明显。种脐的一端有种孔，是种子萌发时胚根伸出的通道。种脐的另一端与种孔相对处通常隆起，称为种脊。（见图 1-122）

有的植物，如橡胶树、蓖麻等种皮下端有海绵状的突起，称为种阜（见图 1-123）；有的植物，如荔枝、龙眼、卫矛种子具有假种皮，荔枝、龙眼的食用部分即假种皮（见图 1-124）。

2）胚

胚是种子中最重要的部分，由胚芽、胚根、胚轴和子叶四部分组成。胚中子叶的数目常成为植物分类依据。在被子植物中，仅有一个子叶的称为单子叶植物，具有两个子叶的称为双子叶植物。裸子植物的子叶数目不定，有些只有两个，如金钱松、扁柏；有的具有二至三个，如银杏、杉木；而松属常有七至八个。由于裸子植物的子叶数目较多，习惯上将其称为多子叶植物。

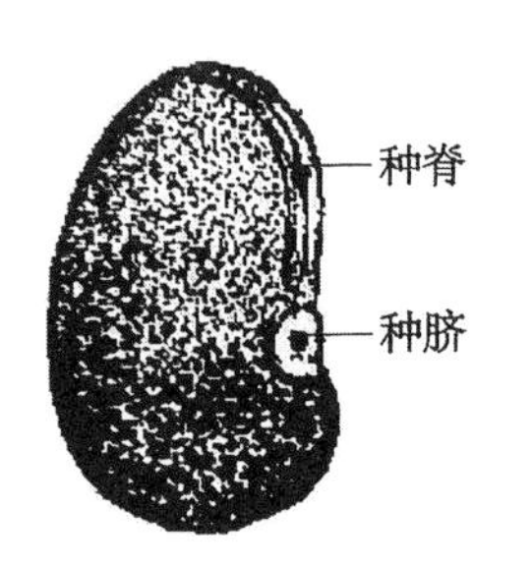

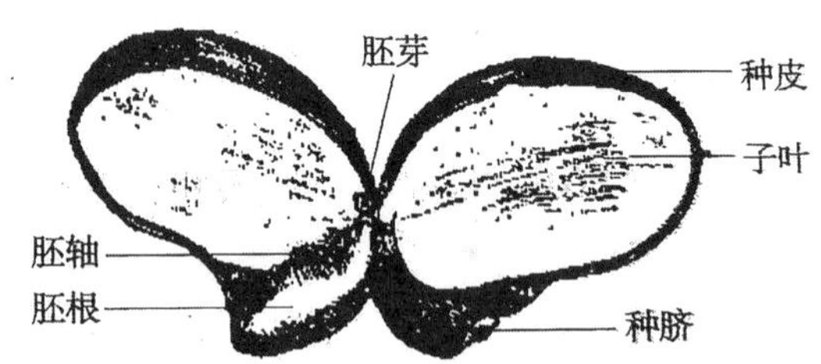

图 1-122 刺槐的种子

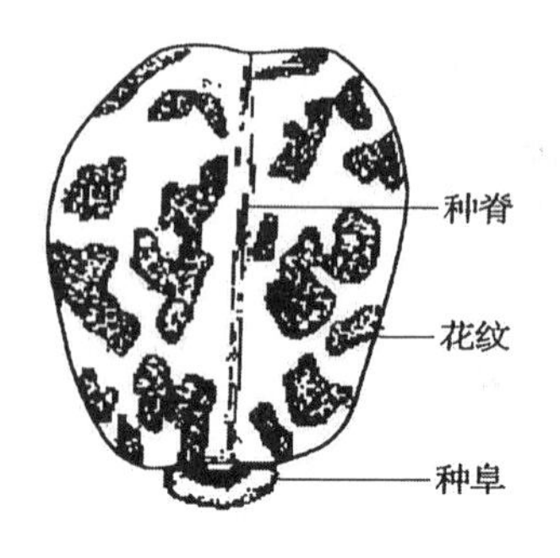

图 1-123 蓖麻的种子

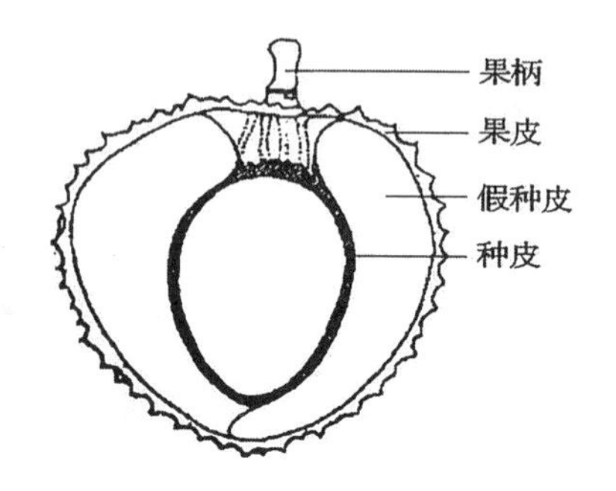

图 1-124 荔枝的种子

3）胚乳

胚乳位于种皮和胚之间，是种子内储藏营养物质的组织。无胚乳种子的子叶肥大发达，代替胚乳而具有储藏功能。胚乳或子叶储藏的营养物质因植物种类而异，主要有淀粉、脂肪和蛋白质。银杏的胚乳及大豆的子叶储藏了大量蛋白质，板栗的子叶储藏了大量淀粉，红松的胚乳、核桃的子叶储存了大量的脂类等。

三、种子的类型

根据种子成熟后胚乳的有无，可把种子分为有胚乳种子和无胚乳种子两类。

1. 有胚乳种子

这类种子由种皮、胚及胚乳三部分组成，其中胚乳占据种子大部分位置。所有裸子植物、大多数单子叶植物以及许多双子叶植物的种子属于这种类型（见表 1-7）。

表 1-7 有胚乳种子

种类	裸子植物的有胚乳种子	单子叶植物的有胚乳种子	双子叶植物的有胚乳种子
实例	马尾松、油松、白皮松等	竹类、禾本科植物等	油桐、玉兰、桑、柿等
图例	翅 外种皮 内种皮 胚乳 子叶 胚芽 胚轴 胚根 胚柄	种皮（果皮） 胚乳 胚芽鞘 胚芽 子叶 胚轴 胚根 胚根鞘	种皮 胚乳 子叶 胚芽 胚轴 胚根
特点	具两层种皮，种皮外常具翅，内方是胚乳，胚为棒状，位于中央	种皮与果皮愈合，不易分离，内方是胚乳，胚芽外有胚芽鞘，胚根外有胚根鞘，子叶一个，发达，称为盾片	具两层种皮，内方是胚乳，胚乳成两瓣状对合生长，子叶两个，膜质

2. 无胚乳种子

许多双子叶植物（如豆类、核桃、刺槐及柑橘类等植物）的种子以及部分单子叶植物（如慈姑等）的种子都缺乏胚乳，属于无胚乳种子。

无胚乳种子只有种皮和胚两部分，子叶肥厚，储藏大量养料。例如豆类种子，剥开种皮，可见两片肉质肥厚的子叶。子叶无脉纹，着生于胚轴上。两片子叶之间为胚芽。胚芽另一端为胚根。（见图 1–125）

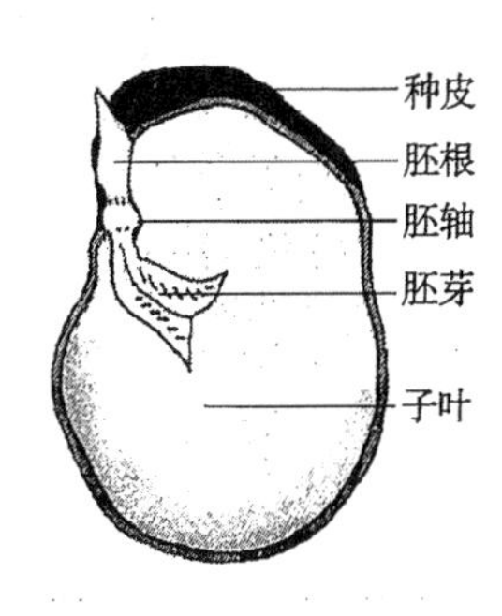

图 1–125　无胚乳种子（蚕豆种子）

四、幼苗的类型

种子萌发时，子叶与胚芽长出的第一片真叶之间的部分称为上胚轴；子叶与初生根之间的部分称为下胚轴。上、下胚轴的生长情况随植物种类而异，因而形成了不同的幼苗出土情况，据此可将幼苗分为两种类型（见表 1–8）。

表 1–8　幼苗的类型

	子叶出土型幼苗	子叶留土型幼苗
特点	种子萌发时，下胚轴迅速伸长，将子叶、上胚轴和胚芽推出土面	种子萌发时，下胚轴不伸长，只是上胚轴和胚芽迅速向上生长，形成幼苗的主茎
图例	真叶 上胚轴 子叶 下胚轴 根系	真叶 上胚轴 子叶 下胚轴 根系
隶属植物	大多数裸子植物、双子叶植物	大部分单子叶植物、部分双子叶植物
实例	油松、侧柏、刺槐等	毛竹、棕榈、蒲葵、核桃、油茶、三叶橡胶等

此外，有些种子的萌发（如花生），兼有子叶出土和子叶留土的特点，其上胚轴和胚芽生长较快，同时下胚轴也相应生长。所以，播种较深时，不见子叶出土；播种较浅时，则可见子叶露出土面。

子叶出土与子叶留土反映了植物体对外界环境的不同适应性，为播种深浅的栽培措施提供了依据，一般子叶出土的植物覆土宜浅，子叶留土的则可稍深。

实训模块
园林植物器官的观察识别

一、实训目的

通过实训，使学生进一步熟练掌握园林植物根、茎、叶、花、果实、种子的基本形态特征及类型，能够准确识别、描述各类型的根、茎、叶、花、果实、种子；同时培养学生的团队协作能力，以及独立分析问题、解决问题的能力和创新能力。

二、实训材料

校园及附近的游园绿地中各种类型的园林植物。

三、实训内容

识别校园及附近的游园绿地中的园林植物根、茎、叶、花、果实、种子的形态类型。

四、实训步骤

（1）教师下达任务，并简单介绍如何对园林植物器官进行识别。

（2）学生分组识别并记录，完成实训报告。

（3）分别选取 10 种左右典型的根、茎、叶、花、果实、种子，对学生进行技能考核。

五、实训作业

（1）简述根与根系的类型及识别特征。

（2）根与茎的外形区别是什么？

（3）怎么区分单叶与复叶？复叶的主要类型有哪些？

（4）举例简述花序的类型。

（5）简述花的组成及各部分功能。

（6）简述果实的主要类型及识别要点。

知识拓展

一、定根、不定根、直根系及须根系的观察

杨、柳等枝条上的不定根说明根可发生于茎上，海棠等叶上的不定根说明根可发生于叶上。发生在茎、叶、胚轴等部位的根属于不定根，而由种子的胚根发育而成的根属于定根。豆类植物的根由胚根发育而成，有明显的主根、侧根之分，属于直根系；而兰花等植物的根发生在茎基部，无明显的主、侧根之分，属于须根系。

二、长枝与短枝的辨别

枣树，落叶乔木，枝有长枝、短枝与脱落性小枝之分。长枝红褐色，呈“之”字形弯曲，光滑，有托叶刺或不明显。短枝在二年生以上的长枝上互生，呈乳头状。脱落性小枝较纤细，无芽，簇生于短枝上，秋后与叶一起脱落。

银杏，落叶乔木，枝条有长枝和短枝之分。长枝为发育枝，生长量较大，长枝上的芽和芽之间一般较长，可以明显地分开。短枝则出自长枝之上，为生殖枝，无论雄花或雌花，均着生于短枝，短枝年生长量很小，常呈环痕状。银杏的叶片多呈扇形，在长枝上为单叶互生，在短枝上为 4 ~ 14 片叶簇生。

三、杨树叶与刺槐叶的辨别

观察毛白杨枝条，一个节上只着生一片叶，为单叶互生。叶片呈三角状卵形或者卵圆形，长 5 ~ 7 cm，叶柄上部侧扁，叶缘具有不整齐的波状齿或者粗齿，叶背初有毛，后无毛或有毛，叶柄顶端有时有二腺体。

刺槐的叶子构成较复杂，许多小叶生长在一个总叶柄上，总叶柄顶端具有一片小叶，其余小叶在总叶柄两侧排列为羽毛状，属于奇羽复叶互生。小叶有 7 ~ 25 片，呈卵状矩圆形至椭圆形，先端圆或微凹，有小尖头，长 1.5 ~ 5.5 cm，全缘。

刺槐总叶柄的叶腋与毛白杨单叶的叶腋处均生有腋芽，但刺槐的小叶与总叶柄间则无腋芽。

四、月季、玫瑰、蔷薇的区别

月季的奇数羽状复叶由 3 ~ 5 片小叶组成，蔷薇和玫瑰的奇数羽状复叶都由 5 ~ 9 片小叶组成，但玫瑰的叶片上面有皱纹，下面有柔毛，而月季、蔷薇的叶片比较平滑。月季和玫瑰的花朵较大，直径为 5 ~ 8 cm，单生或数朵簇生；蔷薇的花朵较小，直径为 2 ~ 3 cm，常多朵组成圆锥形伞房花序。月季和玫瑰为直立灌木，根较粗；蔷薇的茎具蔓性，较细。

练习与思考

1. 如何区别直根系与须根系？请举例说明。
2. 茎的分枝方式有哪些？各有何特点？
3. 简述单叶、复叶和叶序的特征，并绘图说明。
4. 简述果实和种子是由花的哪些部分发育来的。
5. 如何区分真果与假果？请举例说明。
6. 举例说明果实和种子的传播方式。
7. 果实如何分类？举例说明各类果实的主要识别要点。
8. 举例说明哪些是有胚乳种子，哪些是无胚乳种子。
9. 幼苗如何分类？举例说明各类幼苗的主要识别要点。

Yuanlin Zhiwu Jichu

项目单元二
园林植物的分类

学习目标

知识目标：了解植物分类的方法，了解园林植物标本制作方法以及植物分类检索表的使用方法。

技能水平：能够正确地运用植物分类及命名方法，掌握检索表的编制原理、类别和使用方法，能通过查阅检索表来鉴定植物，正确地检索出植物的科、属、种名。

项目导言

植物分类学是植物学科中历史最为悠久的一门学科，它的内容包括植物的调查、采集、鉴定、分类、命名以及对植物进行科学的描述、探究植物的起源与进化规律等。对植物进行科学、系统的分类，是应用植物的基础与前提。本项目单元介绍的内容包括植物分类的基础知识、园林植物的类群、园林植物的应用分类以及部分常见木本园林植物及草本园林植物。

任务一
园林植物的分类及命名

【任务提出】植物种类繁多、形态各异。那么，如何给诸多的植物命名呢？命名规则及要求又是怎样的？用什么方法能正确地检索出植物的科、属、种名呢？

【任务分析】自然界的植物种类繁多，有 50 万余种。为了掌握和利用众多的植物资源，要用科学的方法对植物进行比较和分类，按照一定的法则，用比较、分析、归纳等方法，对植物进行分类鉴定，建立分类系统，掌握植物类群间的演化及发展规律。

【任务实施】教师准备不同类型的植物标本或新鲜材料，以及多媒体课件、植物专科志、地方植物志或适宜文献，结合校园中的园林植物及同学们比较熟悉的园林植物，介绍其形态学术语、特征、类型等，尽可能收集到植物的全部特征资料，然后指导学生运用专业工具书进行科、属、种等的鉴定及核对。

一、植物分类方法

1. 人为分类法

人为分类法是从人们的主观目的出发，根据风景园林植物的生长习性、观赏性、景观绿化用途等方面的差异及共性，不考虑植物间的亲缘关系和植物在生态系统中的地位，将风景园林植物划分为不同的大类。

1）李时珍《本草纲目》

我国明代医学家李时珍（1518—1593）所著的《本草纲目》，根据植物的外形、习性及用途分为草、木、谷、果、菜 5 部，共 52 卷，记载植物 1195 种。

2）普雷本·雅各布森（Preben Jakobsen）的垂直高度分类法

丹麦景观规划师普雷本·雅各布森从人类视觉感受的角度出发，按照植物高度所对应的人体不同器官，将植物分为五个等级，即地表等级、膝下等级、膝至腰等级、腰至眼等级、眼以上等级（ground level，below knee level，knee–waist level，waist–eye level，above eye level），如表 2–1 所示。不同等级的植物，会给观赏者带来不同的心理感受。

表 2–1　植物按垂直高度分类法分类

分　　类	包含的植物种类
地表等级	草坪及其他草本地被植物
膝下等级	匍匐茎植物、矮生草本植物、低矮灌木
膝至腰等级	中生草本植物、小型灌木
腰至眼等级	高生草本植物、中型灌木
眼以上等级	大型乔木、乔木

2. 古典植物分类法

尽管人们在生产实践中很早就懂得利用植物分类知识，但植物分类学成为较系统的知识体系，是从瑞典著名博物学家林奈（Linnaeus）（1707—1778）开始的。其发表的《自然系统》（*Systema Naturae*）、《植物属志》（*Genera Plantarum*）、《植物种志》（*Species Plantarum*）摆脱了以用途、生境和形态对植物进行分类的偏向，将雄蕊的有无、数目及着生情况作为纲的分类标准（分为 24 纲，其中 1 ~ 23 纲为显花植物，如一雄蕊纲、二雄蕊纲等，第 24 纲为隐花植物），将雌蕊的特征作为目的分类标准，将果实作为门的分类标准。

3. 自然分类法

自然分类法是以植物彼此间亲缘关系的远近程度作为分类标准，能客观地反映植物的亲缘关系和系统发育的分类方法。这种分类法以达尔文《物种起源》（*The Origin of Species*）一书中所创立的生物进化论为先导，综合了形态学、解剖学、细胞学、遗传学、生物化学、生态学等多方面依据，对植物进行分类，符合植物界的自然发生和进化规律。自然分类系统是依照自然分类法建立的系统，我国目前常用的自然分类系统有以下三个。

1）恩格勒系统

恩格勒系统由德国植物学家恩格勒（A. Engler）和柏兰特（R. Prantl）于 1897 年在《植物自然分科志》一书中提出，它是植物分类学史上第一个比较完整的系统，此系统包括整个植物界，将植物界分为 13 门，第 13 门为种子植物门，种子植物门再分为裸子植物和被子植物两个亚门，认为被子植物中最原始的为葇荑花序类植物，并且将被子植物亚门分为单子叶植物和双子叶植物两个纲，又将双子叶植物纲分为离瓣花亚纲（古生花被亚纲）和合瓣花亚纲（后生花被亚纲）。

2）哈钦松系统

英国植物学家哈钦松（J.Hutchinson）（1884—1972）在其著作《有花植物科志》（*The Families of Flowering Plants*）中提出，多心皮的木兰目、毛茛目是被子植物的原始类群，但过分强调了木本和草本两个来源，认为木本植物均由木兰目演化而来，属毛茛学派，即真花学派的代表。此分类系统使得亲缘关系很近的一些科在系统位置上相隔很远，这种观点受到了现代多数分类学家的反对。

3）克朗奎斯特系统

美国学者克朗奎斯特（A. Cronquist）在其著作《有花植物的进化和分类》（*The Evolution and*

Classification of Flowering Plants）中提出了克朗奎斯特系统。此系统采用真花学说及单元起源的观点，认为有花植物起源于已灭绝的种子蕨，木兰目是被子植物的原始类型。其主要特点是：①采用被子植物单起源观点，认为有花植物起源于一类已灭绝的种子蕨；②被子植物最原始的类型是木兰目，葇荑花序类各目起源于金缕梅目；③单子叶植物起源于类似现代睡莲目的祖先。

二、植物分类的等级

等级又名阶层，是植物的分类单位，植物分类的等级主要包括界、门、纲、目、科、属、种，有时在各等级之下分别加入亚门、亚纲、亚目、亚科、族、亚属等。每一等级都有学名，现以玉兰为例说明植物分类的主要等级（见表 2-2）。

表 2-2　植物分类的主要等级（以玉兰为例）

植物分类等级			玉兰的分类等级	
中文	拉丁文	英文	中文	拉丁文
界	regnum	kingdom	植物界	Regnum vegetabile
门	divisio	phylum	被子植物门	Angiospermae
纲	classis	class	双子叶植物纲	Dicotyledoneae
目	ordo	order	木兰目	Magnoliales
科	familia	family	木兰科	Magnoliaceae
属	genus	genus	玉兰属	*Yulania*
种	species	species	玉兰	*Yulania denudata*

在植物分类等级系统中，种为最基本的分类单位。许多形态相似、亲缘关系比较近的种集合为属，一个属的不同种可进行杂交，这也是育种上培育新品种的一个重要方法。具有许多共同特征、亲缘关系相近的若干属归为一个科。对于初学植物分类的人来说，掌握属和科的形态特征是很重要的，而这些能力必须通过野外实践逐步积累而获得。依此类推，相近的科归为目，若干相近的目集合为高一级的纲，相近的纲则归为门。

种的概念及定种的标准一直是令科学家困惑的难题。关于种的概念大致有两种观念：一是形态学上的种，强调物种间形态方面的差别；二是生物学上的种，强调物种间的生殖隔离。两种观念均有其合理之处，目前还难以统一。作为植物分类学的学习者，应掌握以下几个概念：①物种是客观存在的。②物种既有变的一面，又有不变的一面；种可代代遗传，也正因为某些形态特征相对稳定，才可区分不同的物种，决定其分类归属；物种的变异是绝对的，没有变异，就不会有进化，也不会产生新种。③物种由很多形态类似的群体组成，拥有共同的祖先并能正常地繁育后代，不同的种具有明显的形态上的间断或生殖上的隔离（杂交不育或能育性降低）。

种内群体往往具不同的分布区，分布区生境条件的差异导致种群分化为不同的生态型、生物型及地理宗，分类学家根据其表型差异划分出种下的层级。

亚种（subspecies，缩写形式 ssp. 或 subsp.）是指在形态上已有比较大的变异且具不同分布区的变异类型，如四蕊朴（*Celtis tetranda* subsp. *sinensis*）。

变种（varietas，缩写形式 var.）为使用最广泛的种下层级，一般是指具不同形态特征的变异居群，常用于已分化的不同的生态型。

变型（forma，缩写形式 f.）多是在群体内形态上发生较小变异的一类个体。

此外，在园林、园艺及农业生产实践中，还存在一类人工培育而成的栽培植物，它们在形态、生理、化学等方面具相异的特征，这些特征可通过有性和无性繁殖得以保持，当这类植物达到一定数量而成为生产资料时，可称为该种植物的品种（cultivar）。例如，圆柏的栽培品种“龙柏”[*Sabina chinensis*（L.）Ant. 'Kaizuka']。由于品种是人工培育出来的，植物分类学家均不把它作为自然分类系统的分类对象。

属是形态特征相近且具有密切关系的种的集合。

科，包含属、种的大的分类单位，同科植物具有共同的基本特征，每个科在形态上都有自己的特征和表型。

三、植物的命名

植物的名称，不但因各国语言不同而异，即使在同一国家，也会因地区不同而出现“同物异名”或“同名异物”的现象。例如北京的玉兰，湖北称应春花，江西称望春花，江苏称白玉兰；我国北方常见的毛白杨，河南称大叶杨，也有的地方称响杨、白杨；北方的一种小灌木（鼠李科）和南方山地常见的一种大乔木（漆树科）都被称为酸枣等。植物名称的不统一，对植物的考察研究、开发利用以及国际、国内学术交流非常不利，因此，有必要给每一种植物制定世界统一的科学名称。

1753 年，瑞典植物学家林奈提倡用拉丁双名法来命名植物。后来国际植物学会制定了《国际植物命名法规》，将双名法作为植物学名的命名法，已被世界各国采用。《国际植物命名法规》中规定：“双名法”是以两个拉丁词或拉丁化的词给每种植物命名，第一个词是属名，为名词，第一个字母要大写，用斜体；第二个词是种加词（种名或种区别词），一般为形容词，少数为名词，全部字母小写，用斜体；一个完整的学名还要在种名之后附以命名人的姓氏缩写，用正体。一个完整的学名应为：属名 + 种加词 + 命名人（缩写）。例如，银杏的学名是 *Cinkgo biloba* L. 其中 Cinkgo 是属名，biloba 是种加词，L. 是定名人林奈（Linnaeus）的缩写；银白杨的学名是 *Populus alba* L. 其中 Populus 是属名，alba 是种加词，L. 是定名人林奈（Linnaeus）的缩写。

1. 种的命名

种的命名采用林奈所创立的双名法，即每种植物的学名由两个拉丁文单词组成，第一个单词是属名，为名词，第一个字母大写；第二个单词是种加词，为形容词，均为小写。完整的学名应在种加词后附上命名人的姓氏或其缩写；若命名人为两人，则在两人名间用“et”相连；若由一人命名，另一人发表，则命名人在前，发表人在后，中间用“ex”相连。书写形式为：属名、种加词用斜体书写，命名人姓氏或其缩写用正体书写。以玫瑰、红豆树、白皮松为例，其学名书写方法如下：

玫瑰：	*Rosa*	*rugosa*	Thunb.		
	属名	种加词	命名人		
红豆树：	*Ormosia*	*hosiei*	Hemsl.	et	Wils.
	属名	种加名	命名人 1		命名人 2
白皮松：	*Pinus*	*bungeana*	Zucc.	ex	Endl.
	属名	种加词	命名人		发表人

2. 亚种、变种、变型的命名

亚种、变种、变型的命名采用三名法。亚种的学名表示方法为原种名后加亚种的缩写，其后写亚种名（又称亚种加词）及亚种命名人。变种和变型也是同样的表示方法。如：大王杜鹃的亚种——可爱杜鹃（*Rhododendron rex* Levl. subsp. gratum.）、丁香的变种——白丁香（*Syringa oblata* Lindl. var. *alba* Rehd.）、槐树的变型——龙爪槐（*Sophora japonica* L. f. *pendula* Loud.）。

3. 品种的命名

品种的命名是在原种的学名之后加上 cv. 和品种名，或将品种名置于‘’之中，这两种写法后均不附品种命名人的姓名。如夹竹桃的白花品种命名为白花夹竹桃（*Nerium indicum* Mill cv. Paihua 或 *Nerium indicum* Mill 'Paihua'），目前‘’更为通用。

4. 属的命名

属名通常根据植物的特征、特性、原产区地方名、生长习性或经济用途来命名。如柳属的学名为 *Salir* Linn.，桑属的学名为 *Morus* Linn.。

5. 科的命名

科名是以该科模式属的学名去掉词尾，加 aceae 组成。如蔷薇科的学名为 Rosaceae，是模式属蔷薇属的学名 Rosa 去掉词尾 a 加上 aceae 而成。杨柳科的学名为 Salicaceae，是模式属柳属的学名 Salix 去掉词尾 x 加上 aceae 而成。

6.《国际植物命名法规》纲要

为了统一植物的名称，1867 年在巴黎召开了第一次国际植物学会议并颁布了简要的法规，以后每届会议对其进行讨论和修订。1975 年第 12 届国际植物学会议颁布的《国际植物命名法规》的主要内容包括以下 5 部分。

（1）分类群的名称：种采用双名法命名，属以上（含属）等级名称第一个字母必须大写，种和属的名称后应列上命名人。

（2）新分类群必须在公开的专业刊物上发表，名称符合法规，应有拉丁文描述及特征简介，标出命名模式。

（3）优先律原则：由于信息交流的阻隔，一种植物或某一分类群往往有一个以上的名称，但只能以其最早发表的合法名称为正确名称，其他名称为异名。因早期植物学文献很难考证，故规定以林奈的《植物种志》的出版日（1753 年 5 月 1 日）为界限。优先律只适用于科（含科）以下等级。

（4）模式方法：科和科以下等级的名称发表时必须指定一命名模式，种和种以下等级的发表必须注明单份模式标本，发表新属必须指定一模式种，发表新科必须有模式属。常用的模式名称有主模式等。

（5）名称的改变。植物学名的变动一般由下列原因引起，应予以改变。

根据法规除掉同名和异名。同名是指异物同名，如同一属内不同物种有相同名称，则后命名的名称必须改变，另给新名。异名是指同物异名，如同一物种被重复发表名称，按优先律原则，后发表的为异名，应予以去除。

改组或等级升降引起的变动。若某种植物原置于甲属，后经研究后改置于乙属，则名称发生变动。如杉木在 1803 年被英国的 Lambert 置于松属，给予学名 *Pinus lanceolata* Lamb.，后来 W.J. Hooker 将其归于杉木属，学名更改为 *Cunninghamia lanceolata* Lamb. Hook.。等级升降引起的学名变动最常见的是某变种提升为种，或某等级降级为变种。

四、植物分类检索表

植物分类检索表是用来鉴别植物种类的工具。鉴别植物时，可利用检索表从两个相互对立的性状中选择一个相符的，放弃一个不符的，依序逐条查索，直到查出植物所属科、属、种为止。常用的检索表有定距检索表和平行检索表两种。

1. 定距检索表

定距检索表是将两个相对的性状编为同样的号码，并且从距左端同样距离处开始，下一级的两个相对性状向右缩进一定距离开始，逐级下去，直到编制的终点。如对木兰科某几个属编制定距检索表如下：

1. 叶不分裂，聚合蓇葖果
    2. 花顶生
        3. 每心皮具 4 ～ 14 胚珠，聚合果常为球形 ………………………… 1. 木莲属 *Manglietia*
        3. 每心皮具 2 胚珠，聚合果常为长圆柱形 ………………………… 2. 玉兰属 *Yulania*
    2. 花腋生 ………………………………………………………… 3. 含笑属 *Michelia*
1. 叶常 4 ～ 6 裂，聚合小坚果具翅 ………………………………… 4. 鹅掌楸属 *Liriodendron*

2. 平行检索表

平行检索表的主要特点是左边的数字及每一对性状的描写均平头排列。上述检索表可编制如下：

1. 叶不分裂，聚合蓇葖果 ………………………………………… 2
1. 叶常 4 ～ 6 裂，聚合小坚果具翅 ……………………………… 鹅掌楸属 *Liriodendron*
2. 花顶生 ……………………………………………………… 3
2. 花腋生 ……………………………………………………… 含笑属 *Michelia*
3. 每心皮具 4 ～ 14 胚珠，聚合果常为球形……………………… 木莲属 *Manglietia*
3. 每心皮具 2 胚珠，聚合果常为长圆柱形 ……………………… 玉兰属 *Yulania*

编制检索表的过程中，选用区别性状时，应选择那些容易观察的表型性状，最好是用肉眼或手持放大镜就能看到的性状。相对性状最好有较大的区别，不要选择那些模棱两可的特征。编制时，应把某一性状可能出现的情况均考虑进去，如叶序为对生、互生或轮生，另外，每一组相对性状必须是真正对立的，事先一定要考虑周全。

五、植物界的基本类群

植物主要包括藻类植物、菌类植物、地衣植物、苔藓植物、蕨类植物、裸子植物和被子植物，根据植物的形态结构、生活习性和亲缘关系，可将植物分为两大类十六个门（见图 2-1）。

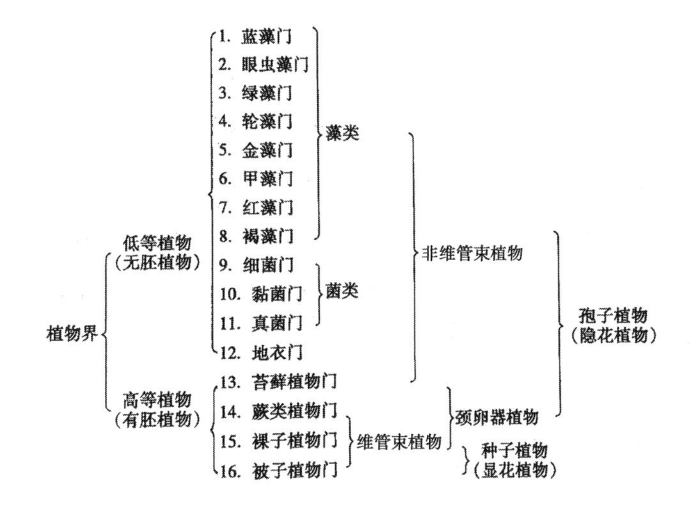

图 2-1 植物界类群关系

上述十六门植物中，藻类、菌类、地衣称为低等植物，由于它们在生殖过程中不产生胚，因而称为无胚植物。苔藓、蕨类、裸子和被子植物合称为高等植物，它们在生殖过程中产生胚，故称为有胚植物。凡是用种子繁殖的植物称为种子植物，种子植物开花结果又称为显花植物。蕨类植物和种子植物具有维管束，所以把它们称为维管束植物；藻类、菌类、地衣、苔藓植物无维管束，称为非维管束植物。苔藓、蕨类植物的雌性生殖器官为颈卵器，裸子植物中也有不退化的颈卵器，因此，三者合称为颈卵器植物。

园林植物多为高等植物。裸子植物和被子植物以其优美的形态、色彩、香味等观赏特性成为园林植物的主体，多数叶形美丽的蕨类植物也可作为优良的观叶和地被植物。

任务二
园林植物常见应用分类

【任务提出】园林植物种类繁多、应用广泛，为了方便识别，首先要对其进行简要分类。那么，我们可以按照哪些方法对其进行分类呢?

【任务分析】园林植物分类就是按照一定的标准和方法，将这些植物划分为不同的类别，为其栽培、育种和应用提供科学依据。目前国内外常按照植物的应用特点来进行分类。

【任务实施】教师准备不同种类的植物图片、视频等资料或新鲜植物材料，简单介绍植物分类的方法，然后引导学生观察，并按照不同标准和方法对植物进行分类。

应用分类又称为实用类分类或人为分类，是以自然分类学意义上的“种”和栽培“品种”为基础，根据园林植物的生长习性、观赏特性、园林用途、生态特征等方面的特点进行大类划分的方法。在园林行业中，往往根据实际需要，从不同角度对园林树木进行大类划分。

园林植物按其生长型、生长习性或体型可分为木本园林植物和草本园林植物两大类。木本园林植物又可分为乔木类、灌木类、藤本类、棕榈类、竹类等。草本园林植物又可分为一、二年生草本园林植物、多年生草本园林植物、草坪与地被植物、蕨类植物以及温室植物。

一、依据自然分布习性分类

1. 热带木本园林植物

热带木本园林植物是指在脱离原产地后，需进入高温温室越冬的木本植物。如大王椰子、袖珍椰子、格木、血树等。

2. 热带雨林园林植物

热带雨林园林植物要求夏季高温、冬季温暖、空气相对湿度在 80% 以上的荫蔽环境。在栽培中夏季需遮阴养护，冬季需进入高温温室越冬。如热带兰类、海芋、龟背竹等。

3. 亚热带园林植物

亚热带园林植物喜温暖而湿润的气候条件，在华南、江南地区露地栽培，在温带要在中温温室越冬，夏季需适当遮阴防护。如香樟、广玉兰、栀子、杨梅、米兰、白兰花等。

4. 暖温带园林植物

暖温带园林植物在我国北方可在人工保护下露地越冬，在黄河流域及其以南地区，均可露地栽培。如栾树、桃、月季等。

5. 亚寒带园林植物

亚寒带园林植物在我国北方可露地自然越冬。如紫薇、丁香、榆叶梅、连翘等。

6. 亚高山园林植物

亚高山园林植物大多原产于亚热带和暖温带地区，但多生长在海拔 2000 m 以上的高山上，因此，既不耐暑热，也怕严寒。如倒挂金钟、仙客来、朱蕉等。

7. 热带及亚热带沙生园林植物

热带及亚热带沙生园林植物喜充足的阳光、高温而干燥的环境条件，常作为温室草本园林植物来栽培。如仙人掌、龙舌兰、光棍树等。

8. 温带和亚寒带沙生园林植物

温带和亚寒带沙生园林植物在我国多分布于北部和西北部的半荒漠中，可在全国各地露地越冬，但不能忍受多雨的环境条件。如沙拐枣、麻黄等。

二、依据园林绿化用途分类

1. 庭荫树

庭荫树是指冠大荫浓，在园林绿化中起庇荫和装点空间作用的乔木。庭荫树应具备树形优美、枝叶茂密、冠幅较大、有一定的枝下高度、有花果可赏等特征。常用的庭荫树有合欢、二球悬铃木、香樟、国槐、枫杨等。

2. 孤赏树

具有较高观赏价值，在绿地中能独自构成景致的树木，称为孤赏树或标本树。孤赏树主要展现树木的个体美，一般要求树体雄伟高大，树形美观。常用的孤赏树有银杏、枫香、雪松、凤凰木、榕属植物等。

3. 行道树

行道树是种植在道路两侧及分车带的树木总称。其主要作用是为车辆和行人庇荫，减少路面辐射和反射光，降温，防风，滞尘，降噪，装饰和美化街景。一般来说，行道树具备树形高大、冠幅大、枝叶繁茂、分支点高等特点。常用的行道树有无患子、银杏、香樟、二球悬铃木、国槐、榕树、毛白杨、欧洲七叶树、北美鹅掌楸等。

4. 花灌木

花灌木是花、叶、果、枝或全株可供观赏的灌木。此类树种具有美化和改善环境的作用，是构成园景的主要素材，在风景园林中的应用最为广泛。如园林绿化中用于连接特殊景点的花廊、花架、花门，点缀山坡、池畔、草坪、道路的丛植灌木等。常用的花灌木有八仙花、火棘、棣棠、金钟花、绣线菊等。

5. 绿篱植物

绿篱植物是园林规划中用于密集栽植而形成生物屏障的植物，多为木本植物，主要功能有分隔空间、屏蔽视线、衬托景物等，一般要求枝叶密集、生长缓慢、耐修剪、耐密植、养护简单。常用的绿篱植物有冬青卫矛、金叶女贞、红花檵木、珊瑚树、侧柏、蚊母等。

6. 攀缘植物

攀缘植物是指茎蔓细长，不能直立生长，需利用其吸盘、卷须、钩刺、茎蔓或吸附根等器官攀附支持物向上生长的植物。主要用于垂直绿化，可植于墙面、山石、枯树、灯柱、拱门、棚架、篱垣等旁边，使其攀附生长，形成各种立体的绿化效果。常用的攀缘植物有木香、紫藤、地锦、常春藤、铁线莲、炮仗花、叶子花等。

7. 草坪和地被植物

草坪植物是指植株能覆盖地表的低矮植物，大多指禾本科、莎草科草本植物，如狗牙根、高羊茅、黑麦草、早熟禾、剪股颖、结缕草、羊胡子草等。地被植物是指那些株丛密集、低矮，经简单管理即可代替草坪覆盖在地表，以防止水土流失，能吸附尘土、净化空气、减弱噪声、消除污染并具有一定观赏和经济价值的植物，如紫金牛、马蹄金、酢浆草、白三叶、铺地柏等。

8. 切花草本植物

切花是从植株上剪下的带有茎叶的花枝。常用的切花草本植物有唐菖蒲、非洲菊、月季、马蹄莲、百合、香石竹、霞草等。

9. 花坛、盆栽植物

花坛植物是耐性强、生长力强、植株整齐饱满、花期一致、花色与花相丰富的具有观赏功能的植物的总称。常用的花坛植物有万寿菊、孔雀草、矮牵牛、夏堇等。盆栽植物是指种植于固定容器中的用于观赏的植物。常用的盆栽植物有观赏松、何首乌、竹芋等。

三、依据观赏部位和特性分类

1. 观花类

观花类园林植物将花形、花色与花香作为主要的观赏要素。大多数观花类园林植物花色鲜艳、花期较长。该类植物的花的形状、大小、色彩多种多样，花期差异也较大。

（1）赏形：多数植物的花形为常见的钟形、十字形、坛形、辐射形、蝶形等，但也有部分植物的花发生变化而形成奇异花形，如凤仙花、紫堇、耧斗菜具有特殊的距，珙桐花具白色巨型苞片等。

（2）观色：红色花系（红色、粉色、水粉），如合欢、海棠、桃、石榴、夹竹桃、一串红等；蓝紫色花系（蓝色、紫色），如泡桐、紫玉兰、紫丁香、紫藤、二月兰、鸢尾、八仙花、醉鱼草、夏堇等；黄色花系（黄、浅黄、金黄），如鹅掌楸、金桂、迎春花、连翘、蜡梅、黄木香等；白色花系，如茉莉、白玉兰、珍珠梅、毛樱桃、琼花、女贞等；彩斑色系，如三色堇、矮牵牛、香石竹、勋章菊等。

（3）闻香：花香大致可分为清香（如茉莉、蜡梅、香雪兰等）、甜香（如桂花）、浓香（如白花、栀子）、淡香（如玉兰、丁香等）、幽香（如兰花）、暗香（如梅花等）。

（4）识相：花或花序着生在树冠上的整体表现形貌称为“花相”。木本园林植物的花相有以下几类。

独生花相——本类较少，形较奇特，如苏铁类。

线条花相——花排列于小枝上，形成长形的花枝。由于枝条的生长习性不同，花枝有呈拱状的，有呈直立剑状的，有略短曲如尾状的，如连翘、金钟花等。

星散花相——花朵或花序数量较少，且散布于全树冠各部，如珍珠梅、鹅掌楸等。

团簇花相——花朵或花序形大而多，就全树而言，花感较强烈，但每朵或每个花序的花簇仍能充分表现其特色，如玉兰、木兰等。

覆被花相——花或花序着生于树冠的表层，形成覆伞状，如栾树、七叶树等。

密满花相——花或花序密生于全树各小枝上，使树冠形成一个整体的大花团，花感最为强烈，如榆叶梅、火棘等。

干生花相——花着生于茎干上，如紫荆、槟榔、枣椰、可可等。

（5）寻期：春季开花的风景园林植物有梅花、芍药、郁金香、鸢尾、风信子、樱花、桃、海棠等；夏季开花的有石竹、蓝草、百合、大花美人蕉、睡莲、夹竹桃、八仙花等；秋季开花的有翠菊、旱金莲、大丽花等；冬季开花的有蜡梅、一品红、仙客来，瓜叶菊等；四季开花的有四季桂、天竺葵、月季等。

2. 观果类

观果类园林植物将果形、果色作为主要的观赏要素。

（1）果实的形状体现在“奇”“巨”“丰”三方面。“奇”指形状奇特，造型具有趣味，例如五指茄的果实形似手指，秤锤树的果实如秤锤；“巨”指果实单体体积较大，如柚、椰子；“丰”指就全树而言，无论果实单体或者果序，均有相当的数量，可收到引人注目的效果，如火棘、花楸。

（2）果实的色彩可分为以下几种：红色，如荚蒾、桃叶珊瑚、南天竹、石榴、樱桃、花楸、火棘等；黄色，如银杏、梨、杏、木瓜、佛手、金柑等；蓝紫色，如紫珠、葡萄、沿阶草、蓝果忍冬、桂花、豪猪刺、十大功劳等；黑色，如女贞、小蜡、常春藤、君迁子，鼠李、金银花等；白色，如红瑞木、雪果、湖北花楸、陕甘花楸等。

3. 观叶类

观叶类园林植物将叶形、叶色、质地作为主要的观赏要素。根据叶的大小，可以将风景园林树木分为小型叶类、中型叶类、大型叶类，同时每个类型都具有多种叶形，如披针形、钻形、鳞形、圆形、扇形、条形等。

叶的颜色丰富，观赏价值高。根据叶色的深浅、随季节的变化等特点，可以将观叶类园林植物分为绿叶类、春色叶类、秋色叶类、常色叶类、双色叶类、斑色叶类。

叶片内含有叶绿素、叶黄素、类胡萝卜素、花青素等色素，因受外界条件的影响和树种遗传特性的制约，各种色素的相对含量处于动态平衡之中，这造成了叶色变化多样、五彩缤纷。同时，叶色在很大程度上还受树木叶片对光线的吸收与反射差异的影响。例如，许多常绿树木的叶片在阳光下呈现出特有的绿色效果，一些冬青属植物则呈现出银色或金属色。

在叶的观赏特性中，叶色的观赏价值最高，因其呈现的时间长，能起到突出树形的作用。叶色与花色、果色相比，群体观赏效果显著，是园林色彩的主要创造者。树木叶色可分为基本叶色与特殊叶色。

1）基本叶色

树木的基本叶色为绿色，这是由于叶肉细胞中具有大量叶绿素，是植物进行光合作用的主要色素。叶绿素吸收大部分红光和紫光而反射绿光，受树种及受光度的影响，叶的绿色有墨绿、深绿、浅绿、黄绿、亮绿、蓝绿等差异，且会随季节变化而变化。将各种树木按树叶绿色由深至浅的顺序进行排列，大致为常绿针叶树、常绿阔叶树、落叶树。常绿针叶树叶片多呈暗绿色，显得朴实、端庄、厚重。常绿阔叶树叶片以浅绿色为主。落叶树叶片较薄，透光性强，叶绿素含量较少，叶色多呈黄绿色，不少落叶树种在落叶前叶绿素含量逐渐减少，其他色素显现出来，叶色变为黄褐色、黄色或金黄色等，表现出明快、活泼的视觉特征。

（1）深浓绿色叶树种：油松、红松、雪松、云杉、侧柏、山茶、女贞、桂花、榕树、槐树、毛白杨、榆树等。

（2）浅淡绿色叶树种：水杉、落叶松、金钱松、七叶树、鹅掌楸、玉兰、旱柳、糖槭等。

2）特殊叶色

树木呈现的除绿色外的其他叶色，丰富了园林景观，给观赏者以新奇感。根据叶色变化情况，特殊叶色可分为以下类型。

（1）常色叶类。常色叶有单色与复色两种。单色叶表现为某种单一的色彩，以红、紫色（如红枫、红花檵木、紫叶李、紫叶桃、紫叶小檗等）和黄色（如金叶鸡爪槭、金叶雪松等）两类色为主。复色叶是同一叶片上有两种以上不同的色彩，有些种类的树木，叶表和叶背颜色显著不同（如胡颓子、红背桂、银白杨等），也有些种类在绿色叶片上有其他颜色的斑点或条纹（如金心大叶黄杨、银边黄杨、变叶木、金心龙血树、洒金东瀛珊瑚等）。常色叶类树木所表现的特殊叶色受树种遗传特性支配，不会因环境条件的影响或时间的推移而改变。

（2）季节色叶类。树木的叶片在绿色的基础上，随着季节的变化而出现具有显著差异的特殊颜色。季节叶色多出现在春、秋两季。春季新叶叶色发生显著变化者，称为春色叶树，如山麻杆、长蕊杜鹃、黄连木、臭椿、香椿等。在南方温暖地区，一些常绿阔叶树的新叶不限于在春季发生，而是任何季节的新叶均有颜色的变化，也归于春色叶类。在秋季落叶前叶色发生显著变化者，称为秋色叶树，如银杏、金钱松、悬铃木、黄栌、火炬树、枫香、乌桕等。秋色叶树种以落叶阔叶树居多，颜色以黄褐色较普遍，其次为红色或金黄色。园林植物的季相变化对园林景观效果有着重要影响，受到园林工作者的高度重视。

①秋叶呈红色或紫红色的树种：鸡爪槭、五角槭、糖槭、枫香、五叶地锦、小檗、漆树、盐肤木、黄连木、黄栌、花楸、乌桕、石楠、卫矛、山楂等。

②秋叶呈黄色或黄褐色的树种：银杏、白桦、紫椴、无患子、鹅掌楸、悬铃木、蒙古栎、金钱松、落叶松、白蜡等。

树木的季节叶色除红、黄色外，还存在许多过渡色。季节叶色开始的时间及持续期长短既因树种而异，也与气候条件尤其是温度、光照和湿度变化有关。

除了观赏叶子的形状、色泽之外，还可欣赏叶子形成的声响效果。如自古就有“听松涛”之说，“雨打芭蕉”亦可成为自然的音乐。

4. 观芽类

芽是处于幼态而未伸展的枝、花或花序，包括茎尖分生组织及其外围的附属物。观芽类园林植物由于观赏期较短而种类较少，如银芽柳等。

5. 观干类

树木的树皮、树干、枝条以及刺毛的颜色、形态都具有一定的观赏性，尤其在落叶后，枝干的颜色和形态更为醒目。常见的观干类园林植物有白桦、梧桐、悬铃木、白皮松、红瑞木、棣棠、光棍树、紫茎等。枝条具有独特观赏价值的园林树木称为观枝树种，如龙爪槐、龙爪柳、红瑞木、黄瑞木、金枝梾木、金丝垂柳等。一些乔木树种既可赏枝也可赏干，如白桦、枫桦、梧桐、悬铃木、青榨槭、白皮松等。

树皮的开裂方式也具一定的观赏价值，常见的有以下几种。

（1）光滑树皮：树皮表面平滑无裂，多数树种幼年期树皮均无裂，也有老年期树皮不裂的，如梧桐、桉树。

（2）横纹树皮：树皮表面呈浅而细的横纹，如山桃、桃、白桦。

（3）片裂树皮：树皮表面呈不规则的片状剥落，如白皮松、悬铃木。

（4）丝裂树皮：树皮表面呈纵而薄的丝状脱落，如青年期的柏类。

（5）纵裂树皮：树皮表面呈不规则的纵条状或近人字状的浅裂，多数树种属此类。

（6）纵沟树皮：树皮表面纵裂较深，呈纵条或近人字状的深沟，如老年期的核桃、板栗等。

（7）长方块裂纹树皮：树皮表面呈长方形裂纹，如柿树、黄连木等。

（8）疣突树皮：树皮表面具不规则的疣突，如木棉表面具刺，还有山皂荚、刺楸等。

树干的皮色对绿化配置效果具有很大的影响，如在街道上用白色树干的树种，可产生极好的美化作用，达到道路变宽的视觉效果。

6. 赏根类

园林植物裸露的根部或特化的根系有一定的观赏价值，尤其是一些多年生的木本植物，如松树、朴树、梅花、榕树、银杏、山茶、蜡梅、四数木等。

7. 赏株形类

株形一般指成年树整体形态的外部轮廓，由干、茎、枝、叶组成，树冠类型对株形起着决定性作用，常分为圆柱形、尖塔形、伞形、棕榈形、丛生形、球形、馒头形、拱枝形、苍虬形、风致形等。

四、依据栽培方式分类

1. 露地风景园林植物

露地风景园林植物是指在自然条件下，完成全部生长过程的植物，如鸡冠花、大丽花等。

2. 温室风景园林植物

原产于热带、亚热带温暖地区的园林植物，在北方寒冷地区栽培必须在温室内培养，或在温室内保护越冬，如君子兰、花叶芋、一品红、杧果、蒲桃、椰子、假槟榔等。

五、依据经济用途分类

风景园林植物按其经济用途分类，可以分为食用植物（如椰子、苹果等）、油料植物（如棕榈、芸苔等）药用植物（如人参、杜仲等）、香料植物（如玫瑰、八角等）、材用植物（如樟子松、青檀等）、树脂植物（如油松、漆树等）。

六、木本园林植物

木本植物指根和茎因增粗生长形成大量的木质部，而细胞壁也多数木质化的坚固的植物，地上部分为多年生。木本园林植物是木本植物中具有观赏价值的植物的总称。

（一）乔木

乔木通常指主干单一明显的树木，分枝部分离地面较高，树冠具有一定的形态，如银杏、雪松、水杉、香樟、垂柳等。依其高度可分为大乔木（12 m 以上）、中乔木（6 ~ 12 m）、小乔木（6 m 以下）。

1. 常绿针叶乔木

常绿乔木是指终年具有绿叶的乔木，每年春天都有新叶长出，新叶长出时部分旧叶脱落，陆续更新，终年保持常绿，如香樟、紫檀、马尾松等。针叶是裸子植物常见的叶子外形。常绿针叶乔木是指常绿乔木中具有针形叶或条形叶的乔木，多为裸子植物。针叶植物较阔叶植物更耐寒。

南洋杉科：南洋杉。松科：雪松、油杉、冷杉、日本冷杉、辽东冷杉、白杆、青杆、日本云杉、黄杉、马尾松、湿地松、黑松、油松、赤松、白皮松、日本五针松、火炬松、华山松、黄山松。杉科：金松、杉木、柳杉、日本柳杉、北美红杉。柏科：圆柏、龙柏、北美圆柏、香柏、柏木、中山柏、日本花柏、日本扁柏、刺柏、杜松、侧柏、千头柏、福建柏。罗汉松科：罗汉松、竹柏。三尖杉科：三尖杉、粗榧。红豆杉科：榧树、香榧、红豆杉、南方红豆杉。

2. 落叶针叶乔木

落叶针叶乔木是指每年秋冬季节或干旱季节叶片全部脱落的具有针形叶或条形叶的乔木，多为裸子植物。落叶是植物减少蒸腾，度过寒冷或干旱季节的一种适应现象，这一习性是植物在长期进化过程中形成的。

松科：金钱松、落叶松、华北落叶松。杉科：水松、水杉、落羽杉、墨西哥落羽杉、池杉、东方杉、中山杉。

3. 常绿阔叶乔木

常绿阔叶乔木是指常绿乔木中叶形较大的乔木，四季常绿，叶片多革质，表面有光泽，叶片排列方向垂直于阳光。多集中于壳斗科、樟科、山茶科、木兰科。

杨梅科：杨梅。壳斗科：苦槠、青冈栎、石栎。山龙眼科：银桦。木兰科：木莲、广玉兰、白兰花、深山含笑、阔瓣含笑、乐昌含笑。八角科：莽草。樟科：香樟、肉桂、浙江楠、紫楠。金缕梅科：蚊母树。蔷薇科：椤木石楠、枇杷。豆科：洋紫荆、花榈木。芸香科：柑橘、柚。冬青科：冬青、大叶冬青、枸骨。木樨科：桂花、女贞。杜英科：山杜英。

4. 落叶阔叶乔木

落叶阔叶乔木是指每年秋冬季节或干旱季节叶片全部脱落，以适应寒冷或干旱的环境的，叶片较大、非针形或条形的乔木。此类树种以休眠芽的形式过冬，叶和花等脱落，待春季转暖、降水增加的时候纷纷展叶，开始旺盛的生长发育过程。

银杏科：银杏。杨柳科：毛白杨、银白杨、加杨、小叶杨、旱柳、绦柳、馒头柳、龙爪柳、垂柳。胡桃科：胡桃、核桃楸、美国山核桃、枫杨。桦木科：白桦。壳斗科：板栗、锥栗、麻栎、栓皮栎。榆科：榆树、垂枝榆、榔榆、榉树、朴树、小叶朴、青檀。桑科：桑树、构树、黄葛树。木兰科：鹅掌楸、北美鹅掌楸、杂交马褂木、白玉兰、黄山木兰、厚朴、天女花。金缕梅科：枫香。杜仲科：杜仲。豆科：槐树、龙爪槐、刺槐、香花槐、红豆树、合欢、山合欢、皂荚、山皂荚、黄檀。悬铃木科：法国梧桐、英国梧桐、美国梧桐。蔷薇科：木瓜、杏、梅、桃、碧桃、紫叶李、山樱花、日本晚樱、苹果、湖北海棠。苦木科：臭椿。楝科：苦楝、香椿。大戟科：乌桕、重阳木。漆树科：黄连木、火炬树、盐肤木、漆树。卫矛科：丝棉木。槭树科：三角枫、五角枫、茶条槭。七叶树科：七叶树。无患子科：栾树、全缘栾树、无患子。鼠李科：枳椇、冻绿。椴树科：南京椴。梧桐科：梧桐。柿树科：柿树、君迁子。木樨科：流苏树、白蜡树、丁香、暴马丁香、雪柳。玄参科：泡桐、毛泡桐。胡颓子科：沙枣。蓝果树科：喜树、珙桐。五加科：刺楸。山茱萸科：灯台树、毛梾。紫葳科：梓树、楸树、蓝花楹。

（二）灌木

灌木指低矮的、呈丛生状态的、主干不明显的木本植物，通常在近地面处分出多数枝条，树冠不定型，如蜡梅、含笑、冬青、卫矛、六月雪、茶梅等。

1. 常绿针叶灌木

常绿灌木是指四季保持常绿的丛生木本植物，在华南地区常见，耐寒力较弱，北方多温室栽培，种类众多。常绿针叶灌木是指常绿灌木中叶为针形、条形的灌木。

苏铁科：苏铁。柏科：鹿角桧、铺地柏、沙地柏。

2. 常绿阔叶灌木

常绿阔叶灌木是指常绿灌木中叶形较大、非针形或条形的灌木。

小檗科：南天竹、十大功劳、阔叶十大功劳。木兰科：含笑。蜡梅科：山蜡梅。海桐科：海桐。金缕梅科：檵木、红花檵木。蔷薇科：火棘、石楠、红叶石楠。卫矛科：冬青卫矛、北海道黄杨。黄杨科：黄杨、锦熟黄杨、雀舌黄杨。冬青科：龟甲冬青。藤黄科：金丝桃。胡颓子科：胡颓子。桃金娘科：红千层。五加科：八角金盘。瑞香科：瑞香。山茱萸科：洒金桃叶珊瑚、桃叶珊瑚。杜鹃花科：杜鹃、马醉木。木樨科：小蜡、水蜡、小叶女贞。山茶科：木荷、厚皮香、山茶花、茶梅、油茶、浙江红花油茶。夹竹桃科：夹竹桃。茜草科：栀子花、六月雪。忍冬科：珊瑚树。百合科：凤尾丝兰、丝兰。

3. 落叶阔叶灌木

落叶灌木是指冬季落叶以度过寒冷季节的灌木。其分布广，种类多，用途广泛，许多种类都是优秀的观花、观果、观叶、观干树种，被大量用于地栽、盆栽观赏。落叶阔叶灌木是指叶形较大，如卵形、披针形等非针形叶或条形叶的灌木。

桑科：无花果。毛茛科：牡丹。小檗科：小檗、紫叶小檗。木兰科：紫玉兰、二乔玉兰。蜡梅科：蜡梅。虎耳草科：山梅花、溲疏。蔷薇科：白鹃梅、笑靥花、珍珠花、麻叶绣线菊、菱叶绣菊、粉花绣线菊、珍珠梅、黄刺玫、棣棠、鸡麻、榆叶梅、郁李、山楂、贴梗海棠、垂丝海棠、西海棠、沙梨。豆科：紫荆、毛刺槐、紫穗槐、锦鸡儿、胡枝子。芸香科：花椒、枸橘。漆树科：黄栌。槭树科：鸡爪槭、红枫、羽毛枫、红羽毛枫。锦葵科：木槿、木芙蓉。怪柳科：怪柳。瑞香科：结香。胡颓子科：秋胡颓子。千屈菜科：紫薇、大花紫薇。山茱萸科：红瑞木、四照花。木樨科：迎春、连翘、金钟花。马钱科：醉鱼草。马鞭草科：紫珠。忍冬科：锦带花、海仙花、琼花、蝴蝶树、天目琼花、香荚蒾、金银木、接骨木。

（三）藤本植物

有缠绕茎和攀缘茎的植物统称为藤本植物，是指茎细长，缠绕或攀缘他物上升的植物。茎木质化的称为木质藤本，如紫藤、凌霄、北五味子、葛藤、木迪、猕猴桃、葡萄、炮仗花等；茎为草质的称为草质藤本，如啤酒花，何首乌、羽叶茑萝、牵牛花、锦屏藤等。该类植物常用于垂直绿化，主要分布在桑科、葡萄科、猕猴桃科、五加科、葫芦科、豆科、夹竹桃科等科中。

桑科：薜荔。紫茉莉科：叶子花。毛茛科：铁线莲。大血藤科：大血藤。木通科：木通、三叶木通、鹰爪枫。五味子科：五味子、华中五味子、南五味子。蔷薇科：野蔷薇、七姊妹、金樱子、小果蔷薇、木香。豆科：紫藤、常春油麻藤、葛藤。葡萄科：葡萄、蛇葡萄、地锦、五叶地锦、乌蔹莓。猕猴桃科：中华猕猴桃。西番莲科：西番莲。五加科：常春藤、中华常春藤。卫矛科：扶芳藤。胶东卫矛、南蛇藤。夹竹桃科：络石。木樨科：野迎春。忍冬科：金银花、盘叶忍冬、贯月忍冬。紫葳科：凌霄、美国凌霄、粉花凌霄，炮仗花。

（四）竹类植物

竹为禾本科竹亚科高大乔木状禾草类植物的通称，是多年生常绿树种。其主要产地为热带、亚热带，少数产于温带，在我国主要分布于秦岭、淮河流域以南地区。常见竹类如下。

簕竹属：粉单竹、孝顺竹、花孝顺竹、凤尾竹、佛肚竹、黄金间碧玉竹。方竹属：方竹。箬竹属：阔叶箬竹。矢竹属：茶秆竹、矢竹。苦竹属：苦竹、大明竹。刚竹属：毛竹、桂竹、斑竹、刚竹、罗汉竹、紫竹、淡竹、早园竹、黄槽竹、乌哺鸡竹、篌竹、金镶玉竹、早竹、龟甲竹、金竹。慈竹属：慈竹。赤竹属：菲白竹、菲黄竹。鹅毛竹属：鹅毛竹。短穗竹属：短穗竹。

（五）棕榈类植物

棕榈类植物是树形较特殊的一类木本植物，常绿，树干直，多无分枝，具大型叶，叶片掌状裂或羽状分裂，聚生茎端，常用于营造热带风情。主要分布于热带及亚热带地区，性不耐寒，适应性强，观赏价值高，在我国主要产于南方地区。

棕榈属：棕榈。棕竹属：棕竹、筋头竹。箬棕属：小箬棕。蒲葵属：蒲葵。王棕属：大王椰子。桄榔属：桄榔。假槟榔属：假槟榔。鱼尾葵属：鱼尾葵、短穗鱼尾葵。刺葵属：银海枣、海枣、加拿利海枣。油棕属：油棕。酒瓶椰属：酒瓶椰子。丝葵属：丝葵、华盛顿棕。槟榔属：槟榔。椰子属：椰子。散尾葵属：散尾葵。西棕属：国王椰子。弓葵属：布迪椰子。霸王棕属：霸王棕。桄榔属：山棕。贝叶棕属：贝叶棕。袖珍椰子属：袖珍椰子。狐尾椰子属：狐尾椰子。银扇葵属：老人葵。

七、草本园林植物

草本植物是指有草质茎的植物，茎的地上部分在生长期终了时就会枯死。其维管束不具有形成层，不能增粗生长，因而不能像树木一样逐年变粗。凡具有一定观赏价值，达到观叶、观花、观茎、观根、观果的目的，并能美化环境，丰富人们文化生活的草本、木本、藤本植物统称为草本园林植物。

（一）露地草本园林植物

露地草本园林植物是指在自然条件下能顺利完成全部生长过程，不需要保护物栽培的草本园林植物，如万寿菊、美人蕉等。

1. 露地一年生草本园林植物

典型的一年生草本园林植物是指在一个生长季内完成全部生活史的草本园林植物，一般春天播种，夏秋开花，冬天来临时死亡。而多年生草本园林植物作一年生栽培，是因为其在当地露地环境中多年生栽培时，对气候不适应，怕冷，生长不良或两年后生长差，同时具有容易结实、当年播种就可以开花的特点，如藿香蓟、一串红。

蓼科：红蓼、荞麦。藜科：地肤、藜。苋科：千日红、鸡冠花、三色苋、红叶苋、五色草。紫茉莉科：紫茉莉。马齿苋科：大花马齿苋、半支莲。石竹科：霞草。毛茛科：还亮草。锦葵科：黄蜀葵。花荵科：福禄考。紫草科：勿忘草。旋花科：牵牛花、槭叶茑萝、羽叶茑萝。大戟科：银边翠。凤仙花科：凤仙花。唇形科：一串红、一串白。玄参科：猴面花、夏堇。菊科：心叶藿香蓟、翠菊、百日草、波斯菊、硫华菊、万寿菊、孔雀草、麦秆菊。山梗菜科：六倍利。

2. 露地二年生草本园林植物

典型的二年生草本园林植物是指在两个生长季内完成生活史的草本园林植物。第一年营养生长，第二年开花、结实，在炎夏到来时死亡。此类草本园林植物对春化要求严格，如须苞石竹、金盏菊等。多年生作二年生栽培的草本园林植物大多是多年生草本园林植物中喜欢冷凉的种类，它们在当地露地栽培时对气候不适应，怕热，生长不良或两年后生长差，有容易结实、当年播种就可以开花的特点。

藜科：红叶甜菜。毛茛科：飞燕草、石龙芮。石竹科：矮雪轮、高雪轮、石竹、须苞石竹。罂粟科：虞美人、罂粟、花菱草。十字花科：香雪球、羽衣甘蓝、紫罗兰、桂竹香。景天科：瓦松。锦葵科：锦葵。堇菜科：三色堇。柳叶菜科：月见草、美丽月见草、待霄草。马鞭草科：美女樱、细叶美女樱。茄科：矮牵牛。玄参科：金鱼草、毛地黄、毛蕊花。桔梗科：风铃草。菊科：雏菊、蛇目菊、金盏菊、水飞蓟、矢车菊。

3. 露地宿根草本园林植物

露地宿根草本园林植物是指地下部分的形态正常，不发生变态现象，以根或地下茎的形式越冬，地上部分表现出一年生或多年生性状的露地草本园林植物。此类植物一般冬季地上部分枯死，根系在土壤中宿存而不膨大，来年重新萌发生长。

百合科：火炬花、土麦冬、阔叶麦冬、万年青、萱草、黄花菜、沿阶草、吉祥草、玉簪、紫萼。鸭跖草科：紫露草。鸢尾科：射干、德国鸢尾、鸢尾、蝴蝶花、小花鸢尾、黄菖蒲、花菖蒲、溪荪、燕子花。蓼科：火炭母、虎杖。石竹科：石碱花、剪秋罗、常夏石竹、瞿麦、香石竹。毛茛科：乌头、耧斗菜、唐松草、白头翁、芍药、铁线莲。罂粟科：荷包牡丹。十字花科：一月兰。景天科：费菜、垂盆草、佛甲草、景天、凹叶景天。虎耳草科：落新妇、虎耳草。蔷薇科：蛇莓。豆科：多叶羽扇豆、白三叶、紫花苜蓿。酢浆草科：红花酢浆草。亚麻科：蓝亚麻。堇菜科：紫花地丁。锦葵科：蜀葵。柳叶菜科：山桃草。报春花科：金叶过路黄。花荵科：宿根福禄考、丛生福禄考。唇形科：美国薄荷、随意草。玄参科：钓钟柳。桔梗科：桔梗。菊科：紫菀、荷兰菊、金光菊、黑心金光菊、大花金鸡菊、紫松果菊、宿根天人菊、一枝黄花、蓝目菊、菊花、白晶菊、滨菊。

4. 露地球根草本园林植物

露地球根草本园林植物是指植株地下部分的根或茎发生变态，肥大呈球状或块状的多年生草本植物。它们以地下球根的形式渡过休眠期，至环境适宜时，再度生长并开花。

1）按球根类型分类

（1）鳞茎类，地下茎呈鳞片状，外被纸质外皮的叫作有皮鳞茎，如郁金香、水仙、朱顶红等。在鳞片的外面没有外皮包被的叫作无皮鳞茎，如百合等。

百合科：百合、湖北百合、卷丹、麝香百合、浙贝母、大花葱、风信子、葡萄风信子、郁金香。石蒜科：葱兰、韭兰、石蒜、忽地笑、水仙、晚香玉、雪滴花。兰科：白及。

（2）球茎类，地下茎呈球形或扁球形，外被革制外皮等。

鸢尾科：番红花、唐菖蒲、西班牙鸢尾。

（3）块茎类，地下茎呈不规则的块状或条状。

天南星科：马蹄莲。毛茛科：毛茛、秋牡丹、银莲花。

（4）根茎类，地下茎肥大呈根状，上面有明显的节，新芽着生在分枝顶端。

百合科：铃兰。美人蕉科：大花美人蕉。

（5）块根类，块根为根的变态，地下主根由侧根或不定根膨大而成，肥大呈块状，根系从块根的末端生出。块根无节、无芽眼，只在根颈部有发芽点。

菊科：大丽花、蛇鞭菊；毛茛科：花毛茛。

2）按适宜的栽植时间分类

（1）春植球根草本园林植物。春天栽植，夏秋开花，冬天休眠。花芽分化一般在夏季生长期进行。如大丽花、唐菖蒲、美人蕉、晚香玉等。

（2）秋植球根草本园林植物。秋天栽植，在原产地秋冬生长，春天开花，炎夏休眠。花芽分化一般在夏季休眠期进行，如水仙、郁金香、风信子、花毛茛等。少数种类花芽分化在生长期进行，如百合类。

5. 草坪及地被植物

1）草坪植物

草坪植物是指由人工建植或天然形成的多年生低矮草本植物经养护管理而形成的相对均匀、平整的草地植被。按草坪植物生长的适宜气候条件和地域分布范围，可将草坪植物分为冷季型草坪植物和暖季型草坪植物。

（1）冷季型草坪植物也称为冬型草，主要属于早熟禾亚科。适宜的生长温度为 15 ~ 25 ℃，气温高于 30℃则生长缓慢，在炎热的夏季，冷季型草坪植物进入生长不适阶段，有些甚至休眠。这类植物主要分布于我国华北、东北和西北等长江以北的北方地区。

黑麦草属：多花黑麦草。剪股颖属：匍匐剪股颖、绒毛剪股颖。羊茅属：羊茅、蓝羊茅、高羊茅。画眉草属：画眉草。早熟禾属：草地早熟禾、细叶早熟禾。

（2）暖季型草坪植物也称为夏型草，主要属于禾本科、画眉草亚科，最适合生长的温度为 20 ~ 30 ℃，在 −5 ~ 42 ℃范围内能安全存活。这类植物在夏季或温暖地区生长旺盛，主要分布在长江流域及以南较低海拔地区。

结缕草属：结缕草、马尼拉草。假俭草属：假俭草。野牛草属：野牛草。燕麦属：野燕麦。地毯草属：地毯草。狗牙根属：狗牙根。

2）地被植物

地被植物是指那些株丛密集、低矮，经简单管理即可代替草坪覆盖在地表，防止水土流失，能吸附尘土、净化空气、降低噪声、消除污染并具有一定观赏和经济价值的植物。常见的一二年生草本园林植物、宿根草本园林植物、球根草本园林植物多可做地被植物，如虎耳草、白三叶、二月兰、红花酢浆草、金叶过路黄等。

6. 水生植物

水生植物是指植物体全部或部分在水中生活的植物，还包括适应在沼泽或低湿环境中生长的一切可观赏的植物。根据生活方式与形态的不同，可以将水生植物分为挺水植物、浮水植物、沉水植物和漂浮植物。

苹科：田字苹。香蒲科：香蒲、水烛。泽泻科：慈姑、泽苔草、泽泻。水蕹科：水蕹。花蔺科：花蔺、黄花蔺、水罂粟。水鳖科：水鳖、水车前、苦草。禾本科：芦竹、花叶芦竹、芦苇、荻、蒲苇、茭白、薏苡。莎草科：水葱、花叶水葱、藨草、荸荠、旱伞草、纸莎草，灯芯草。天南星科：菖蒲、石菖蒲、金线石菖蒲、大漂。雨久花科：凤眼莲、雨久花、梭鱼草。竹芋科：再力花。三白草科：三白草。蓼科：水蓼。睡莲科：荷花、睡莲、莼菜、萍蓬草、王莲、芡实。金鱼藻科：金鱼藻。千屈菜科：千屈菜、节节菜。菱科：菱。龙胆科：荇菜。水马齿科：水马齿。小二仙草科：狐尾藻。

（二）温室草本园林植物

温室草本园林植物是指在自然条件下不能顺利完成全部生长过程，需要保护物栽培的草本园林植物。温室草本园林植物可分为以下几大类。

1. 温室一、二年生草本园林植物

凤仙花科：非洲凤仙。报春花科：报春花、四季报春、多花报春、欧洲报春。唇形科：彩叶草。茄科：蛾蝶花。玄参科：蒲包花。菊科：瓜叶菊。

2. 温室宿根草本园林植物

鸭跖草科：吊竹梅、白花紫露草。石蒜科：大花君子兰、垂笑君子兰。旅人蕉科：鹤望兰。龙舌兰科：

虎尾兰。胡椒科：豆瓣绿。凤仙花科：新几内亚凤仙。秋海棠科：四季秋海棠、银星秋海棠、蟆叶秋海棠、铁甲秋海棠。

3. 温室球根草本园林植物

天南星科：马蹄莲。百合科：虎眼万年青。石蒜科：朱顶红、文殊兰、红花文殊兰、蜘蛛兰、网球花。报春花科：仙客来。鸢尾科：香雪兰。

4. 兰科草本园林植物

兰花广义上是兰科草本园林植物的总称。兰科是仅次于菊科的一个大科，是子叶植物中的第一大科。兰科植物分布极广，其中 85% 集中分布在热带和亚热带。兰科植物从植物形态上可以分为三类。

（1）地生兰：生长在地上，花序通常直立或斜上生长。亚热带和温带地区原产的兰花多为此类。中国兰和热带兰花中的兜兰属于此类。

（2）附生兰：生长在树干或石缝中，花序弯曲或下垂。热带原产的一些兰花属于此类。

（3）腐生兰：无绿叶，终年寄生在腐烂的植物体上生活，如中药天麻。

兰属：春兰、蕙兰、建兰、墨兰、寒兰、虎头兰。石斛属：石斛、密花石斛；蝴蝶兰属：蝴蝶兰。万带兰属：万带兰。兜兰属：杏黄兜兰。虾脊兰属：虾脊兰。

5. 蕨类植物

蕨类植物也称羊齿植物，为高等植物中比较低级而又不开花的一个类群，多为草本，是最早有维管组织分化的陆生植物，由于输导组织的成分主要是管胞和筛胞，受精作用仍离不开水，因而在陆地上的发展和分布仍受到一定的限制。与其他高等植物相比，蕨类植物最重要的特征是其生活史中以孢子体占优势，孢子体和配子体均能独立生活。孢子体为多年生植物，是观赏部分，有根、茎、叶之分。根为须根状，茎多为根状茎，在土壤中横走，上升或直立，叶的形态特征因种而异、千变万化。蕨类植物是优良的室内观叶植物之一。

石松科：石松。卷柏科：卷柏。阴地蕨科：阴地蕨。观音座莲科：福建观音座莲。紫萁科：紫萁。里白科：光里白、芒萁。凤尾蕨科：凤尾蕨、井栏边草。铁线蕨科：铁线蕨。铁角蕨科：巢蕨。肾蕨科：肾蕨。水龙骨科：盾蕨。

6. 多浆植物及仙人掌

多浆植物（又叫多肉植物）是指植物的茎、叶具有发达的贮水组织，呈现肥厚多浆的变态状植物，多数原产于热带、亚热带干旱地区或森林中。多浆植物主要包括仙人掌科、番杏科、景天科、大戟科、菊科、百合科、龙舌兰科等植物。仙人掌类原产于南、北美热带大陆及附近一些岛屿，部分生长在森林中，而多浆植物的多数种类原产于南非，仅少数分布在其他洲的热带和亚热带地区。

仙人掌科：昙花、量天尺、令箭荷花、仙人掌、木麒麟。番杏科：佛手掌。龙舌兰科：龙舌兰。景天科：八宝景天、长寿花。

7. 竹芋科植物

竹芋属：竹芋。肖竹芋属：肖竹芋、圆叶竹芋、孔雀竹芋、彩虹肖竹芋。

8. 凤梨科植物

凤梨科植物为陆生或附生，无茎或短茎草本。叶通常基生，密集成莲座状叶丛，狭长带状，茎直，全缘或有刺状锯齿，基部常扩展，并具鲜明的颜色。凤梨科植物是一种观赏性很强的观花、观叶植物，尤其可栽培于室内，常见的栽培种类有水塔花属的部分植物。水塔花属原产于墨西哥至巴西南部和阿根廷北部丛林中，约50种，多为地生性，叶为镰刀状，上半部向下倾斜，以5～8片排列成管形的莲座状叶丛，常见品种有光萼荷等。

姬凤梨属：姬凤梨。凤梨属：凤梨。赪凤梨属：五彩凤梨、同心彩叶凤梨。铁兰属：铁兰。丽穗凤梨属：彩苞凤梨。果子蔓属：果子蔓。巢凤梨属：巢凤梨。光萼荷属：光萼荷。水塔花属：水塔花。羞凤梨属：美艳羞凤梨。雀舌兰属：短叶雀舌兰。

9. 姜科植物

姜科植物为多年生草本，通常具匍匐或块状的芳香的根状茎，有时根的末端膨大呈块状。叶基生或茎生，通常二列，叶片大，披针形或椭圆形，花单生、两性、具苞片，果为浆果。姜科植物约有52属、1200种，分布于热带、亚热带地区，以亚洲热带地区的种类最为繁多，常生于林下阴湿处；中国约有21属、近200种，分布于东南部至西南部各地区，以广东、广西和云南的种类最多。

山姜属：艳山姜、花叶艳山姜、山姜、益智。姜花属：姜花、红姜花。郁金属：郁金。姜属：球姜。火炬姜属：火炬姜。舞花姜属：舞花姜。闭鞘姜属：闭鞘姜。山柰属：海南三七。象牙属：象牙参、早花象牙参。

10. 天南星科植物

天南星科植物为单子叶植物，陆生或水生草本，或木质藤本，常具块茎或根状茎，肉穗花序，果为浆果。植物体多含水质、乳质或针状结晶体，人的皮肤或舌或咽喉接触其汁液会有刺痒或灼热的感觉。天南星科植物约有115属、2000余种，广布于全世界，其中92%以上产自热带，我国有35属、206种（其中4属、20种系引种栽培的），南北均有分布，有些供药用，有些种类的块茎含丰富的淀粉，可供食用，有些供观赏用。

花烛属：花烛。麒麟叶属：麒麟叶。花叶万年青属：花叶万年青。花叶子属：海芋。藤芋属：绿萝。龟背竹属：龟背竹。广东万年青属：广东万年青。芋属：象耳芋。海芋属：海芋。魔芋属：魔芋。半夏属：半夏、滴水珠。天南星属：一把伞南星、灯台莲。苞叶芋属：白鹤芋。合果芋属：合果芋。

实训模块
园林植物标本制作

一、实训目的

学习采集和制作植物标本的基本方法。掌握植物标本的概念、分类以及蜡叶标本的制作过程。掌握蜡叶标本的压制、保存方法。同时培养学生的团队协作能力，以及独立分析问题、解决问题的能力和创新能力。

二、实训材料

校园及附近的游园绿地中各种类型的园林植物。

三、实训内容

校园及附近的游园绿地中的园林植物标本的采集、制作及鉴定。

四、实训步骤

（1）教师下达任务，并介绍如何采集、制作及鉴定园林植物标本。

（2）学生分组识别并记录，完成实训报告。

（3）选取 30 种左右园林植物，进行蜡叶标本的制作，对学生进行相应技能考核。

五、实训作业

（1）简述蜡叶标本的制作注意事项。

（2）按照园林植物不同分类标准，列举至少 20 种当地常见的园林植物，记录其科、属、种名，并说明其主要观赏特性及园林应用形式。

知识拓展

一、植物标本的采集和制作

1. 工具和仪器

标本夹、标本纸、采集袋、标签、记录本、海拔仪、牛皮纸袋、枝剪、镐头或铲子、卷尺、手持放大镜、照相机、防雨设备、玻璃纸、小刀、针、线、半透明纸、胶水等。

2. 标本的采集

（1）选择生长正常、无病虫害，且有花或有果的植物作为采集对象。

（2）一般情况下，每种至少要采集 3 ~ 5 份标本，编为同一号，便于日后进行比较研究。

（3）如果是雌雄异株或杂性异株，则应分别从各类植株上采集。

（4）对于成年树，最好采集中上部的典型枝条。如果遇到同一树木的枝条（叶）外形有两种类型，如银杏有长短枝之分，则两种类型都要采集。

（5）采下的标本要立即挂上标签，写上采集人和采集号。

（6）标本编号后，要做好野外记录，包括采集日期、地点、海拔、生境、性状等。如果所采植物有脱落的果实或种子等器官，则应装入小纸袋中，并与枝叶标本编相同的号。

（7）必要时对植物拍照并编号。

（8）有些植物有毒，在采集时注意不要随便乱尝，以免中毒或过敏。

（9）采集时要注意保护植物资源，不能恣意破坏，禁止掠夺性的采集，对珍稀濒危树种更要如此。

（10）标本采集后，先做简单的修整，并放入塑料袋内，待合适的时间再集中压制。

3. 蜡叶标本的制作和保存

蜡叶标本是将带有叶、花、果的植物枝条，经压平、干燥、装帧而成。其制作方法如下：

1）换纸整形

采集到的标本要当天整理。仔细调整标本的姿态，可将较大的植物标本折成“N”形或“W”形来进行压制；对过于重叠的枝条要适当修剪，花、叶要展平，并能展示叶子的背腹面，以便观察和研究；同时，要注意去污除杂，以保持标本干净整洁。标本整理后，将湿纸换下，再将标本夹紧于标本夹中，使标本压成一个平面，以达到迅速干燥的目的。标本压制的最初 4 ~ 6 天，每天要换纸 1 ~ 2 次，一周后，适当减少换纸次数，直到标本干燥为止。换下的湿纸放在室外晾干，可反复使用。换纸次数越多，标本干得越快，越不变色。为了加快标本的干燥，也可用电热装置烘干。

2）标本的消毒

为了标本的长期保存，待标本干燥后，将其放入消毒室或消毒箱内，利用气熏法进行消毒。

3）装帧与保存

已经压干的标本需固定在台纸上保存。把标本固定在台纸上的具体方法如下：

（1）合理布局。根据标本的形态把标本放在台纸上，或直立，或斜放，注意右下角要留出将来贴放标签的位置，做到醒目美观、布局合理。

（2）选点固定。根据已放好的标本位置，在台纸上确定需要固定的点位。固定点不宜过多，主要选择在关键部位，如主枝、分叉、花下、果下等处，能够起到主侧面都较稳定的作用。固定点选好后，可用无色透明的玻璃纸切缝，也可用针线穿缝。

4）加盖衬纸

为了保护植物标本免受磨损，通常在固定好的标本表面加盖一张衬纸。一般选用半透明纸，既可防潮，又耐摩擦。衬纸的大小与台纸等同，只是固定的一端稍长出台纸 4 ~ 5 mm。用胶水将长出的部分折到台纸背面并粘平。

5）贴标签

制成的蜡叶标本需及时加贴标签。一般粘在台纸正面的右下角，标签的右边及下边距台纸边缘 1 cm 左右。

二、植物标本的鉴定

1. 鉴定前的准备工作

工具书是进行植物鉴定的钥匙，学习和掌握工具书的使用方法是本课程的基本要求之一。因此，在鉴定工作进行前，应准备与采集地点有关的地方植物志或植物检索表，收集有关采集地点的自然条件等文献资料。

2. 标本的鉴定

对未知名称且无花无果的植物，可根据自己掌握的知识，判断该种所属的科，或根据地方植物志上的枝叶检索表查出其名称；再对照有关植物志上该树种的描述及所附插图，判断名称是否正确。

对有花、果的未知植物，首先应解剖其花、果的结构，再使用植物志开始部分的分科检索表，查出该种所属的科名，再进一步确定其属名，最后确定种名。

对已知中文名或拉丁名的植物，利用植物志后面所附的中文名或拉丁名索引，查出该种所在的页码，进而对照科、属、种的特征描述，判断该名称是否正确。

练习与思考

1. 植物分类的单位有哪些？哪个是基本单位？

2. 植物的学名由哪几个部分组成？书写中应注意什么？

3. 低等植物和高等植物的主要区别有哪些？

4. 被子植物和裸子植物的主要区别有哪些？

5. 园林植物分类在植物景观规划设计中有何理论与实践意义？

6. 园林植物识别为什么需要熟悉植物形态学的知识？植物系统分类学知识在观赏树木识别与应用中有什么实际意义？

Yuanlin Zhiwu Jichu

项目单元三

常见园林乔木

学习目标

知识目标：认知具有代表性的园林常绿阔叶乔木、常绿针叶乔木、落叶阔叶乔木、落叶针叶乔木等的中文名、拉丁名、科属、植物特性与分布，以及行道树、庭荫树、园景树造景应用与文化。

技能水平：能够正确识别常见的常绿阔叶乔木10种、常绿针叶乔木10种、落叶阔叶乔木40种、落叶针叶乔木5种，并掌握其专业术语及文化内涵。了解行道树、庭荫树、园景树常用树种的生态习性及园林应用范围，了解行道树的选择标准、配置类型及形式。

项目导言

所谓乔木，通常是指树体高大，有一个明显的直立主干且高达6 m以上的木本植物。乔木具有体型高大、主干明显、寿命长等特点，是公园绿地中数量最多、作用最大的一类植物。它是公园植物的主体，对绿地环境和空间构图影响很大。园林中的常见乔木有雪松、银杏、黄葛树、香樟、桂花、蓝花楹、复羽叶栾树、梧桐、白桦、女贞、槐树、广玉兰、紫玉兰、二乔玉兰、含笑等。园林乔木的分类方式多种多样，主要分类方式如下。

按照生长高度可以细分为伟乔木（31 m以上）、大乔木（21 ~ 30 m）、中乔木（11 ~ 20 m）、小乔木（6 ~ 10 m）四级。园林中常见的伟乔木有香樟、雪松、银桦、望天树等；大乔木有悬铃木、栾树、五角枫、国槐、银杏、垂柳、香椿、合欢、大叶女贞、梧桐、松类等；中乔木有樱花、木瓜、圆柏、侧柏、柿等；小乔木有金叶木、彩叶木、龙舌兰等。

依据乔木生长速度可以分为速生树、中生树与慢生树三类。园林中常见的速生树有杜英、毛红椿、光皮桦、白杨、拐枣、速生榆、紫叶李、白蜡、法桐、杉木、泡桐等，常见的慢生树有桂花、红豆杉、白皮松、苏铁、水曲柳等。

按照冬季或旱季落叶与否可以分为落叶乔木和常绿乔木两类。冬季或旱季不落叶者称常绿乔木，落叶者称落叶乔木。常绿乔木每年都有新叶长出，也有部分脱落，陆续更新，终年保持常绿，如香樟、女贞、白皮松、华山松、天竺桂、小叶榕、大叶黄杨等。落叶是植物减少蒸腾、度过寒冷或干旱季节的一种适应性特征，常见的落叶乔木有柳树、杨树、速生柳、山楂、梨、李、柿、悬铃木、银杏等。

按照叶片大小和形态特点可以分为针叶树与阔叶树两大类，根据落叶与否还可以细分为落叶阔叶树、常绿阔叶树、落叶针叶树及常绿针叶树四类。常绿针叶树有马尾松、黄山松、油松、杉木、柳杉、雪松等；落叶针叶树有水杉、池杉、落羽杉、金钱松、落叶松、红杉等；落叶阔叶树有桃、梅、李、杏、柳、杨、悬铃木、鹅掌楸、油桐、大叶榆等；常绿阔叶树有香樟、小叶榕、广玉兰、柑橘、柚、大叶女贞、杜英等。

乔木一般树体雄伟高大、树形美观，多数具有宽阔的树干、繁茂的枝叶，因此在园林中一般多用作庭荫树、行道树、独赏树等。为了使学生能更好地掌握乔木类植物在园林造景中的应用，本项目单元将按照针叶乔木和阔叶乔木进行讲述。

任务一
针叶乔木认知及应用

【**任务提出**】在园林植物造景中，园林乔木种类繁多，其地理分布、生态习性、形态特征及园林用途都有很大差异。本任务就是到本地游园、公园、广场等绿地中去认识这些园林植物，并了解其分布与习性、观赏特征与园林应用、植物文化等。

【任务分析】乔木类园林植物多种多样，生长习性差异很大，其中表现明显的是叶形差异。所以，根据叶形不同，又可将其分为针叶树和阔叶树。识别时，先明确其分类地位，然后是生态环境、习性的观察，叶、花、果实、种子的观察。应该注意的是，当遇到不认识的植物时，需要对其各器官典型特征进行详细观察，用形态术语准确描述并记录下来，然后利用工具书进行鉴定。而在识记某一种植物时，只需要记住其一、两个典型的特征就可以了。

【任务实施】教师准备当地常见的具有针叶园林乔木识别要点的植物图片及新鲜材料，首先引导学生认真观察分析，然后简要介绍针叶类园林乔木的特点及主要特征，接着到实际绿地中结合具体的植物介绍观察的方法、步骤及内容，最后让学生分组到实际绿地中调查、识别。由于很多树木只能观察到茎、叶，不能观察到花或果实，因此任务的实施还需要结合多媒体课件进行。

一、观叶类

1. 池杉

别称：池柏、沼落羽松

拉丁名：*Taxodium distichum* var. *imbricatum* （Nutt.）Croom

科属：柏科 落羽杉属

植物类型：落叶乔木

识别要点：树冠尖塔形，叶钻形，在枝上螺旋伸展，长 0.5 ~ 1.0 cm，树皮纵裂，呈长条状脱落，树干基部膨大。

生态习性：阳性树种，耐湿性强，抗风力强，喜酸性土壤。

园林用途：池杉是观赏价值高的园林树种，适生于水滨湿地条件，特别适合水边湿地成片栽植，可孤植或丛植为园景树，亦可列植为行道树。又是水网区防护林、放浪林的理想树种，可种植在河边和低洼水网地区。

自然分布：长江南北水网地区。（见图 3–1）

图 3–1 池杉

2. 柳杉

别称：长叶孔雀松

拉丁名：*Cryptomeria fortune* Hooibrenk ex Otto et Dietr

科属：杉科 柳杉属

植物类型：常绿乔木

识别要点：树冠圆锥形，树皮赤棕色，纤维状，呈长条片状脱落；叶钻形，先端尖，微向内弯曲。

生态习性：半阳性树种，抗风力弱，抗有毒气体强，花期 4 月，果期 10 月。

园林用途：树形圆整高大，树干粗壮，适宜公园孤植、对植、列植，也适宜丛植或群植。自古以来常用作墓道和风景林环保树种。

自然分布：长江以南地区。（见图 3–2）

图 3–2 柳杉

3. 水杉

别称：梳子杉

拉丁名：*Metasequoia glyptostroboides* Hu & W. C. Cheng

科属：杉科 水杉属

植物类型：落叶乔木

识别要点：树冠塔形，树皮灰褐色，呈长条片状脱落，树干基部常膨大，叶线形，交互对生，羽状复叶，长 1 ~ 1.7 cm。

生态习性：阳性树种，稍抗寒，较耐盐碱，对有毒气体抗性弱，浅根慢生。

园林用途：园林绿化景观树、行道树、沿海防护林、滨水景观树优良树种。

自然分布：华东、华南地区。

植物文化：水杉是世界上珍稀的孑遗植物，有“活化石”之称，第四纪冰期后几乎全部灭绝。1941 年，植物学家在湖北、四川交界的谋道溪发现幸存的水杉巨树。水杉为中国特有种，本属仅 1 种，被列为中国国家一级保护树种，为武汉市树，是土家族的顶级膜拜对象。（见图 3–3）

图 3-3 水杉

4. 红豆杉

别称：扁柏、红豆树、紫杉

拉丁名：*Taxus chinensis*（Pilger）Rehd.

科属：红豆杉科 红豆杉属

植物类型：常绿乔木

识别要点：树皮灰褐色，裂成条片脱落，镰刀形叶子，螺旋状互生，基部扭转为二列，条形略弯曲；雌雄异株，种子扁卵圆形，红色。

生态习性：阴性树种，耐旱，抗寒，喜砂质土壤，生长缓慢。

园林用途：优良的园林绿化景观树种、绿篱树种，高纬度地区园林绿化的良好材料。

自然分布：南北地区均有分布。

植物文化：1994 年，红豆杉被我国定为一级珍稀濒危保护植物，同时被全世界 42 个有红豆杉的国家称为“国宝”，联合国也明令禁止采伐，是名副其实的“植物大熊猫”。红豆杉是世界上公认濒临灭绝的天然珍稀抗癌植物，是经过第四纪冰川而遗留下来的古老孑遗树种，在地球上已有250万年的历史。（见图3-4）

图 3-4 红豆杉

5. 杉木

别称：沙木、刺杉

拉丁名：*Cunninghamia lanceolata*（Lamb.）Hook.

科属：杉科 杉木属

植物类型：常绿乔木

识别要点：树冠广圆锥形，树皮褐色，呈长条片状脱落，叶条状披针形，镰状微弯，革质，坚硬。

生态习性：阳性树种，怕风、旱、寒、盐碱，浅根性，速生。花期4月，球果10月。

园林用途：杉木树干端直、树冠参差，极为壮观，适合大面积种植，可在山谷、溪边、林缘与其他树种混植，作为风景林，也可列植于道旁。

自然分布：秦岭、淮河以南地区。（见图3-5）

图3-5 杉木

6. 圆柏

别称：刺柏、桧柏、柏树、桧

拉丁名：*Juniperus chinensis* L.

科属：柏科　圆柏属

植物类型：常绿乔木

识别要点：叶有两型，幼树全为刺形叶，3 枚轮生；老树多为鳞形叶，交叉对生；壮龄树则刺形叶与鳞形叶并存。树皮灰褐色，呈浅纵条剥离，有时呈扭转状。

生态习性：半阳性树种，花期 4 月，果期翌年 10—11 月，对污染气体抗性强，寿命长，耐修剪。

园林用途：圆柏幼龄树树冠整齐，呈圆锥形，树形优美，大树干枝扭曲，姿态奇古，可以独树成景，是我国传统的园林树种，可作为背景树、行道树、绿篱、背阴树、盆景材料等。

自然分布：华北、华东、华南地区。

植物文化：圆柏"枝叶乍桧乍柏，一枝之间屡变"，不仅老干枯荣，寿高千古，且南北皆生，四海为家。圆柏以其顽强的生命力和岁寒无异心的特性成为高尚吉祥的象征。（见图 3–6）

图 3–6　圆柏

续图 3–6

7. 龙柏

别称：龙爪柏

拉丁名：*Juniperus chinensis* 'Kaizuca'

科属：柏科 圆柏属

植物类型：常绿乔木

识别要点：侧枝短且环抱主干，端部稍扭曲斜上展，形似龙抱柱，全为鳞形叶，果蓝黑色被白粉。

生态习性：半阳性树种，较耐盐碱，对污染气体抗性强，对烟尘抗性较差；易整形，耐修剪。

园林用途：龙柏是公园篱笆绿化首选苗木，可应用于公园、庭园、绿墙和高速公路隔离带等，也可以将其攀揉盘扎成各种动物造型，修剪成各种形状。

自然分布：长江流域、淮河流域。

植物文化：古典园林中将松柏的耐寒特性比德于君子的坚强性格，常借龙柏凌寒不凋、四季常青的自然特征，抒发文人的自傲精神。（见图 3–7）

8. 侧柏

别称：扁桧、扁柏、香柏

拉丁名：*Platycladus orientalis*（L.）Franco

科属：柏科 侧柏属

图 3–7 龙柏

植物类型：常绿乔木

识别要点：叶全为鳞片状，树皮薄，浅褐色，呈条片状纵裂。

生态习性：阳性树种，花期 3—4 月，果期 9—10 月，对污染气体抗性强，寿命长。

园林用途：优良园林绿化景观树、山地造林树种。

自然分布：以黄河、淮河流域为主，全国均有分布。

植物文化：侧柏寿命很长，在中国文化史上有自己厚重的文化内涵，古人把松柏称为百木之长。古柏作为活的文物，被视为坚强、伟大、忠心的象征。古人在前门挂柏枝是为了驱鬼避邪、祈福纳祥。侧柏具有肃静清幽的气质，适合栽植于建筑庭院中。（见图 3–8）

图 3–8 侧柏

9. 白皮松

别称：白果松、虎皮松、蛇皮松

拉丁名：*Pinus bungeana* Zucc. ex Endl.

科 属：松科 松属

植物类型：常绿针叶大乔木

识别要点：叶 3 针 1 束，长 5.10 cm，树皮呈不规则裂片状剥落。

生态习性：阳性树种，花期 4—5 月，球果翌年 9—11 月成熟，对有毒气体抗性强。

园林用途：优良的园林景观树、行道树、背景树。

自然分布：华东、华中、华南地区。

植物文化：白皮松是传统树种。古典园林中，北方皇家园林将白皮松视为“银龙”“白龙”，以体现统治者“艮古长青”的理想；而南方私家园林多因其“松骨苍”，树皮斑斓，具沧桑成熟之美，与文人墨客的情怀相契合，将其与山石竹梅进行搭配，创造深远的意境。（见图 3-9）

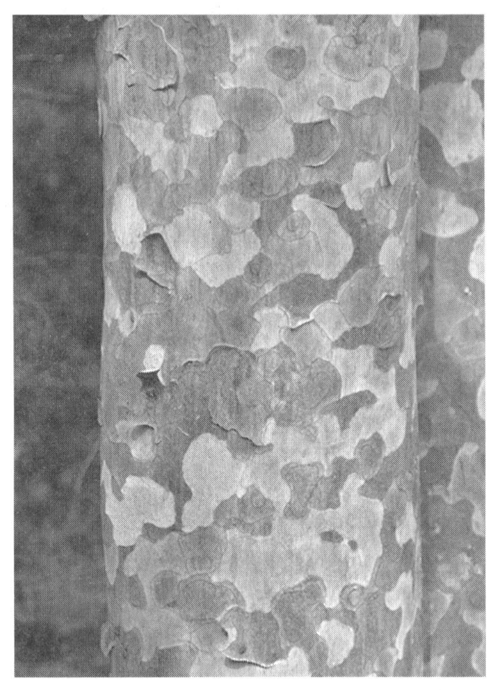

图 3-9　白皮松

10. 马尾松

别称：青松、山松

拉丁名：*Pinus massoniana* Lamb.

科属：松科 松属

植物类型：常绿针叶大乔木

识别要点：叶 2 针 1 束，偶尔 3 针 1 束，长 12 ~ 20 cm，树皮红褐色，呈不规则鳞片状开裂。

生态习性：强阳性树种，花期 4—5 月，球果翌年 10—12 月成熟，对有毒气体抗性强。

园林用途：马尾松树形高大雄伟，树冠如伞，姿态古奇，枝干苍劲，是优良的园林景观树、山地行道树树种。

自然分布：黄河以南地区。

植物文化：马尾松寿命很长，有吉祥之树之称。浙江地区素有种植、保留马尾松为风水树、景观树的习俗。浙江是马尾松主产区之一。（见图 3–10）

图 3–10 马尾松

11. 黑松

别称：白芽松、日本黑松

拉丁名：*Pinus thunbergii* Parl.

科属：松科 松属

植物类型：常绿针叶乔木

识别要点：叶 2 针 1 束，粗硬，长 6 ~ 12 cm；树皮灰黑色，裂成鳞片状脱落。

生态习性：阳性树种，花期 3—5 月，球果翌年 10—11 月成熟，对有毒气体抗性强，寿命长。

园林用途：优良的海岸园林景观树、风景林、行道树，可作为盆景材料。

自然分布：华东沿海地区。

植物文化：黑松具有不规则生长的特性，古朴、刚劲，具有多折角的外部形态。在传统的日本园林设计中，黑松常常作为一座枯山水庭园或一处池泉庭园的中心焦点。（见图 3–11）

图 3–11　黑松

12. 日本五针松

别称：五钗松、日本五须松、五针松

拉丁名：*Pinus parviflora* Sieb. et Zucc.

科属：松科 松属

植物类型：常绿针叶乔木

识别要点：叶 5 针 1 束，长 3 ~ 6 cm；树皮灰黑色，呈不规则鳞片状剥裂。

生态习性：阳性树种，花期 3—5 月，球果翌年 10—11 月成熟，对海风抗性强，耐整形。

园林用途，优良的海岸园林景观树、点景树，可作为盆景、桩景材料。

自然分布：华东沿海地区。

植物文化：日本五针松是名贵的观赏树种，姿态苍劲秀丽，松叶葱郁纤秀，富有诗情画意，集松类树木种气、骨色、神之大成，宜与假山石配置成景，或配以牡丹，或配以杜鹃，或以梅为侣，以红枫为伴。（见图 3–12）

图 3–12 日本五针松

13. 雪松

别称：香柏、宝塔松、喜马拉雅杉

拉丁名：*Cedrus deodara*（Roxb.）G. Don

科属：松科 松属

植物类型：常绿针叶大乔木

识别要点：叶针长 2.5 ～ 5 cm，先端锐尖，螺旋状散生；树皮灰褐色，老时呈鳞片状剥落。

生态习性：阳性树种，树冠圆锥形，高可达 50 ～ 70 m， 具有较强的防尘、减噪与杀菌能力。

园林用途：优良园林绿化景观树、点景树、行道树、背景树等。

自然分布：华中、华东地区。

植物文化：雪松是世界著名的庭园观赏树种之一，树体高大，树形优美，近地面处平展的大枝长年不枯，可形成繁茂雄伟的树冠。雪松具有秀丽、高洁、庄严的特点，寄予人生积极向上、不屈不挠；也有长寿、好运之意。雪松是南京、青岛、淮安等多个城市的市树。（见图 3–13）

图 3–13 雪松

续图 3–13

14. 罗汉松

别称：土杉、罗汉柏、罗汉杉

拉丁名：*Podocarpus macrophyllus*（Thunb.）Sweet

科属：罗汉松科 罗汉松属

植物类型：常绿乔木

识别要点：叶条状披针形，螺旋状排列，先端尖；树皮灰褐色、浅裂，呈薄片状脱落。

生态习性：半阳性树种，花期 4—5 月，果期 8—11 月，对污染气体抗性强，耐修剪。

园林用途：优良园林绿化景观树、庭院树，可作为盆景材料等。

自然分布：长江以南地区。

植物文化：罗汉松神韵清雅挺拔，自有一股雄浑苍劲的傲人气势，有长寿、守财、吉祥的寓意，是庭院和高档住宅的首选绿化树种。（见图 3–14）

图 3-14　罗汉松

二、观果类

（1）罗汉松 *Podocarpus macrophyllus* （Thunb.）Sweet（详见图 3-14 罗汉松）。

（2）红豆杉 *Taxus chinensis* （Pilger） Rehd.（详见图 3-4 红豆杉）。

三、观干类

（1）白皮松 *Pinus bungeana* Zucc. ex Endl.（详见图 3-9 白皮松）。

（2）龙柏 *Juniperus chinensis* 'Kaizuca'（详见图 3-7 龙柏）。

四、赏株形类

（1）池杉 *Taxodium distichum* var. *imbricatum* （Nutt.） Croom（详见图 3-1 池杉）。

（2）柳杉 *Cryptomeria fortune* Hooibrenk ex Otto et Dietr（详见图 3-2 柳杉）。

（3）水杉 *Metasequoia glyptostroboides* Hu & W.C. Cheng（详见图 3-3 水杉）。

（4）红豆杉 *Taxus chinensis* （Pilger） Rehd.（详见图 3-4 红豆杉）。

（5）杉木 *Cunninghamia lanceolata* （Lamb.）Hook.（详见图 3-5 杉木）。

（6）圆柏 *Juniperus chinensis* L.（详见图 3-6 圆柏）。

（7）龙柏 *Juniperus chinensis* 'Kaizuca'（详见图 3-7 龙柏）。

（8）侧柏 *Platycladus orientalis*（L.）Franco（详见图 3-8 侧柏）。
（9）白皮松 *Pinus bungeana* Zucc. ex Endl.（详见图 3-9 白皮松）。
（10）马尾松 *Pinus massoniana* Lamb.（详见图 3-10 马尾松）。
（11）黑松 *Pinus thunbergii* Parl.（详见图 3-11 黑松）。
（12）日本五针松 *Pinus parviflora* Sieb. et Zucc.（详见图 3-12 日本五针松）。
（13）雪松 *Cedrus deodara*（Roxb.）G. Don（详见图 3-13 雪松）。
（14）罗汉松 *Podocarpus macrophyllus*（Thunb.）Sweet（详见图 3-14 罗汉松）。

任务二
阔叶乔木认知及应用

【任务提出】阔叶类园林乔木有观花的，如玉兰、碧桃等；有观叶的，如红枫等；有观果的，如石榴等；也有观茎的。其地理分布、生态习性、形态特征及园林用途都有很大差异。本任务就是到本地游园、公园、广场等绿地中去认识这些园林植物，并了解其分布与习性、观赏特征与园林应用等。

【任务分析】阔叶类园林乔木多种多样，生长习性差异很大，其中表现明显的是落叶方式和树体大小高低的差异。所以，根据落叶方式不同，又可将其分为常绿树和落叶树。识别时，先明确其分类地位，然后是生态环境、习性的观察，叶、花、果实、种子的观察。应该注意的是，当遇到不认识的植物时，需要对其各器官典型特征进行详细观察，用形态术语准确描述并记录下来，然后利用工具书进行鉴定。而在识记某一种植物时，只需要记住其一、两个典型的特征就可以了。

【任务实施】教师准备当地常见的具有阔叶类园林乔木典型特征的植物图片及新鲜材料，首先引导学生认真观察分析，然后简要介绍阔叶类园林乔木的特点及主要特征，接着到实际绿地中结合具体的植物介绍观察的方法、步骤及内容，最后让学生分组到实际绿地中调查、识别。由于很多树木只能观察到茎、叶，不能观察到花或果实，因此任务的实施还需要结合多媒体课件进行。

一、观叶类

1. 荷花玉兰

别称：大花玉兰、广玉兰、洋玉兰
拉丁名：*Magnolia grandiflora* L.
科属：木兰科 木兰属
植物类型：常绿阔叶乔木
识别要点：树冠阔圆锥形，单叶，厚革质，叶背有铁锈色柔毛；花白色，直径达 20 ~ 25 cm。

生态习性：弱阳性树种，有一定的耐寒力，对烟尘及有毒气体抗性强，抗风性强；花期5—8月，果期10月。

园林用途：荷花玉兰为珍贵树种之一，可做园景树、行道树、庭荫树、观赏树，宜孤植、丛植或成排种植。

自然分布：长江流域及以南地区。

植物文化：荷花玉兰为常州、镇江、昆山等市的市树，荷花玉兰花大而香、树姿雄伟、寿命长，象征着生生不息、世代相传。花语为美丽、高洁、芬芳、纯洁。（见图3–15）

图3–15 荷花玉兰

2. 鹅掌楸

别称：马褂木、双飘树

拉丁名：*Liriodendron chinensis*（Hemsl.）Sarg.

科属：木兰科 鹅掌楸属

植物类型：落叶阔叶乔木

识别要点：树冠圆锥形，叶形如“马褂”，花杯状，淡黄色，形如郁金香，聚合果纺锤形。

生态习性：阳性树种，耐寒，喜酸性土壤，速生，对病虫害抗性极强，对污染和有毒气体抗性强；花期 5—6 月，果期 9—10 月。

园林用途：珍贵的园林树种以及园景树、行道树、庭荫树、工矿区绿化树种。

自然分布：长江流域及以南地区。

植物文化：鹅掌楸为古老的孑遗植物，属于国家二级保护植物，因其花形酷似郁金香，故被称为“中国的郁金香树”。花语为承诺、信用。（见图 3-16）

图 3-16　鹅掌楸

3. 樟

别称：樟树、木樟、香樟、乌樟

拉丁名：*Cinnamomum camphora* （L.） Presl

科属：樟科 樟属

植物类型：常绿阔叶乔木

识别要点：树冠广卵形，树皮幼时绿色，老时灰褐色，叶互生，叶缘波浪形翘起，枝叶有香气，球果熟时紫黑色。

生态习性：阳性树种，寿命长，主根发达，能抗风，抗有毒气体能力强，花期 5—6 月，果期 9—10 月。

园林用途：香樟是城市绿化的优良树种，广泛用作庭荫树、行道树、防护林及风景林，在草地中丛植、群植或作为背景树都很合适。因其吸毒和抗毒性能较强，故也可用作工矿区绿化树种。

自然分布：长江流域及以南地区。

植物文化：樟树有吉祥如意、长寿、辟邪的寓意，有的地方把樟树当作风水树。樟树有着“樟树娘娘”的美誉，这是一种传统的信仰，人们希望自己的儿女像樟树一样长寿。有的地方生女儿后会种植一株香樟，以便女儿出嫁时制作嫁妆用。香樟也被称为“幸福树”“和谐树”。（见图 3–17）

图 3–17 樟

4. 桂花

别称：木犀、木樨、岩桂

拉丁名：*Osmanthus fragrans* （Thunb.） Lour.

科属 ：木樨科 木樨属

植物类型：常绿灌木或小乔木

识别要点：树冠椭圆形，树皮粗糙，灰褐色，单叶对生，革质。花小，浓香，核果椭圆形，熟时紫黑色。

生态习性：半阳性树种，萌发力强，寿命长，对有毒气体抗性强，花期 9—10 月，果期翌年 4—5 月。

园林用途：珍贵园林绿化树种，可做园景树、庭荫树。桂花四季常青、枝繁叶茂，是我国的传统名花，在园林中应用普遍，有孤植、对植，也有成丛、成林栽植。桂花与牡丹、荷花、山茶等搭配，可使园林四时花开。因其对有害气体有一定的抗性，故也可用于工矿区绿化。

自然分布：淮河流域及以南地区。

植物文化：旧式庭院多采用两株对称栽植，古称“双桂当庭”或“双桂留芳”，也常把玉兰、海棠、牡丹、桂花四种传统名花同植庭前，以取玉、堂、富、贵之谐音，喻吉祥之意。（见图 3–18）

图 3–18 桂花

5. 枇杷

别称：卢橘、无忧扇、金丸

拉丁名：*Eribotrya japonica*（Thunb.）Lindl.

科属：蔷薇科 枇杷属

植物类型：常绿小乔木

识别要点：树冠圆形，单叶互生，长椭圆形，先端尖，表面多皱而有光泽，花期 10—12 月，花呈白色。果实近球形，橙黄色，翌年 5–6 月成熟。

生态习性：半阳性树种，抗二氧化硫及烟尘能力强，深根性，生长慢，寿命长。

园林用途：珍贵园林绿化树种，可做庭荫树、观景树、果树。枇杷树形宽大整齐，叶大荫浓，冬日白花盛开，初夏硕果累累，可孤植、对植或成丛、成林栽植。

自然分布：长江流域及以南地区。

植物文化：枇杷树一身宝，叶和花可入药，丰收季节满树黄金果，象征殷实富足，每一果实内含一至数颗坚核，又有子嗣昌盛的寓意。（见图 3–19）

图 3–19 枇杷

6. 女贞

别称：白蜡树、冬青、将军树

拉丁名：*Ligustrum lucidum* Ait.

科属：木樨科 女贞属

植物类型：常绿乔木

识别要点：树冠倒卵形，树皮灰色、平滑，叶革质，花期 6—7 月，圆锥花序顶生，花小，呈白色；果期 11—12 月，紫黑色浆果。

生态习性：半阳性树种，对有害气体抗性强，生长快，萌芽力强，耐修剪。

园林用途：珍贵观赏树种，可做行道树、绿篱、背景树、庭荫树等。女贞枝叶茂密、树形整齐，是常用观赏树种，可孤植或丛植于庭院。

自然分布：长江流域及以南地区。

植物文化：古典园林常借女贞凌寒不凋、四季常青的自然特征，抒发文人的自傲精神，古人也常以女贞比喻贞洁无瑕的女子。花语为生命。（见图 3–20）

图 3–20 女贞

7. 棕榈

别称：棕树、山棕

拉丁名：*Trachycarpus fortunei*（Hook.）H. Wendl.

科属：棕榈科 棕榈属

植物类型：常绿乔木

识别要点：树干圆柱形，直立，被暗棕色的叶鞘纤维包裹；叶簇生于干顶，扇形近圆形，深裂，花期 4—5 月，花小，呈黄色；果期 10—11 月。

生态习性：半阳性树种，对有毒气体有很强的吸收能力，浅根系，生长缓慢。

园林用途：优良绿化树种，常做点景树。棕榈挺拔秀丽，一派南国风光，是工厂绿化的优良树种，又可列植、丛植或成片栽植于庭院、路边及花坛之中。其树势挺拔、叶色葱茏，适于四季观赏。

自然分布：长江流域以南地区。

植物文化：棕榈几乎成为热带风光的标志。在欧洲，庭园爱好者都以拥有棕榈植物为荣，以它来作为财富与社会地位的象征。（见图 3–21）

图 3–21 棕榈

8. 复羽叶栾树

别称：复羽叶栾

拉丁名：*Koelreuteria bipinnata* Franch.

科属：无患子科 栾树属

植物类型：落叶乔木

识别要点：树冠近球形，树皮灰褐色；奇数羽状复叶，互生，花期 7—9 月，花小，呈金黄色；果期 9—10 月，蒴果三角状卵形，红褐色或橘红色。

生态习性：阳性树种，有较强的抗烟尘能力。

园林用途：优良的城市景观树、行道树、庭荫树等。栾树夏季黄花满树，非常耀眼，秋季蒴果挂满枝头，如盏盏灯笼，绚丽多彩。因其果实能用来制作佛珠，故寺庙多有栽种。

自然分布：产自云南、贵州、四川、湖北、湖南、广西、广东等省。生于海拔 400 ~ 2500 米的山地疏林中。

植物文化：安徽民间把栾树叫作“大夫树”，此说的原始出处为班固的《白虎通德论》，书中说从皇帝到普通老百姓的墓葬，按周礼共分为五等，其上可分别栽种不同的树以彰显身份。士大夫的坟头多栽栾树，因此此树又得“大夫树”的别名。栾树夏季满树金黄，有摇钱树之称；秋季满树橘红色蒴果，绚丽多彩，有灯笼树之称。复羽叶栾树也是如此。（见图 3–22）

图 3-22 复羽叶栾树

9. 银杏

别称：白果树、公孙树

拉丁名：*Ginkgo biloba* L.

科属：银杏科 银杏属

植物类型：落叶乔木

识别要点：树干端直，树皮浅灰褐色，叶扇形，在短枝上簇生，花期 4—5 月，果期 9—10 月，雌雄异株，成熟时黄色，表面被白粉。

生态习性：阳性树种，寿命极长，抗烟尘，抗火灾，抗有毒气体。

园林用途：著名的观秋叶树种，可做行道树、庭荫树、景观树、风景林、秋叶观赏树。

自然分布：我国特有种，全国各地均有栽培。

植物文化：银杏是现存种子植物中最古老的孑遗植物，和它同纲的所有其他植物皆已灭绝，号称活化石，是我国特有的名贵树种及世界著名的古生树种。银杏树又名白果树，生长较慢，寿命极长，自然条件下从栽种到结银杏果要二十多年，四十年后才能大量结果，因此别名“公孙树”，有“公种而孙得食”的含义，是树中的老寿星。银杏是成都、丹东、湖州、临沂等市的市树。（见图 3–23）

图 3–23 银杏

10. 五角枫

别称：色木槭

拉丁名：*Acer pictum* subsp. *mono*（Maxim.）H. Ohashi

科属：槭树科 槭属

植物类型：落叶乔木

识别要点：树皮灰褐色，单叶，掌状5裂，裂深达叶片中部，有时3裂或7裂，全缘。花期4—5月，果期9—10月。

生态习性：半阳性树种，深根性，对环境适应性强，移植易成活。

园林用途：庭荫树、行道树及风景林树种。五角枫的叶片秋季变亮黄色或红色，在堤岸、湖边、草地及建筑附近配植皆显雅致。

自然分布：东北、华北及长江流域。（见图3-24）

图3-24 五角枫

11. 三角枫

别称：三角槭

拉丁名：*Acer buergerianum* Miq .

科属：槭树科 槭属

植物类型：落叶乔木

识别要点：树皮灰黄色，叶片 3 浅裂，夹角小于 90°；花期 4 月，花呈黄绿色；果期 9 月，果实为翅果，两翅张开成锐角。

生态习性：半阳性树种，寿命长，抗二氧化硫能力强。

园林用途：三角枫入秋叶色变红，是良好的秋色叶树种，宜孤植、丛植，可用作庭荫树，也可用作行道树及护岸树，在湖岸、溪边、谷地、草坪配植，或点缀于亭廊、山石间等。三角枫易整形，也可做绿篱或盆景。

自然分布：华中、华东、西南地区。（见图 3–25）

图 3–25 三角枫

12. 鸡爪槭

别称：鸡爪枫、槭树

拉丁名：*Acer palmatum* Thunb.

科属：槭树科 槭属

植物类型：落叶小乔木

识别要点：树冠伞形，单叶对生，掌状，5 ~ 9 深裂，基部心形，花期 5 月，果期 10 月，翅果棕红色，两翅成钝角。

生态习性：弱阴性树种。

园林用途：名贵的观赏树种，可以营造“万绿丛中一点红”的景观，或植于山麓、池畔，以显其潇洒、婆娑的绰约风姿；或配以山石，则具古雅之趣。可植于花坛中，作为主景树，也可植于园门两侧、建筑物角隅，用来装点风景。

自然分布：华东、华中地区。（见图 3–26）

图 3–26　鸡爪槭

13. 红枫

别称：紫红鸡爪槭、红叶

拉丁名：*Acer palmatum* 'Atropurpureum'

科属：槭树科　槭属

植物类型：落叶小乔木

识别要点：叶掌状，5 ~ 7 深裂纹，春、秋季叶红色，夏季叶紫红色；花期 4—5 月，果期 10 月，翅果，翅长 2.3 cm，两翅间成钝角。

生态习性：半阳性树种，较耐寒，稍耐旱，不耐涝。

园林用途：名贵的观叶点景树种，广泛用于园林绿地及庭院，以孤植、散植、丛植为主，配上石头更有一番雅趣。

自然分布：长江流域。

植物文化：红枫老而尤红，象征不畏艰难困苦。（见图 3–27）

图 3–27 红枫

14. 羽毛枫

别称：细叶鸡爪槭、塔枫

拉丁名：*Acer palmatum* 'Dissectum'

科属：槭树科 槭属

植物类型：落叶小乔木或灌木

识别要点：树冠开展，枝略下垂，叶色由艳红色转淡紫色甚至泛暗绿色；叶片掌状深裂达基部，裂片狭羽毛状，有皱纹，入秋逐渐转红。

生态习性：半阳性树种，较耐寒，稍耐旱，不耐涝。

园林用途：名贵的观叶点景树种，庭院绿地、草坪、林缘、亭台假山、门厅入口、宅旁路隅以及池畔均可栽植，是园林造景中不可缺少的观赏树种。

自然分布：河南至长江流域。（见图3-28）

图3-28 羽毛枫

15. 黄栌

别称：红叶、黄溜子、黄栌材

拉丁名：*Cotinus coggygria* Scop.

科属：漆树科 黄栌属

植物类型：落叶小乔木或灌木

识别要点：树冠卵圆形，树皮深灰褐色，单叶互生，叶宽卵形，先端圆或微凹；花期4—5月，果期6—8月，核果小，呈扁肾形。

生态习性：半阳性树种，对有毒的气体有较强的抗性，秋季叶色变红。

园林用途：名贵的观赏红叶树种。

自然分布：华北、华东地区。

植物文化：黄栌开花后久留不落的不孕花的花梗呈粉红色羽毛状，在枝头形成似云似雾的景观，远远望去，宛如万缕罗纱缭绕树间，历来被文人墨客比作“叠翠烟罗寻旧梦”和“雾中之花”，故黄栌又有“烟树”之称，可夏赏“紫烟”，秋观红叶。（见图 3-29）

图 3-29 黄栌

16. 乌桕

别称：腊子树、木子树

拉丁名：*Triadica sebifera*（L.）Small

科属：大戟科 乌桕属

植物类型：落叶乔木

识别要点：树冠近球形，树皮暗灰色，单叶互生。花期5—7月，果期10—11月，蒴果熟时黑色，果皮3裂。

生态习性：阳性树种，对土壤要求不严，对有毒气体抗性强，抗风力强，耐水湿，寿命较长。

园林用途：护堤树、庭荫树、行道树、背景树。乌桕树冠整齐、叶形秀丽，与亭廊、花墙、山石等相配，甚为协调，可孤植、丛植于草坪和湖畔、池边，也适宜种植于丘陵山区或石山地区。

自然分布：黄河以南地区。

植物文化：乌桕以乌喜食而得名。深秋叶落籽出，露出串串“珍珠”，籽实初青，成熟时变黑，外壳自行炸裂剥落，露出葡萄大小的白色籽实。（见图 3-30）

图 3-30　乌桕

17. 重阳木

别称：朱树

拉丁名：*Bischofia polycarpa* Airy Shaw

科属：大戟科 秋枫属

植物类型：落叶乔木

识别要点：树冠伞形，树皮褐色，羽状三出复叶，花期4—5月，果期8—10月，果实熟时红褐色至棕黑色。

生态习性：阳性树种，根系发达，抗风力强，寿命长，对有毒气体有一定抗性。

园林用途：行道树、庭荫树、背景树等。重阳木树姿优美，秋叶转红，常用于堤岸、溪边、湖畔和草坪周围，作为点缀树种，可孤植、丛植或与常绿树种配植，也可用于工矿区、街道绿化。

自然分布：华中、华东、华南地区。（见图3-31）

图3-31 重阳木

18. 杜英

别称：野橄榄、胆八树、假杨梅

拉丁名：*Elaeocarpus decipiens* Hems.

科属：杜英科 杜英属

植物类型：常绿乔木

识别要点：单叶互生，叶倒卵状披针形，长 7 ~ 12 cm，叶缘有钝锯齿，绿叶中常存有鲜红的老叶。花期 6—8 月，果期 10—12 月。

生态习性：阳性树种，抗二氧化硫，根系发达，萌芽力强，耐修剪。

园林用途：庭荫树、行道树、背景树。杜英树冠圆整，枝叶茂密，老叶落前绯红，红绿相间，宜做基调树种和背景树，可丛植、列植成绿篱，对植于庭前、入口，群植于草坪边缘，均美观别致；也适合用作噪声隔离带和厂矿绿化。

自然分布：长江流域以南地区。

植物文化：每年秋冬至早春，杜英的一部分老叶在凋落之前变成红色，无花胜有花，颇有“红花绿叶春常在”之感。因杜英从不张扬，低头深藏美丽，文人雅士为其起了一个雅号，叫丹青树。杜英是岳阳市的市树。（见图 3–32）

图 3–32　杜英

19. 杜仲

别称：丝绵树、丝棉皮

拉丁名：*Eucommia ulmoides* Oliv.

科属：杜仲科　杜仲属

植物类型：落叶乔木

识别要点：树冠卵形，枝、叶、树皮、果实内均有白色胶丝。花期 3—4 月，常先叶开放，果期 9—10 月，翅果长椭圆形。

生态习性：阳性树种，对气候土壤适应能力强，深根性，萌芽力强。

园林用途：庭荫树、行道树。杜仲体内的胶丝可提炼优质硬性橡胶，树皮为名贵中药材，是我国重要的特用经济树种和国家二级保护植物。

自然分布：华东、华中、华南、西北、西南地区。

植物文化：存在于中国的杜仲是杜仲科杜仲属仅存的孑遗植物，本科仅 1 属 1 种，是名贵的滋补药材。（见图 3–33）

图 3-33 杜仲

20. 大叶榉树

别称：大叶榆、血榉、金丝榔

拉丁名：*Zelkova schneideriana* Hand.-Mazz.

科属：榆科 榉属

植物类型：落叶乔木

识别要点：树冠倒卵状伞形，单叶互生，叶椭圆状披针形。花期3—4月，花杂性同株，果期10—11月，坚果卵圆形。

生态习性：阳性树种，抗病虫害能力强，深根性，抗风力强，生长慢，寿命较长。

园林用途：优良的秋季观叶树，可做行道树、庭荫树以及“四旁”绿化、造林树种。

自然分布：淮河以南至华南、西南地区。

植物文化：大叶榉树是国家二级保护植物。因“榉”同“举”谐音，古人常将榉树栽植于房前屋后，取“中举”之意。此外，榉树适应性强，寿命长达千年，叶缘锯齿大小、形状一致，恰似一颗颗排列整齐的“寿桃”，因此还寓意着健康长寿。（见图3-34）

图 3-34　大叶榉树

21. 梧桐

别称：青桐、青皮梧桐

拉丁名：*Firmiana simplex*（L.）W. Wight

科属：梧桐科 梧桐属

植物类型：落叶乔木

识别要点：树冠卵圆形，树皮灰绿色，平滑。花期 6—7 月，花黄绿色，果期 9—10 月。

生态习性：阳性树种，生长快，寿命长，能活百年以上，对有毒气体抗性强。

园林用途：著名的观赏树种，优美的庭荫树和行道树。梧桐皮青如翠、叶缺如花，叶片秋季转为金黄色，可栽植于庭前、屋后、草地、池畔等处，极显幽雅清静；也可与棕榈、竹子、芭蕉等配植，点缀假山石园景，协调古雅，具有浓郁的民族风格。

自然分布：长江南北及黄河以南地区均有分布。

植物文化：中国古代传说凤凰非梧桐不栖，素有“凤栖梧桐”之说。由于古人常把梧桐和凤凰联系在一起，因此今人常说“栽下梧桐树，自有凤凰来”。以前的殷实之家常在院子里栽种梧桐，不但因为梧桐有气势，而且因为梧桐是祥瑞的象征。（见图 3-35）

22. 黑弹树

别称：黑弹朴

拉丁名：*Celtis bungeana* Bl.

科属：大麻科 朴属

植物类型：落叶乔木

识别要点：树冠倒广卵形至扁球形，树皮灰褐色，平滑。花期 4—5 月，果期 9—10 月，核果近球形，呈紫黑色。

生态习性：阳性树种，生长慢，寿命长，对病虫害、烟尘污染等抗性强。

园林用途：庭荫树、行道树、厂区绿化树种。

自然分布：华北至长江流域及四川、云南地区。（见图 3-36）

图 3-35　梧桐

图 3-36　黑弹树

23. 垂丝海棠

别称：海棠花

拉丁名：*Malus halliana* Koehne

科属：蔷薇科 苹果属

植物类型：落叶小乔木

识别要点：树冠疏散开展，花期 3—4 月，伞形花序 4 ~ 7 朵，簇生于小枝顶端，花玫红色，花梗细长下垂，果期 9—10 月。

生态习性：阳性树种，微酸或微碱性土壤均可成长。

园林用途：庭院树、点景树。垂丝海棠为著名庭院观赏树种，可在门庭两侧对植，或在亭台周围、丛林边缘、水滨布置；也可在观花树丛中作为主体树种，在草坪边缘、水边湖畔成片群植，或在公园游步道两侧列植或丛植。

自然分布：长江流域及以南地区。

植物文化：明代《群芳谱》记载，海棠有四品，分别是西府海棠、垂丝海棠、木瓜海棠和贴梗海棠。垂丝海棠柔蔓迎风，垂英袅袅，其姿色形态更胜桃、李、杏。垂丝海棠又名有肠花、思乡草，常用来表达游子思乡之情或离愁别绪。另外，王仁裕所写的《开元天宝遗事》中记述了唐玄宗曾将杨贵妃比作会说话的垂丝海棠，即美人善解人意，像一朵会说话的花，所以后来垂丝海棠常常被用来比喻美人。（见图 3-37）

图 3-37　垂丝海棠

续图 3-37

24. 紫叶李

别称：红叶李、樱桃李

拉丁名：*Prunus cerasifera* 'Atropurpurea'

科属：蔷薇科 李属

植物类型：落叶小乔木

识别要点：干皮紫灰色，小枝光滑，呈紫红色，叶片、花柄、花萼、雄蕊都呈紫红色。花期 4—9 月，花淡粉红色，果期 6—7 月，果实暗红色。

生态习性：阳性树种，喜肥沃、深厚、排水良好的黏质中性、酸性土壤，不耐碱，浅根性，萌蘖性强。

园林用途：著名观叶树种，可做点景树、庭荫树、背景树。叶常年紫红色，可以与常绿植物配植，能衬托背景，也可丛植、孤植于草坪角隅和建筑物前。

自然分布：华北及以南地区。

植物文化：有时为了烘托教育环境的特点，颂扬教师的兢兢业业、无私奉献的精神，会运用紫叶李等作为主要绿化树种，寓意“桃李满天下”。（见图 3-38）

25. 紫叶桃

别称：红叶碧桃、紫叶碧桃

拉丁名：*Prunus persica* 'Zi Ye Tao'

科属：蔷薇科 李属

植物类型：落叶小乔木

图 3-38　紫叶李

识别要点：株高3～5 m，树皮灰褐色，幼叶鲜红色。花期3—4月，先花后叶，花重瓣、桃红色，核果球形，果皮有短茸毛。

生态习性：阳性树种，耐旱怕涝，喜排水良好的土壤、富含腐殖质的沙壤土及壤土。

园林用途：园林中重要的观赏树种。紫叶桃生长速度快，花色鲜艳，具有极高的观赏价值，可栽植于山坡、水畔、石旁、墙际、庭院、草坪边。

自然分布：分布于我国西北、华北、华东、西南地区。（见图 3-39）

图 3-39　紫叶桃

26. 合欢

别称：绒花树、夜合花

拉丁名：*Albizia julibrissin* Durazz.

科属：豆科 合欢属

植物类型：落叶乔木

识别要点：树皮灰褐色，不裂；二回偶数羽状复叶，呈镰状，夜间成对相合；花期6—7月，花色粉红色，细长如绒缨；果期9—10月，荚果扁平带状。

生态习性：阳性树种，对有害气体有较强的抗性，不耐水涝，生长迅速。

园林用途：合欢叶形雅致，盛夏绒花满树，宜做庭荫树、行道树，或植于林缘、房前、草坪、山坡等地。

自然分布：黄河流域及以南地区。

植物文化：合欢是一种惹人喜欢的植物，昼开夜合，是我国的吉祥之花，自古以来人们就有在宅第园池旁栽种合欢树的习俗，寓意夫妻和睦、家人团结，与邻居友好相处。合欢是威海市市树。（见图3-40）

图3-40 合欢

27. 臭椿

别称：椿树、大果臭椿

拉丁名：*Ailanthus altissima* （Mill.） Swingle

科属：苦木科 臭椿属

植物类型：落叶乔木

识别要点：高达30 m，树冠开阔；树皮灰白色、平滑，奇数羽状复叶互生；花期4—5月，花黄绿色；

果期 9—10 月，翅果淡褐色、纺锤形。

生态习性：阳性树种，对二氧化硫、氯气、氟化氢、二氧化氮的抗性极强。

园林用途：臭椿树干通直高大，春季嫩叶呈紫红色，秋季红果满树，是良好的观赏树和行道树，可孤植、丛植或与其他树种混植，适宜用于工厂、矿区绿化。

自然分布：分布于我国华南、西南、东北南部地区。

植物文化：臭椿在印度、法国、德国、意大利、美国等国常做行道树用，颇受赞赏，被称为天堂树。（见图 3-41）

图 3-41 臭椿

28. 旱柳

别称：柳树

拉丁名：*Salix matsudana* Koidz.

科属：杨柳科 柳属

植物类型：落叶乔木

识别要点：高 20 m，树冠广圆形；花期 2—3 月，花单性，柔荑花序，花序与叶同时生长；果期 4—5 月，蒴果，果序长 2 cm。

生态习性：阳性树种，耐修剪，深根性，固土、抗风力强，生长快。

园林用途：旱柳枝条柔软、树冠丰满，是我国北方常用的庭荫树、行道树。常植于河湖岸边或孤植于草坪，对植于建筑两旁，亦用作防护林、沙荒造林及农村“四旁”绿化树种。其种子成熟后带絮飘扬，故在工厂、街道旁等处最好栽植雄株。旱柳也是早春蜜源树种之一。

自然分布：北方平原地区。

植物文化：柳树是最早吐绿报春的植物，其特有的风姿已成为我国传统文化中的一个亮点。古人赠柳寓意有二，一是柳树生长迅速，折柳送友意味着无论漂泊何方都能枝繁叶茂，而纤柔细软的柳丝象征着情意绵绵；二是“柳”与“留”谐音，折柳相赠有“挽留”之意。在清明时节，中国自古就有插柳辟邪的习俗。（见图 3–42）

图 3–42 旱柳

29. 垂柳

别称：垂杨柳、柳树

拉丁名：*Salix babylonica* L.

科属：杨柳科 柳属

植物类型：落叶乔木

识别要点：高 8 m，树冠开展，树皮灰黑色，小枝细长下垂，呈淡黄绿色；单叶互生，叶线状披针形，花期 3—4 月，果期 4—5 月，蒴果 2 裂。

生态习性：阳性树种，耐寒性不及旱柳，发芽早，落叶迟，吸收二氧化硫能力强。

园林用途：垂柳枝条细长，柔软下垂，随风飘舞时姿态优美，植于河岸及湖池边最为理想。可做行道树、园路树、庭荫树等，亦适用于工厂绿化，还是固堤护岸的重要树种。

自然分布：主要分布于浙江、湖南、江苏、安徽等地。

植物文化：垂柳婀娜多姿，文化底蕴颇为深厚，且适应力强，具有顽强的生命力。因“柳”与“留”谐音，柳树也就成为寄寓留恋、依恋的情感载体。（见图 3-43）

图 3-43　垂柳

30. 兰考泡桐

别称：皇后树、梧桐树

拉丁名：*Paulownia elongata* S. Y. Hu

科属：泡桐科 泡桐属

植物类型：落叶乔木

识别要点：树冠宽圆锥形，全体具星状绒毛；叶片通常为卵状心脏形，有时具不规则的角；花冠细瘦，管状漏斗形，果实椭圆形。

生态习性：强阳性树种，对二氧化硫、氯气、氟化氢等气体抗性较强，速生树种。

园林用途：兰考泡桐树冠宽大，叶大荫浓，花大而美，宜做行道树、庭荫树及“四旁”绿化树种，也是重要的速生用材树种。

自然分布：分布于河北、河南、山西、陕西、山东、湖北、安徽、江苏等地，多数为栽培，河南有野生。

植物文化：泡桐又叫皇后树、紫花树，泡桐花比较大朵，花色主要为淡紫色和白色两种，当泡桐花开满枝头时，远远望去就像白色的海洋中有一群美丽的少女穿着紫色的裙子在翩翩起舞，十分富有动感，惹人喜爱。泡桐花语是永恒的守候，期待你的爱。（见图 3-44）

图 3-44　兰考泡桐

31. 毛白杨

别称：杨树

拉丁名：*Populus tomentosa* Carr.

科属：杨柳科　杨属

植物类型：落叶乔木

识别要点：高达 40 m，单叶互生，叶卵形，先端渐尖；花期 3—4 月，柔荑花序，花先叶开放；果期 4—5 月，蒴果 2 裂，呈三角形。

生态习性：阳性树种，对土壤要求不严，深根性，寿命长，抗烟尘和污染能力强，是中国速生树种之一。

园林用途：适宜做行道树、庭荫树，可列植于广场、干道两侧，也是厂区绿化、“四旁”绿化、用材林的重要树种。作为优良的造林绿化树种，毛白杨广泛应用于防护林与行道、河渠绿化中，遗憾的是每年会上演 “五月飘雪”。

自然分布：黄河流域。

植物文化：毛白杨象征坚忍不拔、奋发向上。（见图 3-45）

图 3-45　毛白杨

32. 桑

别称：桑树

拉丁名：*Morus alba* L.

科属：桑科　桑属

植物类型：落叶乔木

识别要点：高达 15 m；叶卵形，单叶互生，叶缘具粗钝锯齿，有时有不规则分裂，叶面有光泽；花期

4 月，果期 5—6 月，聚花果圆柱形，成熟时紫红色或白色。

生态习性：阳性树种，对土壤要求不严；根系发达，抗风力强；生长快，萌芽性强，耐修剪。

园林用途：适宜做庭荫树，混植成风景林，也可用于城市工矿区及农村“四旁”绿化，是良好的绿化及经济树种。

自然分布：长江中下游及黄河流域较多。

植物文化：桑为木之精。苏颂在《本草图经》中介绍，在 4 月和 10 月分别采收桑叶，阴干捣末，煎水代茶，称“神仙服食方”。（见图 3–46）

图 3–46　桑

33. 榆树

别称：白榆、家榆

拉丁名：*Ulmus pumila* L.

科属：榆科 榆属

植物类型：落叶乔木

识别要点：高达 25 m，树冠圆球形；树皮粗糙纵裂，呈暗灰色；单叶互生，花期 3—4 月，叶前开花；

果期 4—5 月，果实近扁圆形。

生态习性：阳性树种，抗风，萌芽力强，耐修剪，生长迅速，寿命可达百年以上，对烟尘和有毒气体的抗性较强。

园林用途：可做行道树、庭荫树，用于城乡绿化，或作为防护林、水土保持林和盐碱地造林树种。

自然分布：主要分布于华北、淮北平原。

植物文化：榆木素有“榆木疙瘩”之称，言其不开窍、难解难伐之意。从古至今，榆木家具倍受欢迎，上至达官贵人、文人雅士，下至黎民百姓，都喜欢采用榆木制作家具。榆树的果实看上去像是一串串的铜钱，有财源滚滚之意。（见图 3–47）

图 3–47　榆树

34. 香椿

别称：椿芽

拉丁名：*Toona sinensis*（A. Juss.）Roem.

科属：楝科 香椿属

植物类型：落叶乔木

识别要点：高达 25 m，树冠球形；偶数（稀奇数）羽状复叶，花期 5—6 月，果期 10—11 月，蒴果椭圆形，红褐色，种子上端具翅。

生态习性：阳性树种，对有害气体抗性强，适宜生长于河边、宅院周围的肥沃、湿润的沙壤土中。

园林用途：香椿树干通直，树冠开阔，枝叶浓密，嫩叶红艳，常用作庭荫树、行道树、“四旁”绿化树。

自然分布：黄河及长江流域。

植物文化：中国人食用香椿由来已久，香椿在汉代就遍布大江南北。古代农市上把香椿称椿，把臭椿称樗。香椿一般在清明前发芽，谷雨前后就可采摘顶芽。谷雨食椿，又名“吃春”，寓意迎接新春到来。（见图 3–48）

图 3–48 香椿

35. 苏铁

别称：避火蕉、凤尾草、凤尾松、凤尾蕉、辟火蕉、铁树、美叶苏铁

拉丁名：*Cycas revoluta*

科属：苏铁科 苏铁属

植物类型：常绿乔木

识别要点：茎干圆柱状，叶一回羽裂，羽片条形，厚革质，坚硬。雄球花呈长圆柱形，小孢子叶木质，密被黄褐色茸毛；雌球花扁球形，大孢子叶宽卵形，有羽状裂，密被黄褐色棉毛。种子红色、卵形。

生态习性：喜温暖湿润的环境，不耐寒冷，较耐旱，不耐渍水。

园林用途：树形优美，可孤植、列植、丛植或群植，具有热带风光景观效果，也可做盆栽，用于室内装饰。

自然分布：我国福建、台湾、广东各地常有栽培，日本南部、印度尼西亚及菲律宾亦有分布。

植物文化：苏铁的花语是坚贞不屈、坚定不移、长寿富贵、吉祥如意。（见图 3–49）

图 3-49　苏铁

二、观果类

1. 枫杨

别称：枰柳、燕子树、蜈蚣柳

拉丁名：*Pterocarya stenoptera* C. DC.

科属：胡桃科 枫杨属

植物类型：落叶乔木

识别要点：树冠广卵形，奇数羽状复叶，花期 4—5 月，果期 8—9 月，果具椭圆状披针形果翅 2 个，果序下垂。

生态习性：阳性树种，对有毒气体抗性强，深根性，萌芽力强。

园林用途：优良绿化树种，可做行道树、景观树、庭荫树、背景树等。枫杨树冠宽广，枝繁叶茂，为河床两岸或低洼湿地的良好绿化树种，也可成片种植或孤植于草坪及坡地，均可形成一定景观。

自然分布：华北、华中、华南和西南地区。

植物文化：枫杨的果实像一串串元宝，寓意财源茂盛、家财万贯。（见图 3-50）

图 3-50 枫杨

2. 杜梨

别称：棠梨、土梨

拉丁名：*Pyrus betulifolia* Bunge

科属：蔷薇科 梨属

植物类型：落叶乔木

识别要点：树冠卵圆形，枝具刺，叶菱状卵形，幼叶上下两面均密被灰白色茸毛，花期 4 月，花瓣白色，果期 8—9 月。

生态习性：阳性树种，耐瘠薄，在中性土及盐碱土中均能正常生长。

园林用途：防护林、水土保持林、点景树、背景树。杜梨不仅生性强健，对水肥要求也不严，加之树形优美、花色洁白，在北方盐碱地区应用较广，可做防护林、水土保持林，也可用于街道、庭院及公园的绿化等。

自然分布：华北、西北、长江中下游及东北南部地区。

植物文化：杜梨的枝刺是从枝条上抽生的变态小枝，着生牢固，不易脱落，刺伤性很强，足以刺透兽皮。过去由于生产技术低下，门的制作成本高，普通人家用不起，人们就用常见而实用的杜梨枝干堵在院门口，防止外人窜入。因此杜梨指可以用来堵塞门洞的树木。古书中用“杜”字表示“关闭、堵塞”的意思，原因就在这里。（见图 3-51）

图 3–51　杜梨

3. 李

别称：嘉庆子、玉皇李、山李子

拉丁名：*Prunus salicina* Lindl.

科属：蔷薇科 梅属

植物类型：落叶乔木

识别要点：树冠广圆形，树皮灰褐色；叶片长圆形或倒卵形，花期4月，花瓣白色，通常3朵并生，果期7—8月，核果球形，外被蜡粉。

生态习性：阳性树种，不论何种土质都可以栽种，但极不耐积水。

园林用途：李为重要温带果树之一，我国及世界各地均有栽培。园林苗圃中常做嫁接繁殖、扦插繁殖、分株繁殖的砧木。

自然分布：北至辽宁、南至广东。

植物文化：古语中有“桃养人，杏伤人，李子树下埋死人”之说，意思是李不可多食，否则损伤脾胃。（见图3-52）

4. 木瓜

别称：木李、海棠

拉丁名：*Chaenomeles sinensis*（Thouin）Koehne

科属：蔷薇科 木瓜海棠属

植物类型：落叶小乔木

识别要点：树皮灰色，片状剥落，花期4月，花红色或白色，果期9—10月，梨果如瓜，长椭圆形，木质，成熟时金黄芳香。

生态习性：阳性树种，可适应任何土壤。

园林用途：良好的庭荫树、点景树。木瓜树皮斑驳可爱，花色烂漫，树形好，病虫害少，是庭园绿化的良好树种，可丛植于庭园墙隅、林缘等处，春可赏花，秋可观果。目前木瓜树成为许多高品位的别墅区与私家花园的首选景观树种。

自然分布：华东、华中地区。

植物文化：在我国古代，木瓜树是庭院避邪之树，又称“降龙木”。（见图3-53）

5. 梨

别称：梨树、沙梨

拉丁名：*Pyrus pyrifolia*（Burm. F.）Nakai

科属：蔷薇科 梨属

植物类型：落叶小乔木

识别要点：幼树树皮光滑，老树树皮变粗纵裂或剥落，花期3月，伞房花序，两性花，果实的颜色、形状因品种而异。

生态习性：阳性树种，以土层深厚、土质疏松、透水和保水性能好、地下水位低的砂质壤土最为适宜。

园林用途：梨的果实味美汁多，有“百果之宗”的美誉，常结合生产在园林中种植为水果园。

自然分布：长江流域以南地区及淮河流域一带。

植物文化：“梨”与“离”谐音，因此民间有不分梨（离）的说法，另外有人不愿意在庭院中栽植梨树，认为其具有不吉祥之意。（见图3-54）

图 3-52　李

图 3-53　木瓜

图 3–54　梨

6. 苹果

别称：西洋苹果

拉丁名：*Malus pumila* Mill.

科属：蔷薇科　苹果属

植物类型：落叶小乔木

识别要点：树干呈灰褐色，树皮有一定程度的脱落，花期 4—5 月，花含苞未放时带粉红色，后白色，果期 7—10 月。

生态习性：阳性树种，以土层深厚、土质疏松、透水和保水性能好、地下水位低的砂质壤土最为适宜。

园林用途：园林中可以营造百果园。

自然分布：我国华北、华中、华南地区均有栽培。

植物文化：苹果的“苹”与平安的“平”谐音，所以寓意着平安、吉祥。（见图 3–55）

图 3–55　苹果

7. 山楂

别称：山里红

拉丁名：*Crataegus pinnatifida* Bge.

科属：蔷薇科 山楂属

植物类型：落叶小乔木

识别要点：枝密生，有细刺；单叶互生，托叶大而有齿；花期 5—6 月，花白色；果期 9—10 月，梨果球形、红色，有白色皮孔。

生态习性：半阳性树种，在湿润肥沃的砂质壤土中生长最好，根系发达，萌芽力强。

园林用途：山楂树冠整齐，花繁叶茂，果实鲜红可爱，是观花、观果和园林结合生产的良好绿化树种，可做庭荫树和园路树。

自然分布：分布于我国东北、华北、西北地区及长江中下游各地。

植物文化：过去欧洲人认为山楂花可以阻挡恶魔和邪恶的魔术，因此山楂往往被种在院子和田野的边上作为屏障。（见图 3–56）

图 3–56 山楂

8. 柿

别称：朱果、猴枣、柿子、柿树

拉丁名：*Diospyros kaki* Thunb.

科属：柿科 柿属

植物类型：落叶乔木

识别要点：树冠球形或圆锥形，树皮灰黑色；花期5—6月，花钟状、黄白色；果期9—10月，果实扁球形，熟时橙黄色。

生态习性：阳性树种，对有毒气体抗性较强，根系发达，300年的古树还能结果。

园林用途：柿树寿命长，可达300年以上，是园林中观叶、观果且能结合生产的重要树种。可用于厂矿绿化，也是优良的风景树。

自然分布：自长城以南至长江流域以北地区均有栽培。

植物文化：某些地方有过年吃柿子的习俗，意指“事事如意”。（见图3–57）

图3–57 柿

9. 杏

别称：杏花、杏树、北梅

拉丁名：*Prunus armeniaca* L.

科属：蔷薇科 李属

植物类型：落叶乔木

识别要点：高达 10 m，树皮黑褐色；单叶互生，叶柄红色；花期 3—4 月，花先叶开放，白色至淡粉红色；果期 6 月，果球形、杏黄色。

生态习性：阳性树种，喜土层深厚、排水良好的沙壤土或砾壤土。

园林用途：园林中重要的观赏树种。杏树早春开花，先花后叶，是我国北方主要的早春花木。可与苍松、翠柏配植于池旁湖畔或植于山石崖边、庭院堂前，极具观赏性，也可群植或片植于山坡，作为荒山造林树种。

自然分布：秦岭至淮河以北及东北各省。

植物文化：杏树原产于中国新疆，是中国最古老的栽培果树之一。（见图 3–58）

图 3–58 杏

10. 石榴

别称：安石榴

拉丁名：*Punica granatum* L.

科属：石榴科 石榴属

植物类型：落叶小乔木或灌木

识别要点：高 5 ~ 7 m，单叶，花期 5—6 月，1 ~ 5 朵聚生，花萼钟形，花橘红色，质厚，果期

9—10月。

生态习性：阳性树种，耐瘠薄，不耐涝和荫蔽，以排水良好的夹沙土栽培为宜。

园林用途：四季观赏树种。石榴树姿优美，初春嫩叶抽绿，盛夏繁花似锦，色彩鲜艳，秋季硕果累累，四季皆可观赏。可孤植或丛植于庭园、亭台，对植于门庭出口，列植于小溪、坡地、建筑物旁，也宜作为矿区绿化和各种桩景的材料。

自然分布：中国南北均有栽培，江苏、河南等地种植面积较大。

植物文化：国人视石榴为吉祥物，认为它是多子多福的象征。古人称石榴“千房同膜，千子如一”，借石榴多籽，来祝愿子孙兴旺、家族昌盛。石榴树是富贵、吉祥、繁荣的象征，是庭院种植的重要吉祥树种。石榴花的花语是成熟的美丽。（见图 3-59）

图 3-59　石榴

11. 二球悬铃木

别称：梧桐、英国梧桐

拉丁名：*Platanus acerifolia*（Ait.）Willd.

科属：悬铃木科 悬铃木属

植物类型：落叶乔木

识别要点：高达 35 m，树皮灰绿色，呈片状剥落；花期 4—5 月，果期 9—10 月，聚花果 2 个 1 串悬于总梗上。

生态习性：阳性树种，抗污染能力强，滞尘力强，耐修剪，根系浅，抗风差。

园林用途：悬铃木树形雄伟端正，叶大荫浓，树冠广阔，干皮光洁，生长迅速，对城市环境的适应能力极强，是世界著名的庭荫树和行道树，有“行道树之王”的美称。

自然分布：我国从南至北均有栽培。

植物文化：一球悬铃木为美国梧桐，二球悬铃木为英国梧桐，三球悬铃木才是法国梧桐。梧桐（*Firmiana simplex*）和法国梧桐是两种完全不同的植物，梧桐也叫凤凰树，取“家有梧桐树，引来金凤凰”之意，寄托着人们的美好愿望。（见图 3-60）

图 3-60 二球悬铃木

12. 卫矛

别称：鬼箭羽、四面锋

拉丁名：*Euonymus alatus*（Thunb.）Sieb.

科属：卫矛科　卫矛属

植物类型：落叶小乔木或灌木

识别要点：高 1 ~ 5 m，小枝常具 2 ~ 4 列宽阔木栓翅；叶卵状椭圆形，花期 5—6 月，果期 7—10 月，蒴果 1 ~ 4 深裂，具橙红色假种皮。

生态习性：半阳性树种，对气候和土壤适应性强，能耐干旱、瘠薄和寒冷，萌芽力强，耐修剪，对二氧化硫有较强的抗性。

园林用途：著名的观赏树种。卫矛枝翅奇特，秋叶红艳耀目，果裂亦红，甚为美观，堪称观赏佳木。

自然分布：全国各地均有分布。（见图 3-61）

图 3-61　卫矛

13. 构树

别称：构桃树、土桃树

拉丁名：*Broussonetia papyrifera*（L.）L′Her. ex Vent.

科属：桑科　构属

植物类型：落叶乔木

识别要点：高达 16 m，单叶对生或轮生，树龄大的叶子为卵心形，树龄小的叶子为 3 ~ 5 裂，花期 5 月，果期 8—9 月，果实球形，熟时橙红色。

生态习性：阳性树种，对烟尘及二氧化硫等多种有毒气体抗性很强。

园林用途：构树外貌较粗犷，枝叶茂密且有抗性，生长快，繁殖容易，是城乡绿化的重要树种，尤其适合用于矿区及荒山坡地绿化，也可做庭荫树及防护林。

自然分布：分布于我国华北、华东、华中、华南、西南地区。（见图 3-62）

图 3-62　构树

14. 楝

别称：楝树、苦楝

拉丁名：*Melia azedarach* L.

科属：楝科 楝属

植物类型：落叶乔木

识别要点：高达 20 m，2 ~ 3 回奇数羽状复叶，互生；花期 4—5 月，花小，呈紫色；果期 10—11 月，果实球形，熟时黄色，宿存枝头。

生态习性：阳性树种，侧根发达，萌芽力强，生长快，寿命短。

园林用途：优良的庭荫树、行道树，也是工厂、城市、矿区绿化树种。

自然分布：分布于山西、河南、河北南部、山东、陕西以及长江流域以南各地。

植物文化：因为“苦楝”与“苦苓”谐音，又与闽南话的“可怜”同音，所以人们认为它是不祥的植物，

是衰败的象征，加之苦楝全身味辛苦涩，人们唯恐沾染上了苦气，都尽量避开，因此过去的庭院里很少种植苦楝。（见图 3-63）

图 3-63　楝

15. 无患子

别称：洗手果、油罗树、目浪树、黄目树、苦患树、油患子、木患子

拉丁名：*Sapindus saponaria*

科属：无患子科 无患子属

植物类型：落叶乔木

识别要点：树皮灰白色，枝开展，小枝无毛，2 芽叠生；叶互生或近对生，卵状披针形或卵状长椭圆形；圆锥花序，花黄白色或淡紫色；核果，熟时黄色或橙黄色，有光泽；种子球形、坚硬。

生态习性：喜光，稍耐阴，喜温暖湿润气候，耐寒性不强，对土壤要求不严，在酸性、中性、微碱性及钙质土上均能生长，以土层深厚、肥沃而排水良好的生长环境最好。为低山、丘陵及石灰岩山地常见树种，深根性，抗风力强，萌芽力弱，不耐修剪。生长尚快，寿命长，对二氧化硫抗性较强。

园林用途：无患子树形高大，树冠广展，绿茵浓密，秋叶金黄，颇为美观，宜做庭荫树及行道树，可孤植或丛植在草坪、路旁及建筑物附近。若与其他秋色叶树种及常绿树种配植，更可为园林秋景增色。

自然分布：产于长江流域及其以南地区。越南、老挝、印度、日本也有分布。

植物文化：根和果可入药，味苦微甘，有小毒，具有清热解毒、化痰止咳的功效。果皮含有皂素，可代肥皂，尤宜于丝质品的洗濯。木材质软，边材黄白色，心材黄褐色，可做箱板和木梳等。（见图 3–64）

图 3–64　无患子

16. 榔榆

别称：小叶榆

拉丁名：*Ulmus parvifolia* Jacq.

科属：榆科 榆属

植物类型：落叶乔木

识别要点：树冠扁球形至卵圆形，树皮呈不规则薄片脱落；叶较小而质厚，长椭圆形至卵状椭圆形，先端渐尖或稍钝，基部圆形或楔形，稍偏斜；翅果椭圆形至卵状椭圆形，果核位于翅果中部，无毛。

生态习性：喜光，稍耐阴；喜温暖湿润气候，短期内能耐 −20℃的低温；喜肥沃、湿润土壤，有一定的耐干旱和耐瘠薄能力。

园林用途：可选作造林树种。

自然分布：产于我国长江流域及以南地区，北至山东、河南、山西、陕西等省。日本、朝鲜也有分布。

植物文化：边材淡褐色或黄色，心材灰褐色或黄褐色，材质坚韧，纹理直，耐水湿，可供家具、车辆、造船、器具、农具、油榨、船橹等用材。树皮纤维纯细，杂质少，可做蜡纸及人造棉原料，或织麻袋、编绳索，也可供药用。（见图 3–65）

图 3–65 榔榆

除以上植物之外，观果类阔叶乔木还有枇杷 *Eribotrya japonica* (Thunb.) Lindl.、复羽叶栾树 *Koelreuteria bipinnata* Franch.、乌桕 *Triadica sebifera* (L.) Small、杜仲 *Eucommia ulmoides* Oliv.、垂丝海棠 *Malus halliana* Koehne、紫叶李 *Prunus cerasifera* 'Atropurpurea'、桑 *Morus alba* L. 等，详情同前。

三、观干类

1. 紫薇

别称：百日红、痒痒树

拉丁名：*Lagerstroemia indica* L.

科属：千屈菜科 紫薇属

植物类型：落叶小乔木或灌木

识别要点：高可达 7 m，枝干多扭曲，老树皮呈长薄片状剥落，脱落后内皮平滑；花期 6—9 月，花瓣皱缩，边缘有不规则缺刻，果期 9—11 月，蒴果近球形，裂为 6 瓣。

生态习性：半阳性树种，萌芽力强，生长较慢，寿命长，吸收有害气体及烟尘的能力较强。

园林用途：紫薇适宜种植于建筑物前、庭园中、池畔、河边、草坪旁及公园小径两旁，也是树桩盆景的好材料，还可利用小枝制作成造型树。

自然分布：分布于我国华东、中南及西南地区。

植物文化：紫薇花在中国被视为吉祥、尊贵之花。有谚语云：“门前种棵紫薇花，家中富贵又荣华。”紫薇树无皮，象征着朴素实在、乐观豁达。紫薇花期长，花开不败，象征和平、幸福美满的生活长长久久，以及朋友之间情深义重。（见图 3-66）

图 3-66 紫薇

2. 龙爪槐

别称：垂槐、盘槐

拉丁名：*Styphnolobium japonicum* 'Pendula'

科属：豆科 槐属

植物类型：落叶乔木

识别要点：高达 25 m，小枝柔软下垂，树冠如伞，枝条构成盘状，上部盘曲如龙，叶为羽状复叶，互生，花果期 6—11 月。

生态习性：半阳性树种，深根性，抗风，萌芽力强，寿命长，对二氧化硫、氟化氢、氯气、烟尘等有一定抗性。

园林用途：观赏价值高，多对称栽植于庙宇、教堂、庭园中，是优良的园林树种。

自然分布：我国南北各地广泛栽培。

植物文化：龙爪槐的叶子倒挂下来就像一只只龙爪，仿佛在跟草坪讲悄悄话。（见图 3-67）

图 3–67 龙爪槐

除以上植物之外，观干类阔叶乔木还有棕榈 *Trachycarpus fortunei*（Hook.） H. Wendl.、三角枫 *Acer buergerianum* Miq.、乌桕 *Triadica sebifera* (L.) Small、重阳木 *Bischofia polycarpa* Airy Shaw、大叶榉树 *Zelkova schneideriana* Hand.–Mazz.、梧桐 *Firmiana simplex* (L.) W. Wight、木瓜 *Chaenomeles sinensis* (Thouin) Koehne、卫矛 *Euonymus alatus* (Thunb.) Sieb. 等，详情同前。

四、观花类

1. 玉兰

别称：白玉兰、望春花、玉兰花

拉丁名：*Yulania denudata*（Desr.） D. L. Fu

科属：木兰科 玉兰属

植物类型：落叶阔叶乔木

识别要点：玉兰冬芽大，密生灰绿绒毛，单叶互生，叶纸质，花白色，早春于叶前开放，果为聚合蓇葖果，种皮鲜红色。

生态习性：阳性树种，喜光，生长慢，对污染和有毒气体抗性强；花期 2—3 月；果期 9—10 月。

园林用途：珍贵园林树种，可做园景树、行道树、庭荫树。白玉兰，树形优美，花先叶开放，花大洁白，适宜在庭院路边、草坪一角、亭台前后、漏窗内外、洞门两旁等处种植，种植形式有孤植、对植、丛植或群植等。

自然分布：长江流域及以南地区。

植物文化：玉兰花洁白如玉、晶莹皎洁，是上海市、东莞市、潮州市的市花，象征着一种开路先锋、奋发向上的精神。白玉兰是我国珍贵花木，具有深厚的文化底蕴，古典园林中常将其植于庭前院后，与西府海棠、迎春、牡丹、桂花进行搭配，具有“玉堂春富贵”的吉祥寓意，深受人们的喜爱！（见图 3-68）

图 3-68 玉兰

2. 二乔玉兰

别称：朱砂玉兰、紫砂玉兰

拉丁名：*Yulania ×soulangeana* D. L. Fu

科属：木兰科 玉兰属

植物类型：落叶阔叶乔木

识别要点：单叶互生，叶卵状长椭圆形，花大，呈钟状，内面白色，外面淡紫色，花先叶开放。

生态习性：阳性树种，生长慢，对污染和有毒气体抗性强；花期 4 月，果期 9—10 月。

园林用途：珍贵园林树种，可做园景树、行道树、庭荫树。二乔玉兰观赏价值很高，广泛用于公园、绿地和庭园等区域，种植形式有孤植、对植、丛植等，是园林绿化中非常重要的花木树种。

自然分布：长江流域及以南地区。

植物文化：二乔玉兰花大而艳，花开时一树锦绣、馨香满园，花朵紫中带白，白中又透出些许紫红，显得格外娇艳，因三国时期的大乔、小乔皆有倾国之色，故世人用“二乔”形容此花的娇艳出众。（见图 3-69）

图 3-69 二乔玉兰

3. 紫玉兰

别称：辛夷、木笔、望春、女郎花

拉丁名：*Yulania liliflora* （Desrousseaux） D. L. Fu

科属：木兰科 玉兰属

植物类型：落叶阔叶小乔木

识别要点：单叶互生，顶芽卵形，被淡黄色绢毛，花大，呈钟状，内面白色，外面紫色，花叶同放。

生态习性：阳性树种，不耐积水、干旱、盐碱，对污染和有毒气体抗性强；花期 3—4 月，果期 9—10 月。

园林用途：珍贵园林树种，可做园景树、行道树、庭荫树。紫玉兰树形婀娜、枝繁花茂，孤植或丛植都很美观，是优良的庭园、街道绿化植物，特别适合栽植于古典园林中的厅前院后，也可孤植或散植于小庭院内。

自然分布：长江流域以南地区。

植物文化：紫玉兰又称辛夷，古人把它作为珍贵的装饰品和男女之间的信物，且民间认为紫玉兰花开有紫气东来的吉祥寓意，象征富贵祥和。又因紫玉兰的花蕾形状像是立着的毛笔头，所以也叫木笔。紫玉兰的花语是芳香情思、俊郎仪态。（见图 3-70）

图 3–70　紫玉兰

4. 东京樱花

别称：樱花、日本樱花、吉野樱

拉丁名：*Cerasus yedoensis*（Matsum.）Yu et Li

科属：蔷薇科 李属

植物类型：落叶乔木

识别要点：高 4 ～ 16 m；树皮灰色；叶片椭圆卵形或倒卵形，先端渐尖或骤尾尖，基部圆形，稀楔形，边有尖锐重锯齿，齿端渐尖，有小腺体，上面深绿色，无毛，下面淡绿色，沿脉被稀疏柔毛，托叶披针形，有羽裂腺齿，被柔毛，早落；花序伞形总状，总梗极短，花柱基部有疏柔毛；核果近球形，直径 0.7 ~ 1 cm，黑色，核表面略具棱纹。

生态习性：性喜光，较耐寒。

园林用途：花色美丽，花期短，是春季观花的树种，适宜种植在山坡、庭院、建筑物前及园路旁。东京樱花花期早，花先叶开放，着花繁密，花色粉红，远观似一片云霞，绚丽多彩。可孤植或群植于庭院、公园、草坪、湖边或居住小区等处，也可以列植或和其他花灌木合理配置于道路两旁，或片植成专类园。

自然分布：原产于日本，我国各地多有栽培，主要分布在华北及长江流域。

植物文化：该种在日本栽培广泛，也是中国引种最多的种类。老舍先生曾执笔赞誉："小院春风木下家，长街短巷插樱花。十杯清酒千般意，笔墨相期流锦霞。"（见图 3–71）

图 3–71　东京樱花

5. 桃

别称：桃子

拉丁名：*Prunus persica* L.

科属：蔷薇科 李属

植物类型：落叶小乔木

识别要点：高 3 ～ 8 m；单叶互生，叶长椭圆状披针形，花期 3—4 月，花先叶开放，粉红色；果期 8—9 月，核果卵球形，表面密生绒毛。

生态习性：阳性树种，喜肥沃而排水良好的土壤，不耐水湿，碱性土及黏重土均不适宜。

园林用途：园林中重要的春季花木。桃花烂漫芳菲，妩媚可爱。桃品种繁多，着花繁密，栽培简易。可孤植、列植、丛植于山坡、池畔、草坪、林缘等处，最宜与柳树配植于池边、湖畔，形成“桃红柳绿”的动人春色。

自然分布：华东、华中地区。

植物文化：在中国传统文化中，桃是一个多义的象征体系，桃蕴含着图腾崇拜、生殖崇拜的原始信仰，具有丰富多彩的象征意义。桃花象征着春天、爱情、美颜与理想世界；桃枝常用于驱邪求吉，这源自民间巫术信仰中的万物有灵观念；桃果融入中国的仙话中，隐含着长寿、健康、生育的寓意。桃树的花叶、枝干、果实都烛照着民俗文化的光芒。（见图 3–72）

图 3–72 桃

6. 碧桃

别称：千叶桃花

拉丁名：*Prunus persica* 'Duplex'

科属：蔷薇科 李属

植物类型：落叶乔木

识别要点：高 3 ~ 8 m，树皮暗红褐色；叶片长圆披针形，绿色；花期 3—4 月，花单生，重瓣花和半重瓣花，先叶开放，有红色、白色、绿色、红白相间等。

生态习性：阳性树种，能在 –25 ℃的自然环境下安然越冬。

园林用途：园林中重要的观赏树种。碧桃有很高的观赏价值，花大色艳，观赏期 15 天左右，可列植、片植、孤植于湖滨、溪流、道路两侧和公园、庭院等处。

自然分布：分布在西北、华北、华东、西南地区。

植物文化：碧桃花瓣重重叠叠，色泽清新美丽，有浪漫之意，也象征着高雅素洁。（见图 3–73）

图 3–73　碧桃

7. 日本晚樱

别称：重瓣樱花

拉丁名：*Prunus serrulate* var. *lannesiana*（Carr.）Makino

科属：蔷薇科 李属

植物类型：落叶乔木

识别要点：树皮呈灰色，有唇形皮孔；花期4—5月，花白色或粉红色，单瓣或重瓣，3～5朵排成伞房花序，常下垂。

生态习性：阳性树种，对有害气体抗性差，浅根性，喜深厚肥沃而排水良好的土壤。

园林用途：园林中重要的春季观花树种，可做庭院观赏树、风景林。

自然分布：分布于华北至长江流域。

植物文化：花语是转瞬即逝的爱。（见图3–74）

图3–74 日本晚樱

8. 榆叶梅

别称：榆梅、小桃红

拉丁名：*Prunus triloba*（Lindl.）Ricker

科属：蔷薇科 桃属

植物类型：落叶乔木或灌木

识别要点：枝紫褐色，叶宽椭圆形；花期4月，花先叶开放，紫红色，1～2朵生于叶腋；核果红色，近球形，有毛。

生态习性：半阳性树种，能在 -35 ℃的环境下越冬。以中性至微碱性的肥沃土壤为佳。

园林用途：良好的观赏树种。榆叶梅枝叶茂密，花繁色艳，宜植于公园草地、路边，或庭院墙角、池畔等。若将榆叶梅植于常绿树前，或配植于山石处，则能产生良好的观赏效果；或与连翘搭配种植，盛开时红黄相映，更显春意盎然。

自然分布：现各地均有分布。

植物文化：因其叶似榆，花如梅，故名榆叶梅。又因其变种枝短花密，满枝缀花，故又名鸾枝。榆叶梅枝能反映春光明媚、花团锦簇的欣欣向荣景象。（见图3-75）

图3-75 榆叶梅

9. 紫丁香

别称：白丁香、毛紫丁香

拉丁名：*Syringa oblata* Lindl.

科属：木樨科 丁香属

植物类型：落叶灌木或小乔木

识别要点：高4～5 m；叶片纸质，单叶互生，叶卵圆形，有微柔毛，先端锐尖；花期4—5月，圆锥花序，花白色或紫色，有单瓣、重瓣之别。

生态习性：半阳性树种，喜排水良好的深厚肥沃土壤。

园林用途：紫丁香的花密而洁白、素雅而清香，常植于庭园观赏，也可植于草地、林缘、道路分车带等。

自然分布：长江以北地区均有栽培。

植物文化：丁香花之名缘于筒细长如钉且有香气，紫丁香高贵的香味使它拥有天国之花的称号。丁香花也是纯真、高洁、冷艳、哀婉的象征，其花语是忧愁、思念。丁香是哈尔滨市、西宁市市花。（见图3-76）

图 3–76　紫丁香

10. 刺槐

别称：洋槐

拉丁名：*Robinia pseudoacacia* L.

科属：豆科 刺槐属

植物类型：落叶乔木

识别要点：高达 10 ~ 25 m，树皮灰褐色，具托叶刺；奇数羽状复叶，叶椭圆形，先端钝或微凹；花期 4—5 月，花冠蝶形，花白色，具芳香，果期 9—10 月，荚果扁平。

生态习性：阳性树种，对二氧化硫、氯气、光化学烟雾等的抗性强，吸收铅蒸气的能力强。

园林用途：可作为行道树、庭荫树。

自然分布：主要分布于黄河流域、淮河流域。

植物文化：刺槐花不大，也不是很香，但刺槐花很质朴、平淡，不娇嫩，默默散发清淡的香味。刺槐花不仅能观赏，还能食用。（见图3–77）

图3–77 刺槐

11. 槐

别称：槐树、国槐

拉丁名：*Styphnolobium japonicum* L.

科属：豆科 槐属

植物类型：落叶乔木

识别要点：高25 m，树冠圆球形，树皮暗灰色；奇数羽状复叶，叶端尖；花期7—9月，花浅黄绿色；

果期 9—10 月，荚果串珠状、肉质，熟后不开裂，经冬不落。

生态习性：半阳性树种，对二氧化硫、氯气、氯化氢均有较强的抗性；深根性树种，萌芽力强，寿命极长。

园林用途：国槐是良好的行道树和庭荫树，又是工矿区的良好绿化树种。可对植于门前或庭院中，孤植于亭台山石旁，又宜植于建筑前或草坪边缘。国槐还是一种重要的蜜源植物。

自然分布：主要分布于黄河流域和华北平原。

植物文化：唐代开始，常以槐指代科举考试，考试的年头称槐秋，举子赴考称踏槐，考试的月份称槐黄。槐象征着三公之位，举仕有望，且“槐”“魁”相近，世人植此树，以企盼子孙后代得魁星神君之佑而登科入仕。槐树还是古代迁民怀祖的寄托以及吉祥和祥瑞的象征。（见图 3-78）

图 3-78　槐

续图 3–78

除以上植物之外，观花类阔叶乔木还有荷花玉兰 *Magnolia grandiflora* L.、鹅掌楸 *Liriodendron chinensis* (Hemsl.) Sarg.、桂花 *Osmanthus fragrans* (Thunb.) Lour.、枇杷 *Eribotrya japonica* (Thunb.) Lindl.、复羽叶栾树 *Koelreuteria bipinnata* Franch.、五角枫 *Acer pictum* subsp. *mono* (Maxim.) H. Ohashi、杜梨 *Pyrus betulifolia* Bunge、垂丝海棠 *Malus halliana* Koehne、紫叶李 *Prunus cerasifera* 'Atropurpurea'、李 *Prunus salicina* Lindl.、木瓜 *Chaenomeles sinensis* (Thouin) Koehne、梨 *Pyrus pyrifolia* (Burm. F.) Nakai、苹果 *Malus pumila* Mill.、山楂 *Crataegus pinnatifida* Bge.、柿 *Diospyros kaki* Thunb.、紫叶桃 *Prunus persica* 'Zi Ye Tao'、杏 *Prunus armeniaca* L.、石榴 *Punica granatum* L.、合欢 *Albizia julibrissin* Durazz.、卫矛 *Euonymus alatus* (Thunb.) Sieb.、紫薇 *Lagerstroemia indica* L.、龙爪槐 *Styphnolobium japonicum* 'Pendula'、构树 *Broussonetia papyrifera* (L.) L'Her. ex Vent.、楝 *Melia azedarach* L.、兰考泡桐 *Paulownia elongata* S. Y. Hu、毛白杨 *Populus tomentosa* Carr. 等，详情同前。

五、赏根类

银杏 *Ginkgo biloba* L.（同前）。

六、赏株形类

（1）荷花玉兰 *Magnolia grandiflora* L.（同前）。

（2）玉兰 *Yulania denudata*（Desr.）D. L. Fu（同前）。

（3）二乔玉兰 *Yulania × soulangeana* D. L. Fu（同前）。

（4）紫玉兰 *Yulania liliflora*（Desrousseaux）D. L. Fu（同前）。

（5）鹅掌楸 *Liriodendron chinensis*（Hemsl.）Sarg.（同前）。

（6）樟 *Cinnamomum camphora*（L.）Presl（同前）。

（7）桂花 *Osmanthus fragrans*（Thunb.）Lour.（同前）。

（8）枇杷 *Eribotrya japonica* （Thunb.） Lindl.（同前）。
（9）女贞 *Ligustrum lucidum* Ait.（同前）。
（10）棕榈 *Trachycarpus fortunei*（Hook.） H. Wendl.（同前）。
（11）枫杨 *Pterocarya stenoptera* C. DC.（同前）。
（12）复羽叶栾树 *Koelreuteria bipinnata* Franch.（同前）。
（13）银杏 *Ginkgo biloba* L.（同前）。
（14）五角枫 *Acer pictum* subsp. *mono* （Maxim.） H. Ohashi。
（15）三角枫 *Acer buergerianum* Miq.（同前）。
（16）鸡爪槭 *Acer palmatum* Thunb.（同前）。
（17）红枫 *Acer palmatum* 'Atropurpureum' （同前）。
（18）羽毛枫 *Acer palmatum* 'Dissectum'（同前）。
（19）重阳木 *Bischofia polycarpa* Airy Shaw（同前）。
（20）杜英 *Elaeocarpus decipiens* Hems.（同前）。
（21）杜仲 *Eucommia ulmoides* Oliv.（同前）。
（22）榉树 *Zelkova schneideriana* Hand.–Mazz.（同前）。
（23）梧桐 *Firmiana simplex* （L.） W. Wight（同前）。
（24）黑弹树 *Celtis bungeana* Bl.（同前）。
（25）杜梨 *Pyrus betulifolia* Bunge（同前）。
（26）垂丝海棠 *Malus halliana* Koehne（同前）。
（27）紫叶李 *Prunus cerasifera* 'Atropurpurea' （同前）。
（28）李 *Prunus salicina* Lindl.（同前）。
（29）木瓜 *Chaenomeles sinensis* （Thouin） Koehne（同前）。
（30）梨 *Pyrus pyrifolia* （Burm. F.） Nakai（同前）。
（31）苹果 *Malus pumila* Mill.（同前）。
（32）山楂 *Crataegus pinnatifida* Bge.（同前）。
（33）柿 *Diospyros kaki* Thunb.（同前）。
（34）桃 *Prunus persica* L.（同前）。
（35）碧桃 *Prunus persica* 'Duplex'（同前）。
（36）杏 *Prunus armeniaca* L.（同前）。
（37）日本晚樱 *Prunus serrulate* var. *lannesiana* （Carr.） Makinol.（同前）。
（38）榆叶梅 *Prunus triloba* （Lindl.） Ricker（同前）。
（39）紫丁香 *Syringa oblata* Lindl（同前）。
（40）合欢 *Albizia julibrissin* Durazz.（同前）。
（41）二球悬铃木 *Platanus acerifolia* （Ait.） Willd.（同前）。
（42）臭椿 *Ailanthus altissima* （Mill.） Swingle （同前）。
（43）香椿 *Toona sinensis* （A. Juss.） Roem.（同前）。
（44）旱柳 *Salix matsudana* Koidz.（同前）。
（45）垂柳 *Salix babylonica* L.（同前）。
（46）刺槐 *Robinia pseudoacacia* L.（同前）。

（47）槐 *Styphnolobium japonicum* L.（同前）。

（48）龙爪槐 *Styphnolobium japonicum* 'Pendula'（同前）。

（49）构树 *Broussonetia papyrifera*（L.）L　Her. ex Vent.（同前）。

（50）楝 *Melia azedarach* L.（同前）。

（51）兰考泡桐 *Paulownia elongata* S. Y. Hu（同前）。

（52）毛白杨 *Populus tomentosa* Carr.（同前）。

（53）桑 *Morus alba* L.（同前）。

（54）榆树 *Ulmus pumila* L.（同前）。

任务三
行道树、庭荫树、园景树的选择与应用

【任务提出】 乔木是植物景观营造的骨干材料，具有明显而高大的主干，枝叶繁茂，绿量大，生长年限长，景观效果突出，在植物造景中占有很重要的地位。学生需要熟练掌握乔木的选择方法及配置原则，以便更好地学以致用。

【任务分析】 完成行道树、庭荫树、园景树的选择、配置与应用，了解行道树、庭荫树、园景树常用树种的生态习性及园林应用范围，了解行道树的选择标准、配置类型及形式。

【任务实施】 教师准备当地常见的行道树、庭荫树、园景树的植物图片及新鲜植物材料，首先引导学生认真观察与分析，然后简要介绍其特点及主要特征，接着到实际绿地中结合具体的植物介绍观察的方法、步骤及内容，最后让学生分组到实际绿地中调查、识别，并进行相应的总结分析。

在很大程度上来说，熟练掌握乔木在园林中的造景方法是决定植物景观营造成功的关键。由于乔木一般树体雄伟高大，树形美观，多数具有宽阔的树干、繁茂的枝叶，因此在园林中多用于行道树、庭荫树、园景树等。

一、行道树的选择与应用

行道树是指以美化、遮阴和防护为目的，在人行道、分车道、公园或广场游步道、滨河路及城乡公路两侧成行栽植的树木。行道树的选择与应用对完善道路服务体系、提高道路服务质量、改善生态环境有着十分重要的作用。

1. 行道树的选择要求

城市道路绿地的环境条件比其他园林绿地的环境条件差，这是由地面行人的践踏、摇碰和损伤，地下管道的影响，空中电线电缆的阻碍，烟尘和有害气体的危害所致。因此行道树树种必须对不良条件有较强的抗性，要选择那些耐瘠薄、抗污染、耐损伤、抗病虫害、根系较深、干皮不怕强光暴晒、对各种灾害性气候有较强的抗御能力的树种。同时要考虑生态功能、遮阴功能和景观功能的要求。

行道树的选择应考虑道路的建设标准和周边环境的具体情况，以方便行人和车辆行驶为第一准则，选择乡土树种和已引栽成功的外来树种。城区道路多用主干通直、枝下高较高、树冠广茂、绿荫如盖、发芽早、落叶迟的树种，而郊区及一般等级公路多选用生长快、抗污染、耐瘠薄、易管理养护的树种。近年来，随着城市建设的发展和人们绿色环保意识的增强，常绿阔叶树种和彩叶、香花树种有较大的发展，特别是城市主干道、高速干道、机场路、通港路、站前路和商业闹市区的步行街等，对行道树的规格、品种和品位要求更高。

2. 行道树的配置

行道树在配置上一般采用规则式，又可分为对称式及非对称式。多数情况下，道路两侧的立地条件相同，宜采用对称式；当两侧的条件不相同时，可采用非对称式，这种情况下一侧可采用林荫路的形式。行道树通常都采用同一树种、同一规格、同一株行距，做行列式栽植。

3. 常用的行道树

适宜做行道树的树种有银杏、悬铃木、合欢、梓树、梧桐、刺槐、槐树、银白杨、新疆杨、加拿大杨、青杨、钻天杨、毛白杨、小叶杨、柳树、欧洲榆、圆冠榆、榆树、垂枝榆、栾树、复叶槭、白蜡、美国白蜡、新疆小叶白蜡、毛泡桐、紫椴、心叶椴、榕树、樟树、臭椿等。

我国行道树栽植目前存在的问题是：株距偏小，树种不够丰富，存在盲目模仿的现象。我国常用行道树种的生态习性及园林应用如表 3-1 所示。

表 3-1　我国常用行道树种的生态习性及园林应用

名　称	生 态 习 性	园 林 应 用
垂柳	杨柳科，柳属，落叶乔木，高达 18 m；喜光，喜温暖湿润气候及潮湿深厚的酸性及中性土壤；较耐寒，特耐水湿，也能生长于土层深厚的高燥地区；萌芽力强，根系发达	垂柳树冠呈倒卵形，枝条细长、柔软，常植于河、湖、池边点缀园景，柳条拂水，倒影叠叠，别具情趣，也可做行道树和护堤树；垂柳对有毒气体耐性较强，并能吸收二氧化硫，故也适用于工厂区绿化
合欢	豆科，合欢属，落叶乔木，高可达 16 m；喜光，适应性强，对土壤要求不严，能耐干旱、瘠薄，但不耐水湿，有一定的耐寒能力；具根瘤菌，有改良土壤的作用；浅根性，萌芽力不强，不耐修剪	合欢树冠扁圆形，呈伞状，比较开阔，叶纤细如羽，花朵鲜红，是优美的庭荫树和行道树；合欢对有毒气体耐性强，可用作化工企业的绿化树种
栾树	无患子科，栾属，落叶乔木，高达 15 m；喜光，耐半阴，耐寒，耐干旱、瘠薄，也能耐盐渍及短期涝害，不择土壤；深根性，萌蘖力强	栾树树冠整齐，近圆球形，枝叶秀美，春季嫩叶红色，秋季叶片鲜黄，宜做庭荫树、风景树及行道树；栾树有较强的耐烟尘能力
国槐	豆科，槐属，落叶乔木，高达 20 m；喜光，略耐阴，耐寒，不耐阴湿；抗干旱、瘠薄，喜肥沃深厚、排水良好的砂质壤土，耐轻盐碱土；深根性，根系发达，萌芽力强	槐树树冠广阔，圆球形，枝叶茂密，寿命长而又耐城市环境，因而是良好的庭荫树和行道树；耐烟毒能力强，耐灰尘，对二氧化硫、氯化氢有较强的耐性，是厂矿区的良好绿化树种；花富蜜汁，是夏季的重要蜜源树种
二球悬铃木	悬铃木科，悬铃木属，落叶大乔木，高可达 35 m；喜光，喜湿润温暖气候，较耐寒；适生于微酸性或中性、排水良好的土壤，微碱性土壤虽能生长，但易发生黄化；根系分布较浅，台风时易受害而倒斜	二球悬铃木又叫法国梧桐，枝条开展，树冠广阔，呈长椭圆形，树姿雄伟，枝叶茂密，最宜做行道树及庭荫树，有“行道树之王”的美称；抗空气污染能力较强，叶片具吸收有毒气体和滞积灰尘的作用

续表

名称	生态习性	园林应用
白蜡	木樨科，白蜡属，高达15 m；喜光，稍耐阴；喜温暖湿润气候，颇耐寒、耐涝，也耐旱；对土壤要求不严，碱性、中性、酸性土壤中均能生长；萌芽力强，耐修剪；生长较快，寿命较长，可达200年以上	白蜡树冠卵圆形，枝叶繁茂，根系发达，速生耐湿，耐轻度盐碱，是防风固沙、护堤护路的优良树种；白蜡树干通直，树形美观，抗烟尘，对二氧化硫、氯气、氟化氢有较强耐性，是工厂、城镇绿化美化的良好树种
三角枫	槭树科，槭属，落叶乔木，高可达10 m；弱阳性树种，稍耐阴；喜温暖湿润环境及中性至酸性土壤，耐寒，较耐水湿，萌芽力强，耐修剪；根系发达，萌蘖性强	三角枫树冠卵形，枝叶浓密，夏季浓荫覆地，入秋叶色变成暗红，秀色宜人；适宜孤植、丛植为庭荫树，也可做行道树及护岸树；在湖岸、溪边、谷地、草坪配植，或点缀于亭廊、山石间都很合适
女贞	木樨科，女贞属，常绿乔木；喜光，稍耐阴，喜温暖湿润气候，稍耐寒，适应性强；不耐干旱和瘠薄，适生于肥沃深厚、湿润的微酸性至微碱性土壤；根系发达，萌蘖、萌芽力均强，耐修剪；耐氯气、二氧化硫和氟化氢	女贞树冠卵形，枝叶清秀，终年常绿，夏日满树白花，又适应城市气候环境，是长江流域常见的绿化树种；常栽于庭园观赏，广泛栽植于街道、宅院，或做园路树，或修剪成绿篱；对多种有毒气体耐性较强，可作为工矿区的抗污染树种
七叶树	七叶树科，七叶树属，高达25 m；性喜光，耐半阴，喜温暖、湿润气候，较耐寒，畏干热；适生于深厚、湿润、肥沃而排水良好的土壤；深根性，寿命长，萌芽力不强	七叶树树冠庞大、圆形，树干通直，树姿壮丽，枝叶扶疏，叶大而形美，开花时硕大的花序立于叶簇中，似一个个华丽的大烛台，蔚为壮观，为世界五大著名观赏树种之一；适宜做庭荫树及行道树，可配植于公园、大型庭院、机关及学校
香樟	樟科，樟属，常绿大乔木，高可达50 m；喜温暖湿润的气候，不耐严寒；喜阳，稍耐阴；对土壤的要求不高，但在碱性土种植时易发生黄化；喜深厚、肥沃、湿润的黏质酸性土壤；为深根性树种，主根发达，能耐风；寿命长，可达千年以上；有一定的抗涝能力，在地下水位较高时仍能生长，但扎根浅，易形成早衰；萌芽力强，耐修剪	香樟树冠广卵形，枝叶茂密，冠大荫浓，树姿雄伟，四季葱茏，是城市绿化的优良树种，广泛用作庭荫树、行道树、防护林及风景林；配植于池畔、水边、山坡、平地均可，若孤植于空旷地，让树冠充分发展，浓荫覆地，效果更佳，在草地中丛植、群植或做背景树也很合适；樟树的吸毒、耐毒性能较强，故也可选作厂矿区绿化树种
银杏	银杏科，银杏属，落叶大乔木，高可达40 m；喜阳光，忌庇荫；喜温暖湿润环境，能耐寒；深根性，忌水涝；在酸性、中性、碱性土壤中都能生长，适生于肥沃疏松、排水良好的砂质土壤，不耐瘠薄与干旱；萌蘖力强，病虫害少，寿命长，对大气污染有一定的耐性	银杏树冠广卵形，树干端直，树姿雄伟，叶形奇特，黄绿色的春叶与金黄色的秋叶都十分美丽，为著名的观赏树种；宜做行道树，或配置于庭园、大型建筑物周围和庭园入口等处，孤植、对植、丛植均可
雪松	松科，雪松属，常绿大乔木，高可达50 m；喜光，稍耐阴；喜温暖湿润气候，耐寒，耐旱性强；适生于高燥、肥沃和土层深厚的中性、微酸性土壤，对微碱性土壤也可适应；忌积水，在低洼地生长不良	雪松主干挺直，树冠圆锥状塔形，高大雄伟，树形优美，是世界上著名的观赏树之一，可做行道树，可在庭园中对植，也适宜孤植或群植于草坪上
广玉兰	木兰科，木兰属，常绿乔木，高可达30 m；喜光，幼时稍耐阴；喜温暖湿润气候，有一定的耐寒能力；适生于高燥、肥沃、湿润与排水良好的微酸性或中性土壤，在碱性土种植时易发生黄化，忌积水和排水不良；根系深广，耐风力强；特别是播种苗树干挺拔，树势雄伟，适应性更强；对烟尘及二氧化硫气体有较强的耐性，病虫害少	广玉兰树冠卵状圆锥形，叶厚而有光泽，花大而香，树姿雄伟壮丽，为珍贵的树种之一；其聚合果成熟后，蓇葖开裂而露出鲜红色的种子，颇为美观；最宜单植在开阔的草坪上或配植成观花的树丛；由于其树冠庞大，花开于枝顶，故不宜植于狭小的庭院内，否则不能充分发挥其观赏效果；可孤植、对植或丛植、群植，也可做行道树
乐昌含笑	木兰科，含笑属，常绿乔木，高达15～30 m；喜温暖湿润的气候，喜光，但苗期喜偏阴；适生于深厚、疏松、肥沃、排水良好的酸性至微碱性土壤；能耐地下水位较高的环境，在过于干燥的土壤中生长不良	乐昌含笑树干挺拔，树荫浓郁，花香醉人，可孤植或丛植于园林中，也可做行道树
鹅掌楸（马褂木）	木兰科，鹅掌楸属，落叶大乔木，高达40 m以上；中性偏阴树种，喜温和、相对潮湿环境，耐寒性强，在-20℃的条件下完全不受冻害；在排水良好的酸性或微酸性的土壤上生长良好	鹅掌楸叶片马褂状，两边各具一裂片；树姿高大、整齐，枝叶繁茂，绿荫如盖，初夏开花满树，花大且香，可做行道树或庭荫树；对有害气体的耐性强，是工矿区绿化的良好树种，也是目前盛行的高档景观树种

续表

名　　称	生 态 习 性	园 林 应 用
水杉	杉科，水杉属，落叶大乔木，高可达 35 m；喜光，不耐阴；喜温暖、湿润气候，较耐寒；适生于疏松、肥沃的酸性土壤，但在微碱性土壤中也能正常生长；适应性强，但不耐干旱与瘠薄，忌水涝，病虫害较少	水杉树干通直，基部常膨大，树冠圆锥形，树姿优美，叶色秀丽，是著名的庭园观赏树；可丛植、群植，也可列植为行道树或作为河旁、路旁及建筑物旁的绿化材料
喜树	蓝果树科，喜树属，落叶乔木，高达 30 m；喜光，稍耐阴；喜温暖湿润环境，不耐严寒；喜疏松、肥沃、湿润的土壤，较耐水湿，不耐干旱和瘠薄，在酸性、中性和弱碱性土壤里都能生长，萌蘖力强	喜树树干端直，树皮光滑，树型高耸，树冠宽展、倒卵形，叶荫浓郁，是良好的“四旁”绿化树种，宜做庭荫树和行道树
羊蹄甲	豆科，羊蹄甲属，半常绿乔木，高约 8 m；喜阳光和温暖、潮湿环境，不耐寒；我国华南各地可露地栽培，其他地区均为盆栽，冬季移入室内；喜湿润、肥沃、排水良好的酸性土壤，栽植地应选阳光充足的地方	羊蹄甲叶片顶端 2 裂，呈羊蹄状，顶生或腋生伞房花序，花瓣紫红色，有白色条纹；花芳香，晚秋至初冬开放。可植于庭院或做园林风景树，也可做行道树，为华南常见的花木之一
华盛顿棕榈	棕榈科，丝葵属，常绿乔木，株高可达 20 m；喜温暖、湿润、向阳的环境，较耐寒，在 -5℃的短暂低温下，不会造成冻害；较耐旱和耐瘠薄；不宜在高温、高湿处栽植	华盛顿棕榈树干粗壮通直，近基部略膨大，是美丽的风景树，干枯的叶子下垂且覆盖于茎干，叶裂片间具有白色纤维丝，似老翁的白发，又名老人葵；华南、华东地区宜栽植于庭园观赏，也可作为行道树

二、庭荫树的选择与应用

庭荫树是指栽植于庭院、绿地或公园，以遮阴和观赏为目的的树木，所以庭荫树又称绿荫树。

1. 庭荫树的选择要求

庭荫树最常种植的地点是庭院和各类休闲绿地，多植于路旁、池边、廊亭前后或与山石、建筑相配。庭荫树从字面上看似乎以遮阴为主，但在选择树种时常以观赏效果为主，结合遮阴的功能来考虑。许多观花、观果、观叶的乔木均可作为庭荫树，但要避免选用易污染衣物的种类。①以冠大荫浓的落叶乔木为主，常绿树种为辅。②选用树干直、无针刺，且分枝高的树种，为游人提供利用绿荫的可能性。③在考虑树木提供绿荫的同时，更应考虑庭荫树的观赏价值，或花香，或叶秀，或果美等。④在考虑观赏价值和适用功能的同时，尽可能结合生产，提高庭院绿化的效能。⑤树种的落花、落果、落叶无恶臭，既不污染衣物，又易于打扫，且抗病虫害，以免喷洒药剂污染庭院环境。⑥在选择庭荫树时还应与地方文化、环境协调一致。

2. 庭荫树的配置

庭荫树在园林中占的比例很高，在配置上应细加考究，充分发挥各种庭荫树的观赏特性。其主要的配置方法有：①在庭院或在局部小景点中，三五株成丛散植，形成自然群落的景观效果；②在规整的、有轴线布局的景区栽植，这时庭荫树的作用与行道树接近；③作为建筑小品的配景栽植，既丰富了立面景观效果，又能缓解建筑小品的硬线条和其他自然景观的软线条之间的矛盾。

庭荫树在应用时应注意：①在庭院中最好不要用过多的常绿树种，否则终年阴暗易引起抑郁情绪；②距建筑物窗前不宜过近，以免室内阴暗。

3. 常用的庭荫树

常用的庭荫树有油松、白皮松、合欢、槐树、悬铃木、白蜡、梧桐、泡桐、槭树类、杨树类、柳树类以及各种观花、观果的乔木，种类繁多，不胜枚举。

庭荫树部分常用树种的生态习性及园林应用如表 3-2 所示。

表 3-2 庭荫树部分常用树种的生态习性及园林应用

名　称	生态习性	园林应用
油松	松科，松属，常绿针叶乔木，高达 25 m，胸径约 1 m；阳性树种，深根性，喜光，抗瘠薄，抗风，在 -25℃时仍可正常生长；怕水涝、盐碱，在重钙质的土壤中生长不良	油松树冠在壮年期呈塔形或广卵形，在老年期呈盘状伞形；树干挺拔苍劲，四季常青，不畏风雪严寒，可做庭荫树
白皮松	松科，松属，常绿针叶乔木，高达 30 m；喜光，耐旱，耐干燥、瘠薄，耐寒力强；在深厚肥沃、向阳温暖、排水良好的土壤中生长最为茂盛	树姿优美，树皮奇特，干皮斑驳美观，针叶短粗亮丽，孤植、列植均具高度观赏价值
合欢	豆科，合欢属，落叶乔木，高可达 16 m；喜光，适应性强，对土壤要求不严，能耐干旱、瘠薄，但不耐水湿；有一定的耐寒能力	合欢树冠比较开阔，叶纤细如羽，花朵鲜红，是优美的庭荫树，可植于房前屋后及草坪、林缘，也可做行道树及工矿企业的绿化树种
二球悬铃木	悬铃木科，悬铃木属，落叶大乔木，高达 35 m；喜光，喜湿润、温暖气候，较耐寒；适生于微酸性或中性、排水良好的土壤，微碱性土壤虽能生长，但易发生黄化	二球悬铃木又叫法国梧桐，枝条开展，树冠广阔，呈长椭圆形，树姿雄伟，枝叶茂密，最宜做庭荫树及行道树
国槐	豆科，槐属，落叶乔木，高达 20 m；喜光，略耐阴，耐寒，不耐阴湿；抗干旱、瘠薄，喜肥沃、深厚、排水良好的砂质壤土，耐轻盐碱土	槐树树冠广阔，呈圆球形，枝叶茂密，寿命长而又耐城市环境，是良好的庭荫树和行道树
白蜡	木樨科，白蜡属，落叶乔木，高达 15 m；喜光，稍耐阴；喜温暖湿润气候，颇耐寒；喜湿，耐涝，也耐旱；对土壤要求不严，碱性、中性、酸性土壤中均能生长	白蜡树冠卵圆形，枝叶繁茂，树干通直，树形美观，是工厂、城镇绿化美化的良好树种
三角枫	槭树科，槭属，落叶乔木，高可达 10 m；弱阳性树种，稍耐阴；喜温暖湿润环境及中性至酸性土壤，耐寒，较耐水湿	三角枫树冠卵形，枝叶浓密，夏季浓荫覆地，入秋叶色变成暗红，秀色宜人；适宜孤植、丛植为庭荫树，也可做行道树及护岸树；在湖岸、溪边、谷地、草坪配植，或点缀于亭廊、山石间都很合适
榆树	榆科，榆属，落叶乔木，高达 25 m；喜光，耐寒，抗旱，不耐水湿；能适应干凉气候；喜肥沃、湿润而排水良好的土壤，在干旱、瘠薄和轻盐碱土中也能生长，生长较快，寿命可长达百年以上	榆树树干通直，树形高大，树冠圆球形，绿荫较浓，适应性强，生长快，是城乡绿化的重要树种，可做行道树、庭荫树、防护林及“四旁”绿化树种
榕树	桑科，榕属，常绿大乔木，高 20 ～ 25 m；喜温暖湿润环境，抗涝力强；常生长于浙江南部、福建、广东、广西、台湾、云南、贵州等地的水边或山林中；为世界上树冠最大的树种之一	榕树叶茂如盖，四季常青，枝干壮实，不畏寒暑，傲然挺立，象征开拓进取、奋发向上，可做庭荫树、行道树
香樟	樟科，樟属，常绿大乔木，高可达 50 m；喜温暖湿润的气候，不耐严寒；喜阳，稍耐阴，对土壤的要求不高，喜深厚、肥沃、湿润的黏质酸性土壤；有一定的耐涝能力，在地下水位较高时还能生长；寿命长，可达千年以上	香樟树冠广卵形，枝叶茂密，冠大荫浓，树姿雄伟，四季葱茏，广泛用作庭荫树、行道树、防护林及风景林，配植于池畔、水边、山坡、平地均可
银杏	银杏科，银杏属，落叶大乔木，高可达 40 m；喜阳光，喜温暖湿润环境，能耐寒；深根性，忌水涝；在酸性、中性、碱性土壤中都能生长，适生于肥沃、疏松、排水良好的砂质土壤，不耐瘠薄与干旱	银杏树冠广卵形，树干端直，树姿雄伟，叶形奇特，黄绿色的春叶与金黄色的秋叶都十分美丽，为著名的观赏树种；宜做行道树，或配置于庭园、大型建筑物周围和庭园入口等处，用作庭荫树，孤植、对植、丛植均可
柿树	柿科，柿属，落叶乔木，高达 20 m；强阳性树种，耐寒，喜湿润，也耐干旱，能在空气干燥而土壤较为潮湿的环境下生长；忌积水，耐瘠薄，适应性强，不喜砂质土壤	柿树树冠阔卵形或半球形，树形优美，枝繁叶大，冠覆如盖，荫质优良，可做庭荫树；入秋部分叶红，果实似火，在公园、居民住宅区、林带中具有较大的绿化潜力

三、园景树的选择与应用

园景树又称风景树，是指具有较高观赏价值，在园林绿地中能独自构成美好景观的树木。

1. 园景树的选择要求

园景树种的选择是否恰当，最能反映绿地建设的水平；应用是否得体，最能鉴赏景观布局的品位。

① 树形高大，姿态优美。如世界著名的五大园景树种——雪松、金钱松、日本金松、南洋杉和水杉，均为高达 20 ~ 30 m 的参天大树，主干挺拔，主枝舒展，树冠端庄，气派雄伟。而耐水湿的水松为湖滨湿地的优良园景树种；白皮松为我国特有的珍贵三针松，苍枝驳干，自古以来为宫廷、名园所青睐，声名显赫。阔叶树种中的香樟、广玉兰、桂花、银杏、无患子、丝棉木、栾树、枫杨、榕树、木棉等均具有优美的观形效果。竹虚怀若谷、洁身自好的品格，历来备受诗人推崇，松、竹、梅常组合在一起，被称为“岁寒三友”，园景效果独树一帜。而棕榈科树种又尽显一派南国风光，它们或植株高大雄伟，孤植如猿臂撑天，给人以力的启迪；或茎干修直挺秀，群植似峰峦叠嶂，给人以美的震撼。

②叶色丰富，具季相变化。其中，以红叶季相景观最为壮丽，著名的秋季红叶树种有三角枫、元宝枫、羽毛枫、枫香树、黄伊、重阳木、乌桕等；而入秋叶转金黄的园景树的应用最为广泛，如玉兰、樱花、桃花、梅花、丁香、海棠、迎春等，花开满树，灿若云霞；夏花类的紫薇、石榴、锦带、木芙蓉、凌霄、合欢、杜鹃等，热烈奔放，如火如荼；此外，秋桂送香，冬梅傲雪，皆为世人所赞赏。

③花果艳丽，形态奇特。观果树种的应用给园林绿化景观又添一道亮丽的风景，如冬青、石楠、枸骨、火棘、天竺等，红果缀枝，娇艳欲滴；柿子、石榴、柑橘、枇杷等，金玉满堂，富贵吉祥。

2. 园景树的配置

园景树多采用自然式配置，通常选树形或树体部分美观、奇特的树种，以不规则的株行距配置成各种形式，包括孤植、丛植、群植、带植、林植等。自然式配置不按中轴对称排列，构成的平面形状不成规则的几何图形，要求搭配自然。

3. 常用的园景树

常用的园景树有南洋杉、枫香树、红叶李、鸡爪槭、白玉兰、梅花、碧桃、紫薇、桂花、楝树等。我国常见园景树的生态习性与观赏特性如表 3-3 所示。

表 3-3　我国常见园景树的生态习性与观赏特性

名　称	生 态 习 性	观 赏 特 性
南洋杉	南洋杉科，南洋杉属，常绿大乔木，高 60 ~ 70 m，胸径达 1 m 以上，幼树呈整齐的尖塔形，老树呈平顶状；喜暖热、湿润气候，不耐干燥及寒冷，适生于肥沃土壤，较耐风；生长迅速，再生能力强，砍伐后易萌发新芽	南洋杉树形高大，姿态优美，与雪松、日本金松、金钱松、水杉合称为世界五大公园树种；南洋杉最宜独植为园景树或纪念树，也可做行道树
枫香树	蕈树科，枫香树属，落叶乔木，高达 30 m；阳性树种，喜温暖湿润气候和深厚、湿润的酸性或中性土壤，较耐干旱和瘠薄，不耐长期水湿；主要分布于长江流域及以南各地，朝鲜、日本也有分布	枫香树树干挺拔，冠幅宽大，入秋叶色红艳，为著名的秋色叶树种，也可做庭荫树、行道树等；常孤植、数株群植于草坪、坡地、池畔，或与常绿树种和秋叶树种，如银杏、无患子、水杉等配植，形成色彩亮丽、层次丰富的秋景
红叶李	蔷薇科，李属，落叶小乔木，高 4 ~ 8 m；喜阳，在庇荫条件下叶色不鲜艳；喜温暖湿润环境，不耐严寒；对土壤要求不严，黏质土壤中也能生长，较耐湿；生长势强，萌芽力也强	红叶李叶色鲜艳，以春秋两季更艳；宜在建筑物前及园路旁或草坪角隅栽植，需慎选背景的色泽，以便充分衬托出它的色彩美

续表

名　称	生态习性	观赏特性
鸡爪槭	槭树科，槭树属，落叶小乔木，高可达10 m；弱阳性，耐半阴，受太阳西晒时生长不良；喜温暖湿润环境，也耐寒；较耐旱，不耐水涝，适生于肥沃深厚、排水良好的微酸性或中性土壤	鸡爪槭树冠扁圆形或伞形，叶形美观，入秋后转为鲜红色，色艳如花，灿烂如霞，为优良的观叶树种；可植于草坪、土丘、溪边、池畔和路隅、墙边，或点缀于亭廊、山石间，均十分得体，若以常绿树或白粉墙作为背景衬托，则更加美丽多姿；制成盆景或盆栽用于室内美化也极雅致
白玉兰	木兰科，木兰属，落叶乔木，高可达25 m；喜光，稍耐阴，具较强的抗寒性；适生于土层深厚的微酸性或中性土壤，不耐盐碱，土壤贫瘠时生长不良，畏涝忌湿；对二氧化硫、氯和氟化氢等有毒气体有较强的抗性；寿命长，可达千年以上	白玉兰先花后叶，花洁白、美丽且清香，早春开花时犹如雪涛云海，蔚为壮观；树冠卵形；古时常在住宅的厅前院后配置，名为“玉兰堂”；也可在庭园路边、草坪角隅、亭台前后或漏窗内外、洞门两旁等处种植，孤植、对植、丛植或群植均可
梅花	蔷薇科，杏属，落叶小乔木，高达10 m；喜阳光充足、通风良好的环境，过阴时树势衰弱，开花稀少甚至不开花；喜温暖气候，且耐寒；喜较高的空气湿度，有一定的抗旱性；对土壤的要求不严，但喜湿润而富含腐殖质的砂质壤土，土质黏重、排水不良时易烂根死亡	“万花敢向雪中出，一树独先天下春。”梅花历来被视为不畏强暴、敢于抗争和坚贞高洁的象征，古人常把松、梅、竹称为“岁寒三友”；绿地中可用孤植、丛植、林植等形式，将梅花配置在屋前、石间、路旁和塘畔
碧桃	蔷薇科，李属，落叶小乔木，高6 m左右；碧桃喜光，耐寒，耐旱，不耐渍水，喜排水良好的肥沃砂质壤土	碧桃在园林中常与垂柳相间，植于湖边、溪畔、河旁，开花时桃红柳绿，春意盎然；花后叶色暗绿，容易凋落，故最好与其他树种进行搭配
紫薇	千屈菜科，紫薇属，落叶灌木或小乔木，高可达7 m；喜光，稍耐阴；喜温暖湿润环境，有一定的抗寒力和抗旱力，喜肥沃的碱性土壤，不耐涝，萌蘖力强	在炎夏群芳收敛之际，唯有紫薇繁花竞放，达百日之久，故称“百日红”，是形、干、花皆美而具很高观赏价值的树种；可栽植于建筑物前、庭院内、道路旁、草坪边缘等处
桂花	木樨科，木樨属，常绿阔叶乔木，高可达15 m；喜温暖，也具有一定的耐寒能力；对土壤的要求不严，除涝地外都能栽植，以肥沃、湿润和排水良好的中性或微酸性土壤为宜，喜肥，但忌施人粪尿；萌芽力强，耐修剪；对有毒气体有一定的吸收能力	于庭前对植两株桂花，即“两桂当庭”，是传统的配置手法；园林中常将桂花植于道路两侧，以及假山、草坪、院落等处；如大面积栽植，可形成“桂花山”“桂花岭”，秋末浓香四溢，香飘十里，也是极好的景观；与秋色叶树种同植，有色有香，是点缀秋景的极好树种
山茶花	山茶科，山茶属，常绿灌木或小乔木，高达15 m；喜温暖湿润环境，耐寒力较差；喜半阴，也耐阴，忌阳光直射；喜肥沃、疏松、排水良好的微酸土壤，偏碱性土壤不宜生长；忌积水，排水不良时会引起根系腐烂而死；对硫化物和氯气有一定的抗性	山茶花各品种自秋至春开花数月，由于山茶与迎春、梅花、水仙一起绽蕾吐艳于严寒之时，人们把它们并称为“雪中四友”；山茶叶色翠绿，花大色美，品种繁多，宜丛植于疏林之内或林缘，也可布置于建筑物南面温暖处
楝树	楝科，楝属，落叶乔木，高15～20 m；阳性树种，不耐阴；喜温暖湿润环境，不很耐寒；对土壤的要求不严，在酸性、中性、碱性及盐渍化的土壤中均可栽植；稍耐干旱和瘠薄，也能生于水边，但以深厚、肥沃、湿润处生长最好，萌芽力强，抗风，生长快	楝树树冠宽广而平展，枝叶扶疏，开花时繁花密布，一片紫色；秋季落叶后果实挂在树上很长时间，可以观果；适宜做庭荫树，也可配置于池边、路旁和草地边缘，在华北城市可以做行道树
紫竹	禾本科，刚竹属，地下茎单轴散生，秆高3～8 m；耐寒性强，能耐-20°C低温，也能耐阴，稍耐水湿，适应性较强；对土壤的要求不高，但以疏松肥沃的微酸性土壤为好	紫竹宜与观赏竹种配植或植于山石之间、园路两侧、池畔水边、书斋和厅堂四周；也可盆栽，供观赏
蒲葵	棕榈科，蒲葵属，常绿乔木，株高约20 m；喜温暖湿润环境，能耐低温，喜阳且较耐阴；要求湿润、肥沃、有机质丰富的黏重土壤	蒲葵茎粗，叶大，树冠如伞，四季常青，适用于热带、亚热带地区绿化；寒地多盆栽观赏
短穗鱼尾葵	棕榈科，鱼尾葵属，常绿丛生小乔木，高5～8 m；喜温暖通风的环境，喜光，耐半阴，宜生长于排水良好而疏松、肥沃的土壤	鱼尾葵叶形奇特，且极富南国热带风情，宜盆栽布置于空间较大的厅堂等处，南方可露地栽培

续表

名　称	生 态 习 性	观 赏 特 性
加拿利海枣	棕榈科，刺葵属，常绿乔木，高可达10～15 m，粗20～30 cm；喜光，耐半阴，耐酷热，也能耐寒；耐盐碱，耐贫瘠，在肥沃的土壤中生长迅速；极为抗风	加拿利海枣株形挺拔，富有热带风韵，可做室内盆栽，也可室外露地栽植，无论行列种植或丛植，都有很好的观赏效果
棕榈	棕榈科，棕榈属，常绿乔木，高达15 m；耐庇荫，幼树的耐阴能力尤强；喜温暖，不耐严寒；对土壤的要求不高，但喜肥沃湿润、排水良好的土壤；耐旱，耐湿，稍耐盐碱，但在干燥沙土及低洼水湿处生长较差，对烟尘、二氧化硫、氟化氢等有毒气体的抗性较强	棕榈树干挺拔，叶形如扇，姿态优雅；宜对植、列植于庭前、路边和建筑物旁，或高低错落地群植于池边与庭院中，翠影婆娑，颇具热带风光的韵味，也可做行道树

实训模块
本地常见园林乔木调查识别

一、实训目的

（1）通过对各科代表植物的观察，掌握其识别要点，总结重要科、属。

（2）熟悉常见乔木植物的观赏特性、习性及应用，巩固课堂所学知识。

（3）学会利用植物检索表、植物志等工具鉴定植物。

（4）要求正确识别及应用常见乔木80种。

二、实训材料

校园及附近游园、公园绿地中的乔木类园林树木。

三、实训内容

校园及附近的游园绿地中的园林植物标本的采集、制作及鉴定。

四、实训步骤

（1）学生在教师的指导下识别植物或通过工具书来鉴定植物。

（2）学生分组，通过观察分析并对照相关专业书籍，记载树木的主要识别特征，并写出树木的中文名、学名及科属名称。

（3）从树木形态美的角度去观察树木，记载其观赏部位、最佳观赏时期及园林应用模式。

（4）在室外，观察树木的整体和细部形貌、生境和生长发育表现以及应用形式等，并将室内树木局部的形态观察与室外树木的整体观察相结合，进一步掌握树木的识别特征、观赏特性、习性及应用。

五、实训作业

将在校园、公园等绿地中调查的植物种类列表整理出来，并注明它们各属于哪一科属，及其主要观赏特征及园林用途。

知识拓展

世界“最”奇异树木

大千世界真是无奇不有，就连有些树木也奇得让人惊讶。现在就采撷世界上的一些奇异树木，与大家共赏。

1. 世界上最高的树——桉树

原产地：澳大利亚。我国已引进。最高可达 155 米，能排除生长处的地下积水，使土壤干燥。树皮、叶可做解热药剂，鲜叶蒸馏后可得挥发油。

2. 世界上最硬的树——铁桦树

原产地：俄罗斯，朝鲜中、南部。铁桦树的硬度是钢铁的 1 倍，子弹打不进去，可代替钢材。

3. 世界上最长寿的树——龙血树

原产地：加那利群岛。该岛有一株龙血树，于 1868 年死亡。据查已有一万年的寿命。

4. 夜晚能发光的树——夜光树

原产地：中国井冈山。阔叶常绿，因叶含大量的磷质，故夜间能发光。

5. 世界上最轻的树——轻木

原产地：南非洲、厄瓜多尔、秘鲁。1 立方米的轻木只有 150 千克，其结构严密细致，轻软柔韧，可做模型、隔热板、飞机部件、轮船甲板。

6. 能供应清水的树——猴面包树

原产地：非洲热带地区、马达加斯加岛。猴面包树高 13 ~ 17 米，叶似芭蕉，相对排列成平面，茎部贮藏清水，可供旅人解渴，果实可吃，叶可盖屋顶或做食具。

树木奇异生长现象

1. 一树多花

在洞庭湖君山岛上有一株古老的椤木石楠，其树蔸部有个洞眼，从中衍生出 3 种不同的藤蔓（棉藤、苦瓜藤和威灵仙），绕干缠枝，直达树梢。树的肩部还有洞口，得鸟儿的飞播，又长出一株挺拔的女贞树和一丛形如美女额前“刘海”的灌山龙。春末夏初，6 种叶片姿态纷呈，粉红、雪白、淡黄的花朵布满枝头，真是开得热闹，景色秀美，引人入胜。

2. 一树多果、多味

在山西省高平市石末村有一株枣树，主干高 17.5 米，胸围 5.45 米，树龄有 1000 年，人称“千岁爷”，又称“酸枣树王”。如今除主干稍有空裂外，仍枝繁叶茂，每年果实累累。奇怪的是，果的形状有圆、有方、有扁；果味则酸、甜、苦、辣俱全。前来观赏者无不称奇。

3. 一树三种叶

浙江省江郎山西边的樟柏树底村有一棵千年古柏，现高6米许，胸围2米多。树上长着圆柏、扁柏、刺柏等3种柏叶，相互掺杂，蔚为奇观，堪称一绝。

4. 三层怪树

陕西省山阳县有一棵400多年的果树。树身高大，主干为栗子树，上层是桂花、松柏，中层是核桃、大枣、橘子，下层是石榴和桃。这棵树，春季千姿百态，鲜花盛开；秋季果实累累，浓郁飘香；冬季松柏苍翠，郁郁葱葱。不愧为当地有名的奇景。

5. 三代木

在台湾阿里山宾馆附近有一棵“三代木”，第一代树龄已逾千年，在“一代木”枯干上生出另一树，算是“儿子”，叫作“二代木”，也已枯死；二代木上又长出树来，是“孙子”，叫作“三代木”，它枝繁叶茂，碧绿青葱，有3米多高。

6. 一树孕七竹

浙江省云和县黄源乡陈家洋村水口山上，有一棵水杉树的腹中长着7株毛竹，实属罕见。这棵水杉树树围3.8米、树高15.9米、树冠11.7米。由于树龄长、直径大，腹部已空心（空隙达46厘米）。树的左侧正是毛竹林。如今，毛竹已将树的空腹挤得满满的，7株毛竹争相挺拔而上，竹叶葱茏。水杉树下根深叶茂，与周围110多棵古松、古杉形成独特的景观。

7. 七树连一体

浙江省温州市瓯海区庙一村有一棵奇特的大树，它的主树是紫杉，树高21.5米，直径1.25米，在其树杈或树洞内寄生着桂树、枫杨树、榆树、漆树、松树和木榉树6种大小各异、种类不同的树。树身盘根错节，连为一体，枝梢则按各自的特性生长，一年四季各显其色。不少游人来观赏，赞叹不绝。

8. 一树半枫半樟

福建省安福县武功山下有一棵奇特的“半枫半樟”树。此树在高于地面不到1米处分成两大主干，左边是枫，右边是樟，高度大致相似，仿佛是一对“孪生姐妹”。金秋10月，樟树暗绿深沉，枫树艳红若炬，红绿交相辉映，鲜艳夺目，成为当地一大奇观。

9. 一树五谷

江苏省东台市安丰镇大港村有株奇树，树干光滑，叶似竹叶，又像芝麻，高10余米，树干粗约一人围。这株树已有300来岁，每年夏季，树上总开小白花，结些小果实。果实形状或似稻粒，或似玉米，或似高粱。目前，东台市人民政府已将此树命名为“五谷树”，并挂牌予以保护。

10. 奇妙的旋转树

四川省兴文县石海洞乡风景区发现了一株可旋转360度的奇树。这株树原本生长在悬崖绝壁上，天长日久，一条树根顺着石壁向下垂吊，约20米后脱离石壁完全悬空，并在根的末端发芽生枝，变根为茎，繁茂的枝叶在这里自由生长发育，渐渐长成一个绿色的圆团，随风转个不停，大风快转，小风慢转，若逢急风，还能转成360度，方又转回。

11. 奇特的夫妻树

云南省江城县有一种生长方式十分奇特的树，开始是两棵稍微分开的小树，一年以后它们就紧挨着长在一块，成“人”字形，长成一棵完整的树，形象逼真，所以当地人叫它“夫妻树”。有趣的是，这种树不能单独生长，若把它们稍微分开，没过几个月，它们又会紧密地长在一起；若是从“人”字形中间强行分开，单独栽种一棵，那就很难栽活。

12. 全国罕见的“鸳鸯林”

在浙江省金华市北郊的风景区有一片连理共根的对生树木，当地人称之为“鸳鸯林”或“连理林”。这片奇特的树林，分布在千年古刹金华山大佛寺的东部，占地6亩（1亩=666.7平方米）多，属针阔混交天然次生林。林中生长着286对根连根、枝接枝的树木，树龄大多在50至100年之间。其中最大的一对香樟树，单根树围超过2米。

13. 九树同根生

在江西省安福县连村乡连岭村大禾坪发现了9棵“联体”的国家一级珍贵保护植物银杏树。奇怪的是，这9棵银杏树是从1棵1984年被大风刮倒、距今1200多年的古银杏树蔸上发枝长大的。其中最大一棵的主干胸围90多厘米、高21厘米。9棵联体树冠占地250多平方米，远处望去像把巨伞。由于这9棵树长在一起，大小不一，村民们现又称之为“联体树”“姐妹树”。

练习与思考

1. 阔叶类园林树木的主要形态特征是什么？
2. 举出当地常见的阔叶类常绿乔木5种、落叶乔木10种，简述其识别要点、观赏特征与园林用途。
3. 举出当地常见的针叶类常绿乔木5种、落叶乔木10种，简述其识别要点、观赏特征与园林用途。
4. 你所在的城市常用的行道树有哪些？行道树的选择和应用应该注意些什么？
5. 分别举出当地常见的行道树、庭荫树、园景树至少10种，简述其识别要点、观赏特征。

项目单元四
常见园林灌木与藤本

学习目标

知识目标：灌木和藤本是园林绿化的骨干材料，本项目单元将介绍具有代表性的常绿灌木、落叶灌木的中文名、拉丁名、科属、特性与分布、应用与文化。

技能水平：能够正确识别常见的常绿灌木 20 种、落叶灌木 20 种，并掌握其专业术语及文化内涵；正确识别常见的藤本 10 种，并掌握其专业术语及文化内涵，熟悉藤本在园林绿化工程中的应用形式。

项目导言

灌木是指树体矮小、主干低矮或无明显主干、分枝点低的树木，通常在 5 米以下。灌木按不同高度可分为高灌木（2 ~ 5 米）、中灌木（1 ~ 2 米）和矮灌木（0.3 ~ 1 米）三种类型。在园林绿化中，灌木作为低矮的园林植物，在乔木与地面、建筑物与地面之间起着连贯和过渡作用，也可起到组织和分割空间的作用。很多灌木在防尘、防风沙、护坡和防止水土流失方面有显著的作用。这样的灌木一般比较耐瘠薄、抗性强、根系广、侧根多，可以固土固石，常见的有胡枝子、夹竹桃、紫穗槐、沙棘、绣线菊、锦带花等。

藤本是指茎部细长、不能直立，只能依附在其他物体（如树、墙等）或匍匐于地面上生长的一类植物。藤本植物一直是造园中常用的植物材料，如今现代化的城市中高楼林立，可用于园林绿化的面积也愈来愈小，充分利用藤本植物进行垂直绿化和屋顶绿化是拓展绿化空间、增加城市绿量、提高整体绿化水平、改善生态环境的重要途径。藤本植物还是地被绿化的好材料，许多藤本植物都可用作地被植物，覆盖裸露的地面，如常春藤、蔓长春花、地锦、络石等。

任务一
灌木认知及应用

【任务提出】灌木有常绿灌木与落叶灌木之分，种类繁多，树姿、叶色、花形、花色丰富，在园林绿地中常以绿篱、绿墙、丛植、片植的形式出现。本任务是到园林景观中认识常见的常绿灌木和落叶灌木。

【任务分析】园林中的灌木种类繁多，如夹竹桃、木芙蓉、石榴、丁香、紫薇、紫荆、山茶、黄花槐、珊瑚树、石楠等，识别时，先明确其分类地位，再掌握其识别要点，了解其分布与习性、植物类型、园林用途等。

【任务实施】准备常见的常绿灌木和落叶灌木图片及新鲜材料，教师首先引导学生认真观察分析，简要总结灌木植物的特点，接着到实际绿地中结合具体的植物介绍观察的方法、步骤及内容，最后让学生分组到当地植物园、公园等实地中调查、识别。

一、常绿灌木

（一）观叶类

1. 千头柏

别称：子孙柏、扫帚柏、凤尾柏

拉丁名：*Platycladus orientalis* 'Sieboldii'

科属：柏科 侧柏属

植物类型：丛生常绿灌木

识别要点：植株丛生状，树冠卵圆形，大枝斜出，小枝直展、扁平，叶鳞形，交互对生。

生态习性：阳性树种，适应性强，对土壤要求不严，耐修剪，易整形，花期3—4月，果期10—11月。

园林用途：可对植、群植，也可做绿篱。树冠为圆形，树形优美，是良好的绿化树种。

自然分布：华北、西北至华南地区，长江流域。（见图4–1）

图4–1 千头柏

2. 铺地柏

别称：爬地柏、矮桧

拉丁名：*Juniperus procumbens*（Endlicher）Siebold ex Miquel

科属：柏科 圆柏属

植物类型：常绿匍匐灌木

识别要点：枝干褐色，枝梢向上伸展，小枝密生；叶均为刺形叶，3 叶交互轮生。

生态习性：半阳性树种，耐寒力强，萌生力强，喜石灰质肥沃土壤，浅根性，侧根发达，寿命长，抗烟尘及有害气体。

园林用途：铺地柏枝叶翠绿、蜿蜒匍匐，可配植于岩石园或草坪角隅，也是缓土坡的良好地被植物。在春季抽生新的枝叶时，颇为美观。

自然分布：黄河流域至长江流域。（见图 4-2）

图 4-2 铺地柏

3. 阔叶十大功劳

别称：土黄柏、八角刺

拉丁名：*Mahonia bealei*（Fort.）Carr.

科属：小檗科 十大功劳属

植物类型：常绿灌木

识别要点：小叶卵状椭圆形，叶缘反卷，每边有大刺齿，侧生小叶背面有白粉，坚硬革质化。

生态习性：半阳性树种，性强健，对二氧化硫、氟化氢的抗性较强，花期 4—5 月，果期 9—10 月。

园林用途：适合栽植在庭院、园林围墙下，作为基础种植，在园林中可植为绿篱、境界林。可栽植于池边、山石旁，十分典雅，也可栽植于建筑物北侧、风景区山坡阴面、假山旁或石缝中。

自然分布：华中、华南、西南地区。（见图 4–3）

图 4–3 阔叶十大功劳

4. 十大功劳

别称：狭叶十大功劳、细叶十大功劳

拉丁名：*Mahonia fortunei*（Lindl.）Fedde

科属：小檗科 十大功劳属

植物类型：常绿小灌木

识别要点：小叶狭披针形，叶硬革质，叶缘有针刺状锯齿，入秋叶片转红，奇数羽状复叶。

生态习性：半阳性树种，喜温暖湿润气候，耐寒、耐旱，不耐碱，怕水涝，对有毒气体抗性一般，花期 8—10 月，果期 12 月。十大功劳与阔叶十大功劳虽然名字很相似，外形却有一定的区别，十大功劳的叶片更狭窄。

园林用途：可栽植于庭院、园林围墙下，作为基础种植，也可栽植于建筑物北侧、假山旁或石缝中等。

自然分布：华中、华南、西南地区。

植物文化：这种植物的全株树、根、茎、叶均可入药，且药效卓著，依照中国人凡事讲求好意头的习惯，便赋予它“十”这个象征完满的数字，因而得名“十大功劳”。（见图 4-4）

图 4-4　十大功劳

5. 枸骨

别称：老虎刺、鸟不宿

拉丁名：*Ilex cornuta* Lindl. et Paxt.

科属：冬青科 冬青属

植物类型：常绿灌木或小乔木

识别要点：叶硬革质，矩圆状四方形，顶端扩大，有硬而尖的刺齿 3 个。

生态习性：半阳性树种，耐干旱，不耐盐碱，较耐寒；花期 4—5 月，果期 9 月。

园林用途：枸骨是优良的观叶、观果树种，又是很好的绿篱、果篱、刺篱及盆栽材料。可孤植于花坛中心，对植于前庭、路口，或丛植于草坪边缘。

自然分布：长江中下游地区。

植物文化：“勤献红果以利世，也长尖刺为防身。”一棵枸骨在前，那红艳艳的果实令你喜爱万分，你心动了，却不敢伸手，因为每一片枸骨叶上都长着尖刺，只可远观而不可亵玩。枸骨在欧美国家常用作圣诞节的装饰品。（见图 4-5）

图 4–5 枸骨

6. 火棘

别称：火把果、救军粮

拉丁名：*Pyracantha fortuneana*（Maxim.）Li

科属：蔷薇科 火棘属

植物类型：常绿灌木

识别要点：高达 3 m，具枝刺；叶倒卵状长圆形，先端圆钝或微凹。

生态习性：阳性树种，耐贫瘠，抗干旱，不耐寒，耐修剪，喜萌发，自然抗逆性强，花期 3—5 月，果期 8—11 月。

园林用途：可做绿篱，还可作为盆景和插花材料。

自然分布：华中、西北地区。

植物文化：火棘是我国传统栽培的盆花及盆景之一，其果实累累、鲜红夺目，寿命长，在民间被视为吉祥花卉，象征红红火火、喜庆吉祥、健康长寿，有人称之为吉祥果。火棘在台湾地区又称状元红。（见图 4–6）

7. 南天竹

别称：南天竺、红杷子

拉丁名：*Nandina domestica* Thunb.

科属：小檗科 南天竹属

植物类型：常绿灌木

图 4-6 火棘

识别要点：多簇生，高达 2 m。茎直立，少分枝。2 ~ 3 回羽状复叶，互生，中轴有关节，小叶椭圆状披针形，先端渐尖，全缘。

生态习性：半阴性树种，喜温暖气候以及肥沃湿润、排水良好的土壤，耐寒性不强，对水分要求不严，花期 4—6 月，果期 9—10 月。

园林用途：南天竹树姿秀丽，枝叶扶疏，秋冬叶色变红，更有累累红果，圆润光洁，经久不落，在古典园林中常栽植于山石旁、庭院角落处，宜片植于林下，小型植株适合盆栽观赏。

自然分布：华北、华东及华南地区。

植物文化：南天竹经冬不凋，红果累累，寓意吉祥、走运、好兆头、日益强烈的爱情。（见图 4-7）

图 4-7 南天竹

8. 海桐

别称：七里香、海桐花

拉丁名：*Pittosporum tobira*（Thunb.）Ait.

科属：海桐科 海桐花属

植物类型：常绿灌木

识别要点：树冠浓密，叶倒卵形，先端圆或微凹，边缘反卷。

生态习性：半阳性树种，喜温暖湿润气候及酸性或中性土壤，对气候的适应性较强，萌芽力强，耐修剪，抗二氧化硫能力强，花期 5—6 月，果期 9—10 月。

园林用途：海桐株形圆整，四季常青，花味芳香，种子红艳，为著名的观叶、观果植物，通常可作为绿篱栽植，也可孤植、丛植于草丛边缘、林缘或门旁，或列植在路边，根据观赏要求修剪成平台状、圆球状、圆柱状等多种形态。海桐又为海岸防潮林、防风林及矿区绿化的重要树种。

自然分布：华东、中南等地区，长江流域至南岭以北。（见图 4–8）

图 4–8 海桐

9. 冬青卫矛

别称：大叶黄杨、正木

拉丁名：*Euonymus japonicus* Thunb.

科属：卫矛科 卫矛属

植物类型：常绿灌木

识别要点：小枝稍具棱，叶椭圆形，先端圆钝，革质，表面有光泽，边缘有细锯齿。

生态习性：半阳性树种，在淮河流域可露地自然越冬，在肥沃和排水良好的土壤中生长迅速，极耐修剪整形。花期 6—7 月，果期 9—10 月。

园林用途：冬青卫矛枝叶茂密，四季常青，叶色亮绿，常用作绿篱及背景种植材料。可将它们整成低矮的巨大球体，丛植于草地边缘或列植于园路两旁，也可用于花坛中心或对植于门旁，又可单株栽植在花境内。

自然分布：华中及以南地区。（见图 4-9）

图 4-9　冬青卫矛

10. 黄杨

别称：瓜子黄杨、锦熟黄杨

拉丁名：*Buxus sinica*（Rehd. et Wils.）Cheng

科属：黄杨科　黄杨属

植物类型：常绿灌木

识别要点：叶对生，革质，全缘，椭圆或倒卵形，表面亮绿色。花簇生叶腋或枝端。

生态习性：阳性树种，抗污染，喜肥沃、湿润且排水良好的土壤，耐旱，稍耐湿，忌积水，耐修剪，抗烟尘及有害气体。花期 4—5 月，果期 8—9 月。黄杨与大叶黄杨分别属于不同的科属，形态特征有一定区别。

园林用途：黄杨枝叶茂密，叶光亮、常青，可做绿篱、模纹花坛、灌木球以及各种图案造型。

自然分布：长江流域及以南地区。（见图 4-10）

图 4-10 黄杨

11. 金边黄杨

别称：金边冬青卫矛、金边大叶黄杨

拉丁名：*Euonymus japonicus* 'Aurea-marginatus'

科属：卫矛科 卫矛属

植物类型：常绿灌木

识别要点：单叶对生，厚革质，边缘具钝齿，叶表面深绿色，有黄色的斑纹。

生态习性：半阳性树种，萌芽力和发枝力强，耐修剪，耐瘠薄，适宜在肥沃、湿润的微酸性土壤中生长。花期 5—6 月，果期 9—10 月。

园林用途：金边黄杨的斑叶尤为美观，极耐修剪，可做绿篱、模纹花坛、灌木球以及各种图案造型。

自然分布：淮河流域及以南地区。（见图 4-11）

12. 雀舌黄杨

别称：匙叶黄杨

拉丁名：*Buxus bodinieri* Lévl.

科属：黄杨科 黄杨属

植物类型：常绿灌木

识别要点：雀舌黄杨枝叶繁茂，叶形别致，叶先端钝尖或微凹，薄革质，倒卵状匙形，像极了我们餐桌上的汤匙。

图 4-11　金边黄杨

生态习性：阳性树种，要求疏松、肥沃和排水良好的沙壤土，耐修剪，较耐寒，抗污。花期 8 月，果期 11 月。

园林用途：雀舌黄杨枝叶茂密，叶光亮、常青，可做绿篱、模纹花坛、灌木球以及各种图案造型。

自然分布：华中以南地区。（见图 4-12）

图 4-12　雀舌黄杨

13. 石楠

别称：细齿石楠

拉丁名：*Photinia serratifolia*（Desfontaines）Kalkman

科属：蔷薇科 石楠属

植物类型：常绿灌木或小乔木

识别要点：叶片革质，长椭圆形，叶缘疏生具腺细锯齿，早春幼枝嫩叶为紫红色，老叶经过秋季后部分出现赤红色。

生态习性：半阳性树种，短期能耐 -15℃的低温，萌芽力强，耐修剪，对烟尘和有毒气体有一定的抗性。花期 4—5 月，果期 10—11 月。

园林用途：根据需要可修剪成球形或圆锥形等不同的造型，在园林中孤植、基础栽植均可，也可丛栽，使其形成灌木丛，可与金叶女贞、红叶小檗等组成美丽的图案。

自然分布：华中、华南、西南地区。

植物文化：石楠花的花语是孤独寂寞、威严、庄重、索然无味。（见图 4-13）

图 4-13 石楠

14. 红叶石楠

别称：火焰红、千年红

拉丁名：*Photinia* × *fraseri*

科属：蔷薇科 石楠属

植物类型：常绿灌木

识别要点：叶革质，长椭圆形至倒卵披针形，有锯齿，春季新叶亮红色。

生态习性：半阳性树种，萌芽性强，耐修剪，易移植和整形，花期 4—5 月，果期 10 月。

园林用途：红叶石楠耐修剪且四季色彩丰富，适合做高档色带，可修剪成矮小灌木，作为色块植物片植，或组合成各种图案，也可以群植成大型绿篱、幕墙或灌木球，根据需要进行多功能、多层次、立体式的整形，在居住区、厂区绿地、街道或公路绿化隔离带应用。

自然分布：华东、中南及西南地区。

植物文化：红叶石楠因其鲜红色的新梢和嫩叶而得名，被誉为“红叶绿篱之王”。（见图 4–14）

图 4–14　红叶石楠

15. 红花檵木

别称：红桎木、红檵花

拉丁名：*Loropetalum chinense* var. *rubrum* Yieh

科属：金缕梅科 檵木属

植物类型：常绿灌木

识别要点：叶互生，全缘，卵形，嫩枝淡红色，越冬老叶暗红色。

生态习性：半阳性树种，耐修剪，耐瘠薄，萌芽力和发枝力强，花期 4—5 月，果期 9—10 月。

园林用途：红花檵木树态多姿，耐修剪，易蟠扎，叶色鲜艳，花开瑰丽，是花、叶俱美的观赏植物，广泛用于色篱、模纹花坛、灌木球、彩叶小乔木、桩景造型等。

自然分布：长江中下游及以南地区。

植物文化：红花檵木无惧时光荏苒，虽花无百日红，叶却可千日艳，常保持宜人的气质和翩翩的风度。

其花语是发财、幸福、相伴一生。浏阳市被誉为中国红花檵木之乡。红花檵木是长沙与株洲两市的市花。（见图 4-15）

图 4-15　红花檵木

16. 花叶青木

别称：洒金东瀛珊瑚、洒金桃叶珊瑚

拉丁名：*Aucuba japonica* var. *variegata* Dombrain

科属：山茱萸科 桃叶珊瑚属

植物类型：常绿灌木

识别要点：叶对生，革质，长椭圆形，先端尖，边缘疏生锯齿，两面油绿而富光泽，叶面黄斑累累，酷似洒金。

生态习性：阴性树种，喜湿润、肥沃、排水良好的土壤，耐修剪，对烟尘和大气污染的抗性强，花期 3—4 月，果期 11 月至次年 2 月。

园林用途：珍贵的耐阴灌木，叶片黄绿相映，凌冬不凋，宜栽植于园林的庇荫处或树林下，凡阴湿之处无不适宜。

自然分布：长江中下游地区。（见图 4-16）

17. 八角金盘

别称：八手、手树

拉丁名：*Fatsia japonica*（Thunb.）Decne. et Planch.

科属：五加科　八角金盘属

植物类型：常绿灌木

识别要点：叶 7 ~ 9 掌状深裂，基部心形，有光泽，叶缘粗锯齿。

生态习性：阴性树种，宜种植于排水良好和湿润的砂质壤土中，对二氧化硫抗性较强，花期 10—11 月，果期次年 4 月。

园林用途：八角金盘的叶丛四季油光青翠，叶片像一只只绿色的手掌，常丛植于假山边、大树下、高架桥下、建筑背阴面等。

自然分布：长江流域以南。

植物文化：八角金盘象征坚强、有骨气、八方来财，有聚四方才气，更上一层楼之意。（见图 4-17）

图 4-16　花叶青木

图 4-17　八角金盘

续图 4-17

18. 日本珊瑚树

别称：法国冬青

拉丁名：*Viburnum odoratissimum* var. *awabuki*（K.Koch）Zabel ex Rumpl.

科属：忍冬科 荚蒾属

植物类型：常绿灌木或小乔木

识别要点：枝有小瘤状凸起皮孔，叶革质，深绿色，狭倒卵状长圆形，全缘或有钝齿。

生态习性：半阳性树种，耐火、滞尘、抗有毒气体能力强，萌芽性强，耐修剪，花期 5—6 月，果期 7—9 月。

园林用途：珊瑚树四季常绿，耐修剪，适合做高、中、低绿篱墙，常植于挡土墙旁、设备用房旁、庭院围墙旁、道路两旁，也用作防火林带等。

植物文化：珊瑚树的果实初为橙红，之后红色渐变紫黑色，形似珊瑚，观赏性很高，故而得名。

自然分布：华东、华南地区。（见图 4-18）

图 4-18 日本珊瑚树

19. 龟甲冬青

别称：豆瓣冬青、龟背冬青

拉丁名：*Ilex crenata* var. *convexa* Makino

科属：冬青科 冬青属

植物类型：常绿小灌木

识别要点：老干灰白或灰褐色，叶椭圆形，新叶嫩绿色，老叶墨绿色，较厚，呈革质，有光泽。

生态习性：半阳性树种，较耐寒，萌芽力强，耐修剪，花期 5—6 月，果期 8—10 月。

园林用途：龟背冬青因质地细腻，生长能力强和耐修剪，常做地被和绿篱使用，也常用于彩块及彩条作为基础种植，有时也植于花坛、树坛及园路交叉口等。

自然分布：长江中下游至华南、华东、华北地区。（见图 4-19）

图 4-19 龟甲冬青

20. 山茶

别称：茶花、山茶花

拉丁名：*Camellia japonica* L.

科属：山茶科 山茶属

植物类型：常绿灌木或小乔木

识别要点：叶革质，椭圆形，先端略尖，深亮绿色。

生态习性：半阳性树种，略耐寒，一般品种能耐 −10 ℃的低温，耐暑热，花期 1—4 月。

园林用途：山茶花耐阴，可配置于疏林边缘，植于假山旁可构成山石小景，亭台附近、庭院中一角散点三、五株，格外雅致。

自然分布：华东、中南地区。

植物文化：山茶是中国传统的观赏花卉，中国"十大名花"之一，亦是世界名贵花木之一。山茶花顶风冒雪，不怕环境的恶劣，能在严寒的冬天久开不败，被人们称为"胜利之花"，象征着勇敢、正派和善于斗争。（见图 4–20）

图 4–20　山茶

21. 凤尾丝兰

别称：剑麻、厚叶丝兰、凤尾兰

拉丁名：*Yucca gloriosa* L.

科属：天门冬科　丝兰属

植物类型：常绿灌木

识别要点：叶密集，螺旋排列于茎端，质坚硬，有白粉，剑形，顶端坚硬，边缘光滑。

生态习性：阳性树种，除盐碱地外均能生长，抗污染，萌芽力强，花期 6—10 月。

园林用途：点景灌木、岩石或台坡旁灌木。凤尾丝兰常年浓绿，数株成丛，高低不一，适宜种植于花坛中心、岩石或台坡旁边，以及新式建筑物附近，也可利用其叶端尖刺做围篱，或种于围墙、栅栏之下，也可作为工矿区域绿化材料。

自然分布：长江流域及以南地区。

植物文化：凤尾兰，一种古老的植物，关于它的来源有一个神奇的传说。传说有一次凤凰涅槃失败后，因为没有新的身体，便附着在旁边的一棵植物上，然后，植物突然生长起来，开出了迎风摆动的美丽花朵，

这就是凤尾兰。凤尾兰的花语是盛开的希望。（见图 4–21）

图 4–21 凤尾丝兰

22. 小叶女贞

别称：小叶冬青、小白蜡

拉丁名： *Ligustrum quihoui* Carr.

科属：木樨科 女贞属

植物类型：半常绿灌木

识别要点：叶薄革质，椭圆形，顶端钝，全缘，边缘略向外反卷。

生态习性：半阳性树种，对毒气抗性强，耐修剪，萌发力强，花期 5—6 月，果期 8—11 月。

园林用途：小叶女贞主枝叶紧密、圆整又耐修剪，是制作绿篱的好材料。根据景观需要，可将其人工修剪、整形成形态各异的球形或云片型造型树，丛生或独干，每株可存有几个至十几个球或云片，也可以片植于林缘或与其他色叶灌木组合各种图案。

自然分布：中部、东部和西南部地区。（见图 4–22）

23. 野迎春

别称：云南黄馨、黄素馨、迎春柳花

拉丁名： *Jasminum mesnyi* Hance

科属：木樨科 素馨属

植物类型：常绿亚灌木

识别要点：叶对生，三出复叶或小枝基部具单叶。本种和迎春花很相似，主要区别在于本种为常绿植物，花较大，花冠裂片极开展，长于花冠管；后者为落叶植物，花较小，花冠裂片较不开展，短于花冠管。在地理分布上本种限于我国西南部，而后者分布在较北地区。

园林用途：野迎春枝条披垂，花色金黄，叶丛翠绿，宜配置在湖边、溪畔、桥头、墙隅，或在草坪、林缘、坡地等处种植，也可密植为花篱或作为开花地被植于岩石园内，观赏效果俱佳。南方可与蜡梅、山茶、水仙同植一处，构成新春佳景。

自然分布：产于四川西南部、贵州、云南。我国各地均有栽培。

植物文化：野迎春因在百花之中开花最早，花后即迎来百花齐放的春天而得名。（见图 4–23）

图 4-22　小叶女贞

图 4-23　野迎春

续图 4-23

24. 小叶蚊母树

别称：圆头蚊母树

拉丁名：*Distylium buxifolium*（Hance）Merr.

科属：金缕梅科 蚊母树属

植物类型：常绿阔叶灌木

识别要点：高 1 ~ 2 m；嫩枝秃净或略有柔毛，纤细，节间长 1 ~ 2.5 cm；老枝无毛，有皮孔，干后灰褐色；芽体有褐色柔毛。

生态习性：半阳性树种，萌芽力强，耐修剪，对有毒气体抗性强，防尘、隔音效果好，花期 4 月，果期 9 月。

园林用途：珍贵园林绿化树种。小叶蚊母树可植于路旁、庭前草坪上及大树下，或成丛、成片栽植，起到分隔空间的作用或作为其他花木的背景，亦可用作绿篱，同时是理想的城市及工矿区绿化及观赏树种，可修剪成各种造型。

自然分布：分布于四川、湖北、湖南、福建、广东及广西等地。常生于山溪旁或河边。

植物文化：蚊母树的叶子很容易被某类昆虫寄生产卵而形成“虫瘿”，也就是物体受害虫或真菌的侵害而形成的瘤状物，幼虫羽化后飞向天空，让人误认为蚊母树招蚊子。这便是蚊母树名字的由来。（见图 4-24）

图 4-24 小叶蚊母树

(二)观果类

(1)阔叶十大功劳 *Mahonia bealei* (Fort.) Carr.(同前)。

(2)十大功劳 *Mahonia fortunei* (Lindl.) Fedde(同前)。

(3)枸骨 *Ilex cornuta* Lindl. et Paxt.(同前)。

(4)火棘 *Pyracantha fortuneana* (Maxim.) Li(同前)。

(5)南天竹 *Nandina domestica* Thunb.(同前)。

(6)海桐 *Pittosporum tobira* (Thunb.) Ait.(同前)。

(7)冬青卫矛 *Euonymus japonicus* Thunb.(同前)。

(8)黄杨 *Buxus sinica* (Rehd. et Wils.) Cheng(同前)。

(9)金边黄杨 *Euonymus Japonicus* 'Aurea-marginatus'(同前)。

(10)雀舌黄杨 *Buxus bodinieri* Lévl.(同前)。

(11)石楠 *Photinia serratifolia* (Desfontaines) Kalkman(同前)。

（三）观干类

冬青卫矛 *Euonymus japonicus* Thunb.（同前）。

（四）观花类

1. 夹竹桃

别称：柳叶桃、断肠花

拉丁名：*Nerium oleander* L.

科属：夹竹桃科 夹竹桃属

植物类型：常绿直立大灌木

识别要点：高达 5 m，枝条灰绿色，聚伞花序顶生。

生态习性：阳性树种，不耐寒，也不耐旱，抗烟尘及有毒气体能力强，对土壤适应性强，花期 10 月。

园林用途：背景树、高绿篱。夹竹桃姿态潇洒，花色艳丽，兼有桃竹之胜，自初夏开花，经秋乃止，有特殊香气，是城市绿化的极好树种，宜植于公园、庭院、街头、绿地、岸边等处，也可作为背景树、工矿区绿化树种。

自然分布：我国长江以南地区均有分布。

植物文化：夹竹桃因茎部像竹、花朵像桃而得名，它是夹竹桃属中唯一的品种。夹竹桃朴实，但并不好欺，它的叶、花和皮都有剧毒，因此也称为断肠花。（见图 4-25）

图 4-25　夹竹桃

2. 扶桑

别称：状元红、桑槿、大红花、佛桑、朱槿、花叶朱槿

拉丁名：*Hibiscus rosa-sinensis*

科属：锦葵科 木槿属

植物类型：常绿灌木

识别要点：小枝圆柱形，疏被星状柔毛；叶阔卵形或狭卵形，先端渐尖，基部圆形或楔形，边缘具粗齿或缺刻，两面除背面沿脉上有少许疏毛外均无毛；花单生于上部叶腋间，常下垂，花梗长 3 ~ 7 cm，疏被星状柔毛或近平滑无毛，近端有节；萼钟形，长约 2 cm，被星状柔毛，裂片 5，卵形至披针形；花冠漏斗形，直径 6 ~ 10 cm，玫瑰红或淡红、淡黄等色，花瓣倒卵形，先端圆，外面疏被柔毛；雄蕊柱长 4 ~ 8 cm，平滑无毛，花柱分 5 枝；蒴果卵形，长约 2.5 cm，平滑无毛，有喙。

生态习性：喜温暖、湿润气候，不耐寒，喜肥沃而排水良好的土壤。

园林用途：观花植物，花大色艳，花期长，花色多，南方多散植于池畔、亭前、道旁和墙边，还可做成盆栽，布置节日花坛。

自然分布：产于我国福建、台湾、广东、广西、云南、四川等地，现温带至热带地区均有栽培。

植物文化：马来西亚称扶桑为“班加拉亚”，意为“大红花”，把扶桑当作马来民族热情和爽朗的象征，比喻烈火般热爱祖国的激情。斐济人每年 8 月都举行传统的“扶桑节”，历时 7 天。（见图 4-26）

图 4-26 扶桑

3. 含笑

别称：香蕉花、含笑花

拉丁名：*Michelia figo*

科属：木兰科 含笑属

植物类型：常绿灌木

识别要点：芽、幼枝和叶柄均密被黄褐色茸毛；叶革质，肥厚，倒卵状椭圆形，先端短钝尖，基部楔形，表面亮绿色，背面无毛；托叶痕长达叶柄顶端；花极香，淡黄色或乳白色；雄蕊长 7 ~ 8 mm，药隔伸出成急尖头，雌蕊群无毛，长约 7 mm，超出于雄蕊群，雌蕊群柄长约 6 mm，被淡黄色茸毛；聚合果长 2 ~ 3.5 cm；蓇葖卵圆形或球形，顶端有短而尖的喙。

生态习性：喜温暖湿润气候，不耐寒；喜半阴环境，不耐烈日；不耐干旱、瘠薄，要求排水良好、肥沃、疏松的酸性土壤；对氯气有较强的抗性。

园林用途：树形、叶形俱美，花朵香气浓郁，是热带和亚热带园林中重要的花灌木。可广泛应用于庭院、城市园林和风景区绿化，最宜配置于疏林下或建筑物阴面，也可盆栽观赏。

自然分布：产于我国南部，长江流域各地均有栽培。

植物文化：因为含笑具有花开而不放，似笑而不语这个特性，很有中国古典的含蓄之美，所以，它的花语为含蓄和矜持。（见图 4–27）

图 4–27　含笑

除以上植物之外，观花类常绿灌木还有阔叶十大功劳 *Mahonia bealei* (Fort.) Carr.、十大功劳 *Mahonia fortunei* (Lindl.) Fedde、火棘 *Pyracantha fortuneana* (Maxim.) Li、南天竹 *Nandina domestica* Thunb.、海桐 *Pittosporum tobira* (Thunb.) Ait.、冬青卫矛 *Euonymus japonicus* Thunb.、石楠 *Photinia serratifolia* (Desfontaines) Kalkman、红花檵木 *Loropetalum chinense* var. *rubrum* Yieh、山茶 *Camellia japonica* L.、凤尾丝兰 *Yucca gloriosa* L.、小叶女贞 *Ligustrum quihoui* Carr. 等。

（五）赏根类

山茶 *Camellia japonica* L.（同前）。

（六）赏株形类

（1）千头柏 *Platycladus orientalis* 'Sieboldii'（同前）。

（2）铺地柏 *Juniperus procumbens* （Endlicher） Siebold ex Miquel.（同前）。

（3）枸骨 *Ilex cornuta* Lindl. et Paxt.（同前）。

（4）海桐 *Pittosporum tobira* （Thunb.） Ait.（同前）。

（5）冬青卫矛 *Euonymus japonicus* Thunb.（同前）。

（6）黄杨 *Buxus sinica* （Rehd. et Wils.） Cheng（同前）。

（7）金边黄杨 *Euonymus Japonicus* 'Aurea–marginatus'（同前）。

（8）雀舌黄杨 *Buxus bodinieri* Lévl.（同前）。

（9）石楠 *Photinia serratifolia* （Desfontaines） Kalkman（同前）。

（10）红叶石楠 *Photinia* × *fraseri*（同前）。

（11）红花檵木 *Loropetalum chinense* var. *rubrum* Yieh（同前）。

（12）山茶 *Camellia japonica* L.（同前）。

二、落叶灌木

（一）观叶类

1. 皱皮木瓜

别称：贴梗海棠、贴梗木瓜

拉丁名：*Chaenomeles speciosa*（Sweet）Nakai

科属：蔷薇科 木瓜属

植物类型：落叶灌木

识别要点：单叶卵形互生，叶下有肾形托叶，叶缘具锯齿，花先叶开放或花叶同放。

生态习性：阳性树种，对土壤要求不严，萌生力强，耐修剪，花期 3—4 月，果期 9—10 月。

园林用途：贴梗海棠枝干丛生，早春花色艳丽，入秋硕果芳香，为春季重要的花灌木，可栽于草坪边缘、树丛周围、庭园四周，也可丛植于池畔溪边，做花篱等。

自然分布：全国各地均有栽培。

植物文化：皱皮木瓜得名于其果实跟木瓜海棠的果实相比，成熟后稍有皱缩；又因其果实形态奇特，像是倒长得梨，故有铁脚梨之称。（见图 4-28）

图 4-28 皱皮木瓜

2. 紫叶小檗

别称：红叶小檗

拉丁名：*Berberis thunbergii* 'Atropurpurea'

科属：小檗科 小檗属

植物类型：落叶灌木

识别要点：叶全缘，倒卵形，深紫色或红色，在短枝上簇生。

生态习性：阳性树种，耐修剪，对土壤要求不严，花期 4 月，果期 9—10 月。

园林用途：紫叶小檗是叶、花、果俱美的观赏花灌木，适宜在园林中用作花篱或在园路角隅丛植，也常用作大型花坛镶边或剪成球形对称状配植，或点缀在岩石间、池畔，也可与金叶女贞、龙柏、黄杨等组成色块，构成各种模纹绿篱等。

自然分布：华东、华北地区。

植物文化：紫叶小檗的花朵朴素而低调，垂于叶下，内敛含蓄，隐约透露着东方女子的神韵。（见图4-29）

图 4-29　紫叶小檗

3. 金叶女贞

别称：黄叶女贞

拉丁名：*Ligustrum × vicaryi*

科属：木樨科 女贞属

植物类型：落叶灌木

识别要点：叶薄革质，单叶对生，椭圆形或卵状椭圆形，叶片呈金黄色。

生态习性：半阳性树种，病虫害少，生长迅速，耐修剪，花期 5—6 月，果期 10 月。

园林用途：叶色金黄，可与紫叶小檗、红花檵木、龙柏、黄杨等组成色块，也可修剪成球形或做绿篱。

自然分布：华北南部、华东、华南等地区。

植物文化：金叶女贞的叶子为绚丽的金黄色，花为银白色，因此有“金玉满堂”之意。（见图 4–30）

图 4–30　金叶女贞

4. 无花果

别称：映日果、文仙果

拉丁名：*Ficus carica* Linn.

科属：桑科　榕属

植物类型：落叶灌木

识别要点：高 3 ~ 10 m，树皮灰褐色，皮孔明显；叶互生，花果期 5—7 月，果实大，呈梨形，直径 3.5 cm，顶部下陷。

生态习性：阳性树种，对二氧化硫、氯化氢、二氧化碳、硝酸雾以及苯等物质，都有一定的抵御和吸收能力。

园林用途：良好的园林及庭院绿化观赏树种，是最好的盆栽果树之一。

自然分布：除东北、西藏和青海外，我国其他地区均有无花果分布。

植物文化：无花果纯朴无华，还未见它的花，就已是果满枝头了。其实无花果是有花的，只是它的花朵隐藏在囊状花托里，植物学上称为“隐头花序”。东欧一些国家把无花果作为幸福、美满的象征，认为其是不可缺少的新婚礼品。（见图 4–31）

图 4–31　无花果

5. 小蜡

别称：山指甲

拉丁名：*Ligustrum sinense* Lour.

科属：木樨科 女贞属

植物类型：落叶灌木

识别要点：叶薄革质或稍蜡质，椭圆形，顶端钝，全缘，边缘略向外反卷。

生态习性：半阳性树种，较耐寒，耐修剪，对有毒气体抗性强，花期 5—6 月，果期 9—12 月。

园林用途：小蜡常植于庭园观赏，或丛植于林缘、池边、石旁、工矿区等；可修剪成长方、圆等几何形体或密植作为绿篱、中央分车带绿带等。

自然分布：长江以南地区均有分布。

植物文化：小蜡的种子可以酿酒，种子可以榨油供制肥皂，树皮和叶可入药，具清热降火、抑菌抗菌、去腐生肌等功效。（见图 4–32）

图 4–32 小蜡

（二）观果类

1. 紫叶小檗

紫叶小檗 *Berberis thunbergii* 'Atropurpurea'（同前）。

2. 花椒

别称：秦椒、蜀椒

拉丁名：*Zanthoxylum bungeanum* Maxim.

科属：芸香科 花椒属

植物类型：落叶灌木或小乔木

识别要点：茎干上的刺常早落，枝有短刺，小叶对生。

生态习性：阳性树种，萌芽力强，故耐强修剪，不耐涝，适宜温暖湿润的环境及土层深厚、肥沃的壤土，花期 4—5 月，果期 8—9 月。

园林用途：花椒果为常用的香料。花椒多枝刺，既可孤植，也可做防护刺篱。

自然分布：主要分布于黄河中下游地区。

植物文化：花椒树果实累累，是子孙繁衍的象征，古代皇帝的妻妾用花椒泥涂墙壁，谓之“椒房”，希望皇子们能像花椒树一样旺盛。古代人还认为花椒的香气可辟邪。（见图 4-33）

图 4-33 花椒

（三）观干类

1. 紫荆

别称：满条红、箩筐树

拉丁名：*Cercis chinensis* Bunge

科属：豆科 紫荆属

植物类型：丛生灌木

识别要点：高 2 ~ 4 m，叶近圆形，先端骤尖，基部心形。

生态习性：阳性树种，忌水湿，萌蘖性强，耐修剪，耐寒，花期 3—4 月，果期 8—10 月。

园林用途：紫荆是观花、叶、干俱佳的花灌木，适合栽种于庭院、公园、广场、草坪、街头游园、道路绿化带等处。

自然分布：黄河流域及以南地区。

植物文化：紫荆一直是家庭和美、骨肉情深的象征，后来也代表兄弟和睦。（见图 4-34）

图 4-34 紫荆

2. 连翘

别称：黄花杆

拉丁名：*Forsythia suspensa*（Thunb.）Vahl

科属：木樨科 连翘属

植物类型：落叶灌木

识别要点：干丛生，枝开展，拱形下垂，小枝黄褐色，皮孔明显，髓中空，花先叶开放。

生态习性：半阳性树种，怕涝，不择土壤，根系发达，花期 3—5 月，果期 7—9 月。

园林用途：连翘是北方常见的早春观花灌木，宜丛植于草坪、角隅、岩石假山下、路缘转角处、阶前篱下作为基础种植，或做花篱，或丛植于堤岸处。

自然分布：除华南地区外，其他地区均有。

植物文化：连翘早春花先叶开放，满枝金黄夺目，俗称一串金。（见图 4-35）

图 4-35 连翘

3. 锦带花

别称：五色海棠、山脂麻

拉丁名：*Weigela florida*（Bunge）A. DC.

科属：忍冬科 锦带花属

植物类型：落叶灌木

识别要点：叶卵状椭圆形，先端锐尖，叶缘有锯齿，表面脉上有毛，花 5 瓣，长喇叭状。

生态习性：阳性树种，怕水涝，生长迅速，对氯化氢抗性强，花期 4—6 月，果期 10 月。

园林用途：锦带花枝叶茂密，花色艳丽，花期长，是华北地区主要的春季花灌木，适宜在庭院墙隅、湖畔群植，或在林缘丛植、做花篱等，也可点缀于假山、坡地等处。

自然分布：长江流域及以北地区。

植物文化："锦"作为形容词是鲜艳华美的意思。锦带花就因其每根枝条上下缀满鲜艳的花朵，宛如一条条华丽的彩带而得名，其花语是前程似锦、绚烂和美丽。（见图 4-36）

图 4-36　锦带花

4. 野蔷薇

别称：多花蔷薇

拉丁名：*Rosa multiflora* Thunb.

科属：蔷薇科 蔷薇属

植物类型：落叶灌木

识别要点：枝细长，上升或蔓生，有皮刺，羽状复叶，边缘具锐锯齿，有柔毛，小叶 5 ~ 9 枚，花有重瓣和单瓣花之分。

生态习性：阳性树种，耐寒，对土壤要求不严，耐瘠薄，忌低洼积水，花期 4—5 月。

园林用途：花架、长廊、假山石壁的垂直绿化等。

自然分布：华北、华中、华东、华南及西南地区。

植物文化：野蔷薇花具有诗人般的气质，因此它的花语是浪漫。野蔷薇习性强健，生命力旺盛，寓意健康长寿，是优良的别墅庭院绿化植物。（见图 4-37）

图 4-37　野蔷薇

除以上植物之外，观干类落叶灌木还有皱皮木瓜 *Chaenomeles speciosa* (Sweet) Nakai、花椒 *Zanthoxylum bungeanum* Maxim.，详情同前。

(四) 观花类

1. 绣球荚蒾

别称：八仙花、绣球、木绣球

拉丁名：*Viburnum macrocephalum* Fort.

科属：五福花科　荚蒾属

植物类型：半落叶灌木

识别要点：叶对生，大而有光泽，倒卵形至椭圆形，缘有粗锯齿。

生态习性：阴性树种，喜富含腐殖质而排水良好的酸性土壤，萌芽力强，花期 5—7 月。

园林用途：常植于园路两侧、林下、路缘等。木绣球花球大而美丽，宜孤植，也可群植于园路两侧、林下、路缘、棚架边及建筑物之北面、墙下窗前等。

自然分布：长江流域。

植物文化：木绣球叶临冬至翌年春季逐渐落尽，为半落叶灌木。绣球是我国传统的吉祥花卉，象征着吉祥圆满。（见图 4-38）

图 4-38　绣球荚蒾

2. 琼花

别称：聚八仙、蝴蝶花

拉丁名：*Viburnum macrocephalum* f. *keteleeri*（Carr.）Rehd.

科属：忍冬科 荚蒾属

植物类型：半落叶灌木

识别要点：花大如盘，洁白如玉，聚伞花序生于枝端。

生态习性：半阳性树种，宜在肥沃、排水良好的土壤中生长，花期 4—6 月，果期 9—10 月。

园林用途：琼花的美，是一种独具风韵的美，花开洁白如玉、清秀淡雅，秋季红果鲜艳，宜孤植，也可群植于园路两侧、林下、路缘、棚架边及建筑物之北面、墙下窗前等。

自然分布：华东、中南地区。

植物文化：琼花在我国文化底蕴深厚，有着种种富有浪漫色彩的传说和逸闻轶事，被称为“稀世的奇花异卉”“中国独特的仙花”“有情花”，为扬州市市花。另外，琼花形似八位仙子围着圆桌品茗聚谈，这种独特的花形是植物中所稀有的，美其名曰“聚八仙”。（见图 4-39）

图 4-39 琼花

3. 珍珠梅

别称：喷雪花、雪柳

拉丁名：*Sorbaria sorbifolia*（L.）A. Br.

科属：蔷薇科 珍珠梅属

植物类型：落叶灌木

识别要点：叶卵状披针形，先端渐尖，边缘尖锐重锯齿。

生态习性：半阳性树种，不耐积水、干旱、盐碱，对污染和有毒气体抗性强，果期 9—10 月。

园林用途：点景灌木、窗前屋后灌木，也可做绿篱或切花。珍珠梅的花如雪、叶如柳，清丽动人，花期长且正值夏季少花季节，耐阴，可孤植、列植、丛植于庭院、林缘、路旁、各类建筑物北侧阴面等，效果俱佳。

自然分布：华北、华东、东北地区。

植物文化：珍珠梅的花苞未绽开时如一颗颗饱满的珍珠颗粒，因此而得名。花语是友情、努力。（见图 4-40）

图 4-40 珍珠梅

4. 重瓣棣棠花

别称：金棣棠、麻叶棣棠

拉丁名：*Kerria japonica* f. *pleniflora*（Witte）Rehd.

科属：蔷薇科　棣棠花属

植物类型：落叶灌木

识别要点：单叶互生，叶卵形或三角状卵形，先端长渐尖，具不规则重锯齿。

生态习性：半阳性树种，对土壤要求不严，喜肥沃疏松的沙壤土，花期4—5月，果期6—7月。

园林用途：棣棠花枝叶翠绿、纤细柔软，金花满树，宜用作花篱、花境，群植于常绿树丛之前、古树名木之旁、山石缝隙之中，片植于池畔、水边、溪流及湖沼沿岸、疏林草地或山坡林下等，雅致而有野趣。

自然分布：华北、华东、华中、西南地区。

植物文化：重瓣棣棠花颜色明黄、花朵饱满，它的花语和象征意义是高贵。（见图4-41）

图4-41　重瓣棣棠花

5. 金丝桃

别称：土连翘

拉丁名：*Hypericum monogynum* L.

科属：藤黄科 金丝桃属

植物类型：半落叶灌木

识别要点：叶对生，长圆形，中脉明显，全缘，基部渐窄，略抱茎。

生态习性：半阳性树种，喜温暖湿润气候，较耐寒，花期6月，果期8—9月。

园林用途：花篱、花境材料。金丝桃花叶秀丽，花冠如桃花，雄蕊金黄色，细长如金丝，绚丽可爱，可植于庭院内、林荫树下、假山旁、路旁等，也可配植于玉兰、桃花、海棠、丁香等春花树下，可延长景观观赏时间。

自然分布：黄河流域及以南地区。

植物文化：在苏格兰，传说在窗户上挂这种“草”可以消灾，所以金丝桃的花语是迷信。（见图4–42）

图4–42　金丝桃

6. 绣线菊

别称：柳叶绣线菊、珍珠梅

拉丁名：*Spiraea salicifolia* L.

科属：蔷薇科 绣线菊属

植物类型：落叶灌木

识别要点：叶长圆状披针形，先端急尖或渐尖，叶缘有重锯齿。

生态习性：阳性树种，喜温暖湿润的气候和深厚肥沃的土壤，萌芽力强，耐修剪，花期6月，果期 8—9 月。

园林用途：绣线菊枝繁叶茂，叶似柳叶，花色粉红，小花密集，花期长，是良好的园林观赏植物和蜜源植物，宜种植于庭院、池旁、路旁、草坪等地，亦可做花篱。

自然分布：西北、华东、西南地区。

植物文化：绣线菊抗寒、抗旱能力强，修剪之后又会努力生长出新的枝叶，绣线菊就是依靠这种顽强的精神让美丽的花朵延长开放时间的，因此绣线菊具有祈福、努力的象征意义。（见图 4–43）

图 4–43　绣线菊

7. 杜鹃

别称：映山红

拉丁名：*Rhododendron simsii* Planch.

科属：杜鹃花科 杜鹃花属

植物类型：常绿灌木

识别要点：叶纸质，椭圆状卵形，春叶较短，夏叶较长，顶端锐尖，叶面疏生糙伏毛。

生态习性：半阳性树种，喜酸性土壤，喜凉爽、湿润、通风的半阴环境，既怕酷热又怕严寒，花期 3—5 月，果期 10—11 月。

园林用途：杜鹃花繁叶茂，绮丽多姿，最宜在林缘、溪边、池畔及岩石旁成丛栽植，也可于疏林下散植，也可用作花篱、杜鹃专类园等。杜鹃绽放时能给人热闹而喧腾的感觉，其深绿色的叶片也很适合在庭园中做矮墙或屏障。

自然分布：长江流域及以南地区。

植物文化：杜鹃花在我国的栽培历史至少已有一千多年。杜鹃品种繁多、花色艳丽，当春季开放时，满山鲜艳的花朵像彩霞绕林，被人们誉为“花中西施”，是中国十大名花之一。杜鹃是长沙、无锡、镇江、

大理、嘉兴等城市的市花。（见图 4–44）

图 4–44　杜鹃

8. 结香

别称：打结花

拉丁名：*Edgeworthia chrysantha* Lindl.

科属：瑞香科　结香属

植物类型：落叶灌木

识别要点：叶在花前凋落，叶片长椭圆形，先端短尖，两面均被银灰色绢状毛，枝干多皮孔和节痕。

生态习性：半阴性树种，不耐寒，不耐水湿，以排水良好的肥沃壤土生长较好，花期1—3月，果期5—7月。

园林用途：结香树冠球形，姿态优雅，是适合冬季观赏的观花植物，适植于庭前、路旁、水边、石间、墙隅。同时枝条柔软，弯之可打结而不断，常整成各种形状。

自然分布：中南及长江流域以南地区。

植物文化：结香被称作中国的爱情树，据说恋爱中的人要得到长久而甜蜜的爱情，只要在结香的枝上打两个同向的结，这个愿望就能实现。结香具有“喜结连枝”之意。（见图4-45）

图4-45　结香

9. 蜡梅

别称：干枝梅、腊梅

拉丁名：*Chimonanthus praecox*（L.）Link

科属：蜡梅科 蜡梅属

植物类型：落叶灌木

识别要点：叶椭圆形，先端渐尖，叶近全缘，叶面较粗糙，先花后叶。

生态习性：阳性树种，喜土层深厚、排水良好的土壤，耐修剪，易整形，花期 11 月至次年 3 月。

园林用途：蜡梅花冬季傲然开放，花黄似腊，是冬季观赏花木之一，宜孤植、对植、丛植、群植于建筑物的入口两侧和厅前、亭周、窗前屋后、墙隅及草坪、水畔、路旁、岩石假山旁等处，若与南天竹搭配，冬天红果、黄花、绿叶交相辉映，更具特色。

自然分布：长江流域及西南地区。

植物文化：蜡梅是我国特产的名贵花木，在百花凋零的隆冬绽放，斗寒傲霜，表现了中华民族在强暴面前永不屈服的性格，能给人一定的精神启迪。（见图 4–46）

图 4–46 蜡梅

10. 木芙蓉

别称：芙蓉花、木莲

拉丁名：*Hibiscus mutabilis* L.

科属：锦葵科 木槿属

植物类型：落叶灌木

识别要点：小枝密被星状毛，叶卵圆状心形，花单生，萼钟形，蒴果扁球形，被淡黄色刚毛。

生态习性：半阳性树种，耐修剪，对土壤要求不严，花期 8—11 月不间断开放。

园林用途：在庭院、坡地、路边、林缘及建筑物周边作为点景材料等。

自然分布：黄河流域至华南地区。

植物文化：木芙蓉又名木莲，因花“艳如荷花”而得名；又名醉芙蓉，因花色朝白暮红而得名；还名断肠草，因花朵有毒，相传毒死了神农氏而得名。（见图 4-47）

图 4-47　木芙蓉

11. 月季

别称：月月红

拉丁名：*Rosa chinensis* Jacq .

科属：蔷薇科　蔷薇属

植物类型：落叶灌木

识别要点：小枝粗壮，呈圆柱形，有短粗的钩状皮刺；奇数羽状复叶，具小叶 3 ~ 5 枚，小叶片宽卵形，先端渐尖，边缘有锐锯齿。

生态习性：阳性树种，既耐寒又耐旱，对土壤要求不严，是吸收有毒气体的能手；花期4—9月；果期6—11月。

园林用途：月季花是春季主要的观赏花卉，花期长，观赏价值高，宜片植、丛植于花坛、花境、庭院围墙下、林缘等处，也是做花篱、刺篱的好材料。又因其攀缘生长的特性，是垂直绿化的好材料，可制作各种拱形、网格形、框架式架子供月季攀附。

自然分布：我国南北均有分布。

植物文化：月季是中国十大名花之一，被称为花中皇后，它具有一种坚韧不屈的精神，花香悠远，被视为幸福、美好、和平、友谊的象征。月季是卢森堡的国花，也是中国北京、天津等城市的市花。（见图4-48）

图4-48 月季

12. 牡丹

别称：富贵花

拉丁名： *Paeonia suffruticosa* Andrews

科属：芍药科 芍药属

植物类型：落叶灌木

识别要点：二回三出复叶，阔卵状长椭圆形，先端3～5裂，叶背粗糙有白粉，叶缘浅裂，裂片多三角形。

生态习性：阳性树种，耐寒，耐干旱，耐弱碱，忌积水，花期3—4月，果期9—10月。

园林用途：建立专类园或作为点景材料。牡丹可在各种园林绿地中建立专类园或自然式孤植、丛植或片植，也可在古典园林和庭院中栽植。

自然分布：主要分布于黄河中下游地区。

植物文化：牡丹花型宽厚，被称为花中之王，有“国色天香”的美誉，寓意着圆满、浓情、富贵。它雍容华贵、端妍富丽，是吉祥昌荣的象征。牡丹为洛阳、菏泽、铜陵、宁国、牡丹江等城市的市花。每年4月5日前后至5月5日前后会举办“中国洛阳牡丹文化节”。（见图4-49）

图4-49　牡丹

13. 木槿

别称：木棉、荆条、木槿花

拉丁名：*Hibiscus syriacus* L.

科属：锦葵科 木槿属

植物类型：落叶灌木

识别要点：高达4 m；叶菱状卵圆形，常3裂，先端钝；花期6—10月，花色丰富，单生，花冠钟形；果卵圆形或长圆形，密被金黄色星状毛。

生态习性：半阳性树种，对二氧化硫与氯化物等有害气体抗性强，滞尘能力强。

园林用途：夏、秋季的重要观花植物，也是有污染的工厂的主要绿化树种。

自然分布：东北南部至华北及华南地区均有栽培。

植物文化：木槿花开一朵谢一朵，枝上总是新花嫩蕊，植株看上去总是欣欣向荣，因此虽是“朝开暮落花”，却让人看了不丧气。它每一次凋谢都是为了下一次更绚烂的开放，让人感受到一种厚积薄发的力量，木槿的花语是坚韧、质朴、永恒、美丽，为韩国国花。（见图 4–50）

图 4–50 木槿

除以上植物之外，观花类落叶灌木还有连翘 *Forsythia suspensa* (Thunb.) Vahl、锦带花 *Weigela florida* (Bunge) A. DC.、野蔷薇 *Rosa multiflora* Thunb.、小蜡 *Ligustrum sinense* Lour.、金叶女贞 *Ligustrum* × *vicaryi* 等，详情同前。

（五）赏根类

蜡梅 *Chimonanthus praecox*（L.） Link（同前）。

（六）赏株形类

（1）皱皮木瓜 *Chaenomeles speciosa*（Sweet） Nakai（同前）。

（2）结香 *Edgeworthia chrysantha* Lindl.（同前）。

（3）夹竹桃 *Nerium oleander* L.（同前）。

任务二 藤本植物认知及应用

【任务提出】藤本植物是指能缠绕或攀附他物而向上生长的木本植物，也叫攀缘植物，不能直立，需攀缘于山石、墙面、篱栅，棚架之上，有常绿与落叶之分。根据生长特点，藤本植物可以进一步划分为缠绕类（如紫藤）、吸附类（如爬山虎）、卷须类（如葡萄）、钩刺与蔓条类（如蔷薇）。本任务是认识园林景观中常见的藤本植物。

【任务分析】园林中的藤本植物种类繁多，识别时，先明确其分类地位，再掌握其识别要点，了解其分布与习性、植物类型、园林用途等。

【任务实施】准备常见的藤本植物图片及新鲜材料，教师首先引导学生认真观察分析，简要总结藤本植物的特点，接着到实际绿地中结合具体的植物介绍观察的方法、步骤及内容，最后让学生分组到当地植物园、公园等实地中调查、识别。

一、吸附类藤本

1. 常春藤

别称：爬墙虎、三角藤、中华常春藤

拉丁名：*Hedera nepalensis* var. *sinensis*（Tobl.） Rehd

科属：五加科 常春藤属

植物类型：多年生阴性藤本植物

识别要点：有发达的吸附性气生根，叶片革质，单叶互生，叶三角状卵形或戟形。

生态习性：阴性，不耐寒，喜湿润、疏松、肥沃的土壤，不耐盐碱，花期 8—9 月，果期次年 3-5 月。

园林用途：常春藤的叶色、叶形变化多端，四季常青，是优美的攀缘性植物，可攀缘于假山、岩石或在建筑阴面做垂直绿化，也可攀缘于林缘树木、林下路旁、房屋墙壁等，在立体绿化中发挥着举足轻重的作用。

自然分布：华中、华南、西南地区。

植物文化：常春藤被认为是一种神奇的植物，象征忠诚，有春天长驻之意，深得人们的喜爱。送友人常春藤表示友谊之树长青。（见图 4-51）

图 4-51　常春藤

2. 地锦

别称：爬墙虎、爬山虎、飞天蜈蚣

拉丁名：*Parthenocissus tricuspidata*（Siebold & Zucc.）Planch.

科属：葡萄科　地锦属

植物类型：多年生大型木质落叶藤本植物

识别要点：分枝具有卷须，卷须顶端有吸盘，吸附力很强，叶绿色，秋季变为红色，花多为两性，雌雄同株。

生态习性：阴性，对二氧化硫和氧化氢等有害气体有较强的抗性，对空气中的灰尘有吸附能力，花期 4—6 月，果期 9—10 月。

园林用途：地锦枝叶茂密，常攀缘在墙壁或岩石上，是垂直绿化的优选植物，适宜植于楼房墙壁、围墙、庭园入口、挡土墙、护坡等处；它还是秋季色叶植物，既可美化环境，又能降温，调节空气，减少噪音。

自然分布：华东、华中、华南地区。

植物文化：地锦具有旺盛的生命力，象征不屈向上，也有纠缠不清之意。（见图 4-52）

图 4-52　地锦

3. 厚萼凌霄

别称：凌霄花、美洲凌霄、美国凌霄

拉丁名：*Campsis radicans*（L.）Seem.

科属：紫葳科　凌霄属

植物类型：落叶藤本植物

识别要点：以气生根攀附于他物之上，羽状复叶对生，小叶 9 ~ 11 枚，卵状披针形。

生态习性：阴性，耐盐碱，病虫害较少，以排水良好、疏松的中性土壤为宜，花期 6—8 月。

园林用途：凌霄虬曲多姿，枝叶茂密，花大色艳，为庭园中棚架、花门的良好绿化材料，也可攀缘于墙垣、枯树、石壁，或点缀于假山间隙等。

自然分布：主产于长江流域地区。

植物文化：凌霄花寓意着慈母之爱，它的花语是声誉。（见图 4-53）

图 4-53　厚萼凌霄

二、缠绕类藤本

1. 紫藤

别称：藤萝、葛花

拉丁名：*Wisteria sinensis* （Sims） DC.

科属：豆科 紫藤属

植物类型：落叶藤本植物

识别要点：干皮深灰色，不裂，嫩枝暗黄绿色，密被柔毛，奇数羽状复叶互生。

生态习性：半阳性，生长较快，寿命较长，缠绕能力较强，对有害气体抗性较强，有一定的滞尘能力，花期 4—5 月。

园林用途：紫藤为长寿树种，茎蔓蜿蜒屈曲，花朵繁多，荚果摇曳，是优良的落叶藤本植物，最宜作为棚架、凉亭、绿廊花架栽培，可用于点缀拱门、井架、窗格、枯树、台坡，以及用作建筑物的墙面装饰等。

自然分布：华东、华中、华南、西北和西南地区。

植物文化：紫藤、凌霄、忍冬、葡萄为四大藤本，紫藤攀绕枯木，有枯木逢生之意。（见图 4–54）

图 4–54　紫藤

2. 木香花

别称：木香、七里香

拉丁名：*Rosa banksiae* Ait.

科属：蔷薇科 蔷薇属

植物类型：半常绿藤本植物

识别要点：树皮红褐色，呈薄条状脱落，小枝绿色，近无皮刺，叶缘有细锯齿。

生态习性：阳性，畏水湿，忌积水，萌芽力强，耐修剪，寿命长。花期 4—6 月。

园林用途：木香花晚春至初夏开放，花朵繁多，香味浓郁，广泛用于花架、花格墙、篱垣、崖壁、棚架、凉亭等的垂直绿化。

自然分布：中国各地广泛栽培。

植物文化：木香花的花语是我是你的俘虏。（见图 4–55）

图 4–55　木香花

3. 忍冬

别称：金银藤、金银花

拉丁名：*Lonicera japonica* Thunb.

科属：忍冬科 忍冬属

植物类型：多年生半常绿藤本植物

识别要点：小枝细长中空，藤为赤褐色，叶子卵形对生，枝叶均密生柔毛。

生态习性：半阳性，以湿润、肥沃的深厚砂质壤土生长为佳，花期4—6月，果期10—11月。

园林用途：金银花匍匐生长能力比攀缘生长能力强，故更适合植于林下、林缘、建筑物北侧等处做地被；还可以做绿化矮墙，制作花廊、花架、花栏、花柱以及缠绕假山石等。

自然分布：各地区均有分布。

植物文化：忍冬夏季开放，初放时洁白如银，数日后变为金黄，新旧相参，黄白相映，散发浓香，故又名金银花。（见图4-56）

图4-56 忍冬

4. 茑萝松

别称：五角星花、狮子草、茑萝

拉丁名：*Ipomoea quamoclit* L.

科属：旋花科　虎掌藤属

植物类型：一年生柔弱缠绕草本

识别要点：叶长卵形，单叶互生，叶的裂片细长如丝，羽状深裂至中脉。

生态习性：阳性，不耐寒，能自播，要求土壤肥沃；抗逆力强，管理简便，花期 7—9 月。

园林用途：茑萝松蔓叶纤细秀丽，其花形虽小，却十分顽强，星星点点散布在绿叶丛中，活泼动人，是制作庭院花架、花篱的优良植物，一般用于布置矮垣短篱或绿化阳台，还可用作地被。

自然分布：华中、华南地区均有分布。

植物文化：茑萝之形态颇似茑与女萝，茑即桑寄生，女萝即菟丝子，二者都是寄生于松柏的植物，故合二名以名之。（见图 4–57）

图 4–57　茑萝松

三、卷须类藤本

1. 葡萄

别称：草龙珠

拉丁名：*Vitis vinifera* L.

科属：葡萄科 葡萄属

植物类型：落叶木质藤本

识别要点：小枝圆柱形，有纵棱纹，掌状单叶，互生，圆锥花序。

生态习性：阳性，对土壤的适应性较强，以肥沃的沙壤土最为适宜，果期 7—10 月。

园林用途：葡萄是传统的荫棚材料，可结合生产进行种植，最适宜在庭院中种植。

自然分布：长江流域以北地区均有分布。

植物文化：葡萄是世界最古老的植物之一，具有深厚的植物文化，其果实成串多粒，表示多子多福，寓意人丁兴旺；另外，种一颗种子，结上万个果实，寓意一本万利。葡萄也是重要的传统吉祥图案，多运用于刺绣、剪纸等民俗文化之中。（见图 4-58）

图 4-58 葡萄

2. 五叶地锦

别称：五叶爬山虎

拉丁名：*Parthenocissus quinquefolia*（L.）Planch.

科属：葡萄科 地锦属

植物类型：落叶藤本植物

识别要点：具分枝，卷须顶端有吸盘，小叶倒卵圆形，叶缘有粗锯齿，常生于短枝顶端两叶间。

生态习性：阳性，耐寒，耐贫瘠、干旱，对土壤和气候适应性强，对二氧化硫等有害气体抗性强；花期6月，果期10月。

园林用途：可配置于宅院墙壁、围墙、庭园入口处或绿化老树干等，也可用作地被。

自然分布：东北至华南地区均有分布。（见图4-59）

图4-59 五叶地锦

四、钩刺与蔓条类藤本

1. 扶芳藤

别称：爬行卫矛、胶东卫矛

拉丁名：*Euonymus fortunei*（Turcz.）Hand. Mazz.

科属：卫矛科 卫矛属

植物类型：常绿藤本植物

识别要点：叶对生，薄革质，长椭圆形，先端钝或急尖，叶缘具细锯齿。

生态习性：阴性，对有毒气体抗性强，对土壤的适应性强，生长快，萌芽力强，极耐修剪，成形快，攀缘性、匍匐性强，花期 6—7 月。

园林用途：扶芳藤生长旺盛，终年常绿，其叶入秋变红，攀缘能力一般，适宜植于林缘、林下做地被，也可以点缀墙角、山石、老树等。

自然分布：华北、华东、中南、西南地区。

植物文化：扶芳藤的花语是感化。（见图 4-60）

图 4-60　扶芳藤

2. 花叶络石

别称：斑叶络石

拉丁名：*Trachelospermum jasminoides* 'Flame'

科属：夹竹桃科 络石属

植物类型：常绿木质藤蔓植物

识别要点：新枝叶被短柔毛，叶革质，卵状椭圆形。

生态习性：半阳性，喜空气湿度较大的环境，喜排水良好的酸性、中性土壤，生长快，花果期 5—8 月。

园林用途：花叶络石的叶色具有多个层次，极似一簇簇盛开的鲜花，适宜在行道树下的隔离带种植，或种植于庭院、公园的院墙、亭、廊等处，或用作疏林、林缘地被，也适宜用于花箱、花台、花坛等。

自然分布：中国长江流域以南地区。（见图 4-61）

图 4-61　花叶络石

3. 藤本月季

别称： 藤蔓月季、爬藤月季

拉丁名： *Rosa*（*Climbers Group*）

科属：蔷薇科 蔷薇属

植物类型： 落叶藤性灌木

识别要点： 藤本月季包括由自然界原种或灌木状月季的枝变种，分藤性及蔓生两类，都可扦插繁殖。由蔷薇原种育成的藤本，生长强健，还能攀缘在墙壁上，覆盖墙面。

生态习性： 藤本月季植株较高大，每年从基部抽生粗壮新枝，于二年生藤枝先端长出较粗壮的侧生枝。性强健，生长迅速，以茎上的钩刺或蔓靠他物攀缘。属四季开花习性，其中以晚春或初夏二季花的数量最多，然后由夏至秋断断续续开一些花。如果条件适宜，养护得当，秋季也可再次开出大量的花朵。攀缘生长型，根系发达，抗性极强，枝条萌发迅速，长势强壮，一棵植株年萌发主枝 7 ~ 8 个，每个主枝又呈开放性分枝，年最高长势可达 5 米，具有很强的抗病害能力。

园林用途：藤本月季的装饰、观赏性较强，生存能力也比较强，花多色艳，全身开花，花头众多，甚为壮观。园林中多使其攀附于各式通风良好的架、廊之上，可形成花球、花柱、花墙、花海等景观。

自然分布：原种主产于北半球温带、亚热带，我国为原种分布中心。现代杂交种广布于欧洲、美洲、亚洲、大洋洲，尤以西欧、北美和东亚为多。我国各地多有栽培，以河南南阳最为集中。

植物文化：藤本月季的花语是美好的爱情以及爱的思念。（见图 4-62）

图 4-62　藤本月季

实训模块 常见园林灌木与藤本调查识别

一、实训目的

（1）能够识别常见的灌木植物，并熟悉其习性及应用。

（2）能够识别常见藤本植物并进行形态描述。

（3）学会利用植物检索表、植物志等工具书进行鉴别，补充编制植物检索表上没有的灌木与藤本植物。

（4）熟悉常见的灌木植物 20 种，并掌握其专业术语及文化内涵。

（5）熟悉常见藤本植物的分类地位、观赏特性及应用形式。

二、实训材料

校园及附近游园、公园景观中的灌木与藤本植物。

三、实训内容

（1）通过观察，区分灌木植物的不同类型，了解其在园林绿化工程中的应用。

（2）通过查阅资料，熟悉常见的灌木植物的分类地位、观赏特性及应用形式。

（3）通过观察，识别常见的藤本植物种类。

（4）通过查阅资料，熟悉常见的藤本植物的分类地位、观赏特性及应用形式。

四、实训步骤

（1）学生在教师指导下识别植物或通过工具书来鉴定植物。

（2）学生分组，通过观察分析并对照相关专业书籍，记载植物的主要识别特征，并写出植物的中文名、学名及科属名称。

（3）从植物形态美的角度去观察树木，记载其观赏部位、最佳观赏时期及园林应用特点。

（4）在室外，观察植物的整体和细部形貌、生境和生长发育表现以及应用形式等，并将室内植物局部的形态观察与室外植物的整体观察相结合，进一步掌握灌木与藤本植物的识别特征、观赏特性、习性及应用。

五、实训作业

（1）举出当地常见的阔叶类常绿灌木 5 种，落叶灌木 10 种，简述其识别要点、观赏特征与园林用途。

（2）分别列举当地常见的缠绕类藤本、吸附类藤本、卷须类藤本、钩刺与蔓条类藤本各 4 种以上，简述其科属、识别特征、观赏特性及园林应用特点。

知识拓展

花灌木的修剪原则

夏季花灌木种植前应加大修剪量，剪掉植物本身二分之一到三分之一数量的枝条，以减少叶面呼吸和蒸腾作用。对于一些低矮的灌木，为了保持植株内高外低、自然丰满的圆球形，达到通风透光的目的，可在种植后修剪；一些种植模块的小型灌木，为了整体美观，也可在种植后修剪。修剪应遵循下列原则：

（1）对于冠丛中的病枯枝、过密枝、交叉枝；重叠枝，应从基部疏剪掉；对于有主干的灌木，如碧桃、连翘、紫薇等，移栽时要将从根部萌发的蘖条齐根剪掉，从而避免水分流失。

（2）对于根蘖发达的丛生树种，如黄刺梅、玫瑰、珍珠梅、紫荆等，应多疏剪老枝，使其不断更新、旺盛生长。

（3）对于早春在隔年生枝条上开花的灌木，如榆叶梅、碧桃、迎春、金银花等，为提高成活率，避免开花消耗养分，需保留 3~5 条合适的主枝，其余枝条疏去。

（4）对于夏季在当年生枝条开花的灌木，如紫薇、木槿、玫瑰、月季、珍珠梅等，移栽后应重剪；对于观叶、观枝类花灌木，如金叶女贞、大叶黄杨、红瑞木等，也应栽后重剪。

（5）对于既观花又观果的灌木，如金银木、水栒子等，仅剪去枝条的四分之一至三分之一。

（6）对于一些珍贵灌木树种如紫玉兰等，应于移栽后把花蕾摘掉并将枝条适当轻剪，以保证苗木的成活率。

藤本植物的栽植技术

1. 播种方法

采用穴盘和育苗床（包括温室和露地）两种播种方法。温室内进行穴盘播种，播种期定在3月底至4月初。种子细小、采集量小的用穴盘点播方法播种，种子大、采集量大的在苗床进行播种，多采用条播、撒播的方法，露地播种在4月进行。

2. 扦插方法

截取当年粗壮枝条制作插穗进行繁殖，穗条均为当年生半木质化的枝条，生长健壮，无病虫害。采穗时穗条基部和顶梢部分弃用，其余部分根据穗条的情况按10 ~ 15 cm长留3 ~ 4个芽。穗条顶端剪成平口，留2片2/3的叶片进行光合作用。穗条下端斜剪成小于45角。

扦插时间一般是夏、秋两季，夏季采用温室外扦插育苗池，池内基质为消毒后的干净炉渣；秋季采用温室内扦插育苗池，池内基质为消毒后的干净炉渣。扦插株行距3 cm×3 cm，下插深度5 ~ 7 cm。喷水次数根据温度而定，温度达25 ℃左右时，每天喷水2 ~ 3次；温度达18 ℃左右时，每天喷水1 ~ 2次；温度达10 ℃左右时，每2 ~ 3天喷水1次。扦插初期可适量多喷水，根部愈合后可减少喷水次数。

3. 压条方法

根据藤本植物的特性，采用不定根进行压条试验，压条繁殖通常选用容易弯曲而生长健壮的一、二年生长枝条，压条时间随植物种类和气候条件而定。选择有不定根的品种进行试验，将接近地面的枝条弯曲成波状，把连续弯曲的着地部分埋入土中，使之生根，拱出地面的萌芽生长成新植株，然后剪断与母株株体相连的部分。压条之后，灌水需勤，不可缺水，否则将影响压条生根。生长期间要注意锄草。

练习与思考

1. 你所在的城市常用的灌木与藤本有哪些？灌木与藤本的选择和应用应该注意什么？
2. 简述选择垂直绿化树种的注意事项。
3. 举出几种常见的灌木与其他园林植物或要素的搭配，试述其选择的原则。
4. 举出几种常见的藤本与其他园林植物或要素的搭配，试述其应用的特点

Yuanlin Zhiwu Jichu

项目单元五

常见园林花卉

学习目标

知识目标：花卉是园林绿化的骨干材料，学习具有代表性的一年生花卉、二年生花卉、球根花卉、宿根花卉的中文名、拉丁名、科属、植物特性与分布、应用与文化。

技能水平：能够正确识别常见的花卉30种，并掌握其专业术语及植物文化内涵，熟悉花卉在园林绿化工程中的应用形式。

项目导言

园林植物的应用是一门综合艺术，它是通过技术手段和艺术手段，合理运用乔木、灌木、藤本及草本植物等题材，充分发挥植物的形体、线条、色彩等自然美来创作植物景观。利用露地草本植物进行植物造景时，花卉是其中的骨干材料，应着重表现其群体的色彩美、图案装饰美，具体应用形式有花坛、花境、花台、花丛、花群、花箱、模纹花带、花柱、花钵、花球及其他装饰应用等。

任务一
园林中常见一、二年生花卉的识别、认知及应用

【任务提出】在花坛布置、室内装饰、水景绿化及道路、广场、庭园等各类园林绿地的绿化中，都会应用大量的草本植物，如矮牵牛、一串红、鸡冠花、百日草、菊花、芍药、睡莲、麦冬等。本任务就是认识广场、公园等绿地中常见的园林一、二年生花卉植物的种类，并了解其植物特征、自然分布、生态习性与园林用途。

【任务分析】园林花卉植物相对于乔木、灌木等木本植物而言，茎的木质化程度较低，而且植物株型相对比较矮小，多数种类花朵鲜艳、密集、突出，色彩丰富。识别一、二年生花卉时，先明确其分类地位，在此基础上掌握其生态习性，了解其分布与习性、栽培管理方式、观赏特征及园林用途等。

【任务实施】准备当地常见的一、二年生花卉植物图片及新鲜植物材料，教师首先引导学生认真观察与分析，然后简要总结园林花卉植物的特点，接着到实际绿地中结合具体的植物介绍观察的方法、步骤及内容，最后让学生分组到当地广场、公园等实际绿地中调查、识别。

一年生花卉（annual flowers）指在一个生长季内完成全部生活史的花卉。一般春季播种，夏季开花结实，入冬前死亡，故又称春播花卉，如鸡冠花、百日草、半枝莲、凤仙花、万寿菊、翠菊、波斯菊等。另外，园艺上部分多年生草本花卉一般也作为一年生来栽培，如一串红、矮牵牛、金鱼草、紫茉莉、藿香蓟、旱金莲等。

一年生花卉一般不耐寒，多为短日性花卉，依其对温度的要求不同可分为三种类型，即耐寒、半耐寒和不耐寒型。耐寒型花卉多产于温带，可耐轻霜冻，在低温下还可以继续生长。半耐寒型花卉遇霜冻受害甚至死亡。不耐寒型花卉一般原产于热带地区，不耐霜冻。

二年生花卉（biennial flowers）指在两个生长季内完成生活史的花卉。一般秋季播种后第一年仅形成营

养器官，次年春、夏季开花结实后死亡，故又称秋播花卉。典型的二年生花卉有美国石竹、紫罗兰、桂竹香、风凌草等，另有部分多年生草本花卉亦作为二年生栽培，如蜀葵、三色堇、瓜叶菊、雏菊、金盏菊等。

二年生花卉的耐寒能力一般较强，部分可耐 0℃以下的低温，但不耐高温，多为长日性花卉。

1. 波斯菊

别称：秋英、扫帚梅

拉丁名：*Cosmos bipinnatus* Cav.

科属：菊科 秋英属

植物类型：一年生草本

识别要点：茎纤细而直立，头状花序顶生或腋生，花径 10 cm，先端有小缺刻，花色丰富。

生态习性：阳性草本，花期从 6 月至霜降，喜排水良好的砂质土壤，肥水过多则茎叶徒长而易倒伏，忌大风，宜种背风处。

园林用途：波斯菊株形高大，叶形雅致，花色丰富，具有野趣，适合布置花境，也可在草地边缘、树丛周围、路旁成片栽植，作为背景材料，或植于篱边、山石、崖坡、树坛或宅旁。

自然分布：原产墨西哥，现各地均有栽培。

植物文化：波斯菊的花语是纯真并永远快乐。（见图 5-1）

图 5-1 波斯菊

2. 月见草

别称：待霄草 夜来香

拉丁名：*Oenothera biennis* L.

科属：柳叶菜科 月见草属

植物类型：一、二年生草本

识别要点：茎直立，分枝少而开展，全株被毛，单叶互生，叶片披针形，花瓣 4 枚，黄色，同属还有粉色、白色等，傍晚开放，有清香，可自播。

生态习性：阳性草本，花期 6—9 月，对土壤要求不严，喜排水良好的砂质土壤。

园林用途：林缘、庭院、花坛、路旁绿化。

自然分布：原产北美，现在我国东北、华北、华东、西南地区均有栽培。

植物文化：月见草的花在傍晚慢慢地盛开，天亮即凋谢，是一种只开给月亮看的植物。月见草代表不屈的心、自由的心。（见图 5-2）

图 5-2　月见草

续图 5-2

3. 黑心金光菊

别称：黑眼菊、黑心菊

拉丁名：*Rudbeckia hirta* L.

科属：菊科 金光菊属

植物类型：一、二年生草本

识别要点：株高 0.6 ~ 1 m，茎较粗壮，头状花序 8 ~ 9 cm，花心隆起，呈紫褐色，舌状花金黄色，有时有棕色黄带，管状花暗棕色。

生态习性：阳性草本，花期 6—10 月，一般土壤均可栽培，露地越冬，能自播繁殖。

园林用途：公路绿化、花坛花境、草地边植、庭院绿化、切花材料。

自然分布：原产北美，我国各地均有栽培。

植物文化：黑心金光菊的花蕊为深棕甚至黑褐色，乍一看，宛如一双炯炯有神的眼睛，因此也被人们称为“爱尔兰的眼睛”。黑心金光菊的花语是独树一帜的爱，不畏惧别人的眼光，寓意着相信自己。（见图 5-3）

4. 天人菊

别称：虎皮菊

拉丁名：*Gaillardia pulchella* Foug.

科属：菊科 天人菊属

植物类型：一年生草本

识别要点：株高 0.2 ~ 0.6 m，全株被柔毛，叶互生，细长形，全缘或基部叶羽裂，舌状花先端黄色，基部褐红色，盘心筒状花发育成漏斗状。

生态习性：半阳性草本，花期 5—10 月，适生于排水良好的疏松土壤，防风固沙植物，能自播繁殖。

园林用途：天人菊花姿妖娆，色彩艳丽，花期长，栽培管理简单，适合布置于花坛、花丛、花境、树坛、零星隙地中，也是很好的沙地绿化、定沙草本植物。

图 5-3　黑心金光菊

自然分布：原产热带美洲。现全国各地均有栽培。

植物文化：天人菊是美国俄克拉荷马州的州花，也是中国台湾澎湖县的县花，天人菊的花语是团结、同心协力。（见图 5-4）

图 5-4　天人菊

5. 旱金莲

别称：旱莲花、荷叶七

拉丁名：*Tropaeolum majus*

科属：旱金莲科　旱金莲属

植物类型：一年生蔓生草本

识别要点：叶互生，叶柄长 6 ~ 31 cm，向上扭曲，盾状，叶圆形，直径 3 ~ 10 cm，具波状浅缺刻，下面疏被毛或有乳点；花黄、紫、橘红或杂色，花托杯状；果扁球形，熟时分裂成 3 个具 1 粒种子的小果。

生态习性：喜温和气候，不耐严寒酷暑。适生温度为 18 ~ 24 ℃，短期内能忍受 0 ℃的低温，越冬温度 10℃以上。夏季高温时不易开花，35 ℃以上生长受抑制。

园林用途：旱金莲叶肥花美，叶形如碗莲，呈圆盾形互生，具长柄。花朵形态奇特，腋生呈喇叭状，茎蔓柔软且娉婷多姿，叶、花都具有极高的观赏价值。可做成盆栽装饰阳台、窗台或置于室内书桌、几架上观赏，也适合做切花。

自然分布：原产秘鲁、巴西等地。我国普遍引种作为庭院或温室观赏植物，河北、江苏、福建、江西、广东、广西、云南、贵州、四川、西藏等地均栽培为盆栽或露地观赏花卉，有时逸生。

植物文化：金莲花蔓茎缠绕，叶形如碗莲，花朵盛开时如群蝶飞舞，是一种重要的观赏花卉。旱金莲的花可以入药，其嫩梢、花蕾及新鲜种子可做辛辣的香辛料。（见图 5–5）

图 5–5 旱金莲

6. 堆心菊

别称：翼锦鸡菊

拉丁名：*Helenium autumnale* L.

科属：菊科 堆心菊属

植物类型：一、二年生花卉

识别要点：株高 0.3 ~ 1 m，叶阔披针形，头状花序生于茎顶，舌状花柠檬黄色，花瓣阔，先端有缺刻，管状花黄绿色。

生态习性：阳性草本，花期7—10月，果熟期9月，抗寒耐旱，不择土壤。

园林用途：堆心菊花多小巧可爱，在园林中多用作花坛镶边或布置花境，用于地被效果也不错。

自然分布：原产北美洲，分布于美国及加拿大。

植物文化：花朵盛开时花心层层叠叠，形成小丘状的隆起，故名堆心菊；而周边黄绿色的管状花像翅膀一样环绕在花心周围，故得别名翼锦鸡菊。（见图5-6）

图5-6　堆心菊

7. 雏菊

别称：延命菊、春菊

拉丁名：*Bellis perennis* Linn.

科属：菊科 雏菊属

植物类型：多年生草本作为一、二年生花卉栽培

识别要点：植株低矮，株高7 ~ 20 cm，头状花序单生，直径2.5 ~ 3.5 cm，舌状花呈条形，花色丰富，通常每株抽花10朵左右。

生态习性：阴性草本，花期3—5月，以疏松、肥沃、湿润、排水良好的砂质土壤为好，对有毒的气体有一定的抗性。

园林用途：雏菊娇小玲珑、花色丰富、外观古朴，为春季花坛常用花材，也是优良的花带和花境花卉，还可用于岩石园或道路分车带的绿化。

自然分布：原产欧洲，现中国各地均有栽培。

植物文化：雏菊的花语是纯洁的美、天真、幼稚、愉快、幸福、和平、希望以及深藏在心底的爱，是意大利国花。（见图5-7）

图 5-7 雏菊

8. 金盏花

别称：金盏菊

拉丁名：*Calendula officinalis* L.

科属：菊科 金盏花属

植物类型：二年生草本

识别要点：植株矮生、密集，叶互生，长圆倒卵形，头状花序单生，花径 4 ~ 5 cm，花梗粗壮，舌状花金黄或橘黄色，管状花黄色或褐色。

生态习性：阴性草本，花期 12 月至次年 6 月，对有毒的气体有一定的抗性。

园林用途：金盏花矮生、密集，花色丰富，鲜艳夺目，是早春园林中常见的草本花卉，适宜布置于中心广场、花坛、花带，也可作为草坪的镶边花卉，还是春季花坛的主要材料。

自然分布：原产欧洲，我国各地广泛栽培。

植物文化：金盏花富丽堂皇，色彩艳丽，它的花语是悲哀、惜别、迷恋、失望、离别之痛。金盏菊同时象征着高洁的情怀，是君子的象征。（见图 5-8）

图 5-8 金盏花

9. 万寿菊

别称：臭芙蓉、蜂窝菊

拉丁名：*Tagetes erecta* L.

科属：菊科 万寿菊属

植物类型：一年生草本

识别要点：茎粗壮，有细棱线，叶对生或互生，羽状深裂，全叶有臭味，舌状花黄色或暗橙色，顶端微弯缺，管状花花冠黄色。

生态习性：半阴性草本，花期6—10月，生长迅速，栽培容易，病虫害少，能吸收氟化氢和二氧化硫等有害气体。

园林用途：万寿菊花大、花期长，是春季花坛、花境、花丛、切花的好材料。

自然分布：原产墨西哥，我国各地均有栽培。

植物文化：寓有吉祥之意的万寿菊，早就被人们视为敬老之花，特别是给老年人祝寿时，人们往往以万寿菊作为礼品，以祝愿健康长寿。（见图5-9）

图5-9 万寿菊

10. 虞美人

别称：丽春花

拉丁名：*Papaver rhoeas* L.

科属：罂粟科 罂粟属

植物类型：一、二年生草本

识别要点：茎直立细长，株高 30 ~ 70 cm，叶互生，羽状分裂，花直径约 6 cm，花单生茎顶，未开始花蕾下垂，开放时直立，蒴果杯形，顶孔裂。

生态习性：阳性草本，花期 4—6 月，不耐移栽，能自播，全株有毒。

园林用途：虞美人花大色艳，一朵花虽仅开 1 ~ 2 天，但整株蕾多，此谢彼开，花期可达 1 个月以上，如分期播种，能从春季陆续开放到秋季；宜用于布置花坛、花境或片植、丛植于林缘、草地。

自然分布：我国各地均有栽培。

植物文化：传说中，虞姬自刎倒下的地方长满了许多艳红色的花朵，后来人们将这种花取名虞美人，用来纪念虞姬。它寓意着生离死别，表示恋人之间浓烈的思念。（见图 5-10）

图 5-10　虞美人

11. 醉蝶花

别称：紫龙须、蜘蛛花

拉丁名：*Tarenaya hassleriana*（Chodat）Iltis

科属：白花菜科 醉蝶花属

植物类型：一年生草本

识别要点：高 1 ~ 1.5 m，有臭味，有托叶刺，刺尖利外弯，叶为具 5 ~ 7 小叶的掌状复叶，边开花边伸长，花瓣 4 枚，颜色由白到紫，花蕊长于花瓣。

生态习性：半阳性草本，花期 7—10 月，喜湿润土壤，对二氧化硫、氯气均有良好的抗性。

园林用途：醉蝶花花梗长而壮实，色彩红白相映、浓淡适宜。其长爪的花瓣、长长的雄蕊伸出花冠之外，形似蜘蛛，又似龙须，颇为有趣。夏秋季节常用于布置花坛、花境、花箱等。

自然分布：原产热带美洲，现在全球热带至温带均有栽培。

植物文化：醉蝶花花如其名，它的花瓣轻盈飘逸，盛开时像蝴蝶翩翩飞舞，并会散发出阵阵独特的香气，最能“招蜂引蝶”。醉蝶花的花语是神秘。（见图 5-11）

图 5-11　醉蝶花

12. 一年蓬

别称：千层塔、野蒿

拉丁名：*Erigeron annuus*（L.）Pers.

科属：菊科 飞蓬属

植物类型：一年生或两年生草本

识别要点：高 30 ~ 100 cm，质脆，易折断，单叶互生，叶黄绿色，舌状花 2 层，白色或淡蓝色，舌片条形。

生态习性：阳性草本，花期 5—8 月，对土壤要求不严，干燥瘠薄的土壤也能生长。

园林用途：适宜种植在路边、疏林下、旷野中或山坡上等。

自然分布：原产北美洲，在我国已驯化。广泛分布于我国各地。

植物文化：一年蓬的花语是随遇而安、知足常乐。（见图 5–12）

图 5–12 一年蓬

13. 翠菊

别称：七月菊、江西腊

拉丁名：*Callistephus chinensis*（L.）Nees

科属：菊科 翠菊属

植物类型：一、二年生草本

识别要点：高 20 ~ 100 cm，叶互生，卵形至椭圆形，具有粗钝锯齿；头状花序单生于茎顶，花直径 6 ~ 8 cm，舌状花单瓣或重瓣，颜色丰富、深浅不一。

生态习性：阴性草本，秋播花期为次年 5—6 月，春播花期为当年 7—10 月，耐热力、耐寒力均较差，在肥沃的砂质土壤中生长较佳。

园林用途：翠菊盆栽显得古朴高雅，球状翠菊玲珑可爱。翠菊花期长，色鲜艳，适宜群植于广场或作为毛毡花坛、花从花坛、花境的镶边材料，用于盆栽和庭园观赏也较多。

自然分布：吉林、辽宁、河北、山西、山东、云南以及四川等地。

植物文化：翠菊的花语是担心你的爱。（见图 5-13）

图 5-13 翠菊

14. 白晶菊

别称：小白菊

拉丁名：*Mauranthemum paludosum*（Poir.）Vogt et Oberprieler

科属：菊科 白晶菊属

植物类型：一、二年生草本花卉

识别要点；株高 15 ~ 25 cm，叶互生，羽状深裂，头状花序顶生，盘状，边缘舌状花银白色，中央筒状花金黄色，花径 4 cm。

生态习性：半阳性草本，花期 2—6 月，适应性强，不择土壤，但宜种植在疏松、肥沃、湿润的砂质壤土中。

园林用途：白晶菊矮而强健，花势繁茂，花期早，花期长，成片栽培耀眼夺目，适宜布置于花坛、庭院，也可作为地被花卉片植。

自然分布：原产北非、西班牙。

植物文化：“四面云屏一带天，是非断得自翛然。此生只是偿诗债，白菊开时最不眠。”这首诗里的白菊指的就是白晶菊。白晶菊以小清新风格赢得人们的喜爱，花语是为爱情占卜。（见图 5–14）

图 5–14 白晶菊

15. 百日菊

别称：节节高、步步高、百日草

拉丁名：*Zinnia elegans* Jacq.

科属：菊科 百日菊属

植物类型：一年生草本

识别要点：株高 15 ~ 100 cm，叶对生，全缘，长椭圆形，头状花序单生枝顶，花径 4 ~ 15 cm，舌状花深红色、玫瑰色、紫堇色或白色，花形变化多端。

生态习性：阳性草本，花期 6—10 月，略耐高温，稍耐干旱、瘠薄，喜肥沃、深厚的土壤。

园林用途：百日菊花大色艳，花期长，株形美观，是炎夏园林中的优良花卉，可按高矮分别用于花坛、花境、花带。

自然分布： 原产墨西哥，中国各地均有栽培。

植物文化：百日菊花期长，长期保持鲜艳的色彩，象征友谊天长地久。百日菊第一朵花开在顶端，侧枝顶端开花总比第一朵开得更高，一朵更比一朵高，所以又称“步步高”，能激发人的上进心。（见图 5–15）

图 5-15　百日菊

16. 向日葵

别称：朝阳花、向阳花

拉丁名：*Helianthus annuus* L.

科属：菊科 向日葵属

植物类型：一年生草本

识别要点：高 1 ~ 5 m，茎直立，叶片互生，先端渐尖，两面粗糙，头状花序，极大，花序边缘生黄色的舌状花，花序中部为两性的管状花。

生态习性：阳性草本，花期 6—9 月，耐涝，从肥沃土壤到旱地、瘠薄地、盐碱地均可种植。

园林用途：向日葵花盘形似太阳，花朵亮丽，开花时金黄耀眼，既有野趣，又极为壮观。园林中适宜片植于庭院、林缘或布置花境、花坛等。

自然分布：东北、西北、华北、西南、中南、华东地区。

植物文化：向日葵又名朝阳花、向阳花，因其花常朝着太阳而得名。在古代的印加帝国，向日葵是太阳神的象征，因此向日葵的花语是太阳，具有向往光明，给人带来美好希望之意。（见图 5-16）

图 5-16 向日葵

17. 鸡冠花

别称：老来红

拉丁名：*Celosia cristata* L.

科属：苋科 青葙属

植物类型：一年生草本

识别要点：株高 30 ~ 90 cm，茎直立而粗壮，叶互生，长卵状披针形，肉穗状花序顶生，呈扇形，形似鸡冠，扁平而厚软，花色丰富。

生态习性：阳性草本，花期 6—11 月，一般土壤都可种植，对二氧化硫、氯化氢具良好的抗性。

园林用途：鸡冠花形状多样，色彩鲜艳明快，有较高的观赏价值，是重要的花坛花卉。常用于花境、花坛、树丛外缘等。

自然分布：我国大部分地区。

植物文化：鸡冠花因其花序呈红色、扁平状，形似鸡冠而得名，享有“花中之禽”的美誉。另外，鸡冠花经风傲霜，花姿不减，花色不褪，被视为不变的爱的象征，在欧美，第一次赠给恋人的花就是火红的鸡冠花，寓意永恒的爱情。（见图 5-17）

18. 环翅马齿苋

别称：蚂蚱菜、太阳花、阔叶半枝莲

拉丁名：*Portulaca umbraticola* Kunth

科属：马齿苋科 马齿苋属

植物类型：一年生草本

识别要点：叶茎肥厚多汁，伏地铺散，高 10 ~ 30 cm，茎紫红色，叶互生，扁平、肥厚、倒卵形，花常 5 朵簇生枝端，花瓣 5，花色有黄色、白色、粉色、红色等，也有重瓣品种。

生态习性：阳性草本，花期 5—8 月，强光、弱光都可正常生长，比较适宜在温暖、湿润、肥沃的壤土或沙壤土中生长。

图 5-17 鸡冠花

园林用途：马齿苋植株矮小，茎、叶肉质光洁，花色丰艳，花期长，适宜用作花坛、花箱的镶边材料或作为地被、吊盆种植。

自然分布：中国南北各地。

植物文化：马齿苋见阳光开花，早、晚、阴天闭合，故有太阳花、午时花之名，花语是沉默的爱、光明、热烈、忠诚、阳光、积极向上。（见图 5-18）

图 5-18 环翅马齿苋

19. 孔雀草

别称：小万寿菊

拉丁名：*Tagetes patula* L.

科属：菊科　万寿菊属

植物类型：一年生草本

识别要点：高 30 ~ 100 cm，茎直立，叶羽状分裂，头状花序单生，花径 4 cm，舌状花金黄色或橙色，带有红色斑，舌片顶端微凹。

生态习性：阳性草本，花期 5—10 月，适应性极强，生长迅速，从播种到开花仅需 70 天左右。

园林用途：孔雀草花期长，耐高温，是“五一”“十一”等节日需求量最大的花卉之一，最宜作为花坛边缘材料或花丛、花境等栽植。

自然分布：原产墨西哥，我国各地均有栽培。

植物文化：孔雀草有日出开花、日落紧闭的习性，原本也叫作“太阳花”，它以向光性方式生长，因此它的花语是晴朗的天气，引申为爽朗、活泼。（见图 5–19）

图 5–19　孔雀草

20. 三色堇

别称：猫儿脸、蝴蝶花、人面花

拉丁名：*Viola tricolor* L.

科属：堇菜科　堇菜属

植物类型：一、二年生或多年生草本

识别要点：茎高 10 ~ 40 cm，全株光滑，地上茎较粗，直立或稍倾斜，花径 4 ~ 12 cm，通常每花有紫、白、黄三色，花瓣 5 枚。

生态习性：半阳性草本，花期冬春季，要求肥沃湿润的黏质土壤，开花受光照影响较大。

园林用途：三色堇株型低矮，花色浓艳，花小巧而有丝质光泽，似蝴蝶飞舞，是用于布置冬春季花坛的主要花卉之一。其花色丰富，可以组成丰富的模纹花坛，也可盆栽观赏。

自然分布：原产欧洲，我国各地均有栽培。

植物文化：因三色堇有三种颜色对称地分布在五个花瓣上，构成的图案形同猫面，故又名“猫儿脸”。又因整个花被风吹动时，如翻飞的蝴蝶，所以又有“蝴蝶花”之称。（见图 5-20）

图 5-20　三色堇

21. 碧冬茄

别称：矮喇叭、矮牵牛

拉丁名：*Petunia × hybrida*

科属：茄科 矮牵牛属

植物类型：一、二年生花卉

识别要点：株高 20 ~ 45 cm，茎匍地生长，被黏质柔毛，叶质柔软，叶卵形、全缘，互生或对生，花单生，呈漏斗状，花茎长 18 cm，花色丰富。

生态习性：阳性草本，花期 4 月至降霜，宜用疏松肥沃和排水良好的沙壤土。

园林用途：矮牵牛花大色艳，花色丰富，为长势旺盛的装饰性花卉，广泛用于花坛、花槽、模纹花坛、花台、花箱、吊盆和窗台装饰等。

自然分布：中国各地。

植物文化：矮牵牛的花语是安心、安全感、与你同心。（见图 5-21）

22. 凤仙花

别称：金凤花、指甲花

拉丁名：*Impatiens balsamina* L.

科属：凤仙花科 凤仙花属

植物类型：一年生草本

识别要点：高 20 ~ 80 cm，茎直立、肉质、光滑，有分枝，叶互生，阔披针形，缘具细齿，花单生或数朵簇生于上部叶腋，花形似蝴蝶，花色丰富。

图 5-21 碧冬茄

生态习性：半阳性草本，花期 7—9 月，对土壤要求不严，喜向阳的地势和疏松肥沃的土壤，在较贫瘠的土壤中也可生长。

园林用途：凤仙花是中国民间栽培已久的草花之一，因其分枝多、花团锦簇，是花坛、花境的好材料，也可做花丛和花群栽植，高型品种可栽在篱边、庭前等。

自然分布：中国南北各地。

植物文化："曲阑凤子花开后，捣入金盆瘦。银甲暂教除，染上春纤，一夜深红透。" 古时候的女性都是用凤仙花来染指甲的呢！凤仙花的花语是别碰我，因为只要轻轻一碰它的籽荚就会弹射很多出籽儿来。（见图 5-22）

23. 报春花

别称：藏报春、阿勒泰报春花

拉丁名：*Primula malacoides*

科属：报春花科 报春花属

植物类型：二年生草本

识别要点：叶丛生，叶柄具窄翅，被柔毛；叶卵形、椭圆形或长圆形，长 3 ~ 10 cm，先端圆，基部心形或平截；伞形花序 2 ~ 6 轮，每轮 4 ~ 20 花；蒴果球形，直径约 3 mm。

生态习性：喜气候温凉、湿润的环境和排水良好、富含腐殖质的土壤，不耐高温和强烈的直射阳光，多数亦不耐严寒。

图 5-22　凤仙花

园林用途：报春花是春天的信使，当众芳凋零，霜雪未尽，大地还未完全复苏时，它已悄悄地开出花朵。可在林缘、溪畔、草地上成丛、成片栽植。

自然分布：产于云南、贵州和广西西部（隆林）。缅甸北部亦有分布。

植物文化：报春花的花语是初恋、希望、不悔。送花对象一般是朋友、恋人、情人。（见图 5-23）

图 5-23　报春花

任务二
园林中宿根花卉的识别、认知及应用

【任务提出】宿根花卉种类繁多，一般寿命较长，生长健壮，适应性强，病虫害较少，栽培养护比较简单，一次种植可以连续多次开花，成本低而环境效益大，是花境造景中的主体材料，也可作为花坛材料或盆栽用于室内装饰。本任务就是认识广场、公园等绿地中常见的园林宿根花卉植物的种类，并了解其植物特征、自然分布、生态习性与园林用途。

【任务分析】园林花卉植物相对于乔木、灌木等木本植物而言，茎的木质化程度较低，而且植物株型相对比较矮小，多数种类花朵鲜艳、密集、突出，色彩丰富。识别宿根花卉时，先明确其分类地位，在此基础上掌握其生态习性，了解其分布与习性、栽培管理方式、观赏特征及园林用途等。

【任务实施】准备当地常见的宿根花卉图片及新鲜材料，教师首先引导学生认真观察分析，然后简要总结园林花卉植物的特点，接着到实际绿地中结合具体的植物介绍观察的方法、步骤及内容，最后让学生分组到当地广场、公园等实际绿地中调查、识别。

宿根花卉（perennials flowers）是指地下器官形态未变态成球形或块状的多年生草本花卉。在实际生产中，把一些基部半木质化的亚灌木也归为此类花卉，如菊花、芍药等。

宿根花卉具有多年存活的地下部，多数种类具有不同粗壮程度的主根、侧根和须根。主根和侧根可以存活多年，由根颈部的芽每年萌发形成新的地上部开花、结实，如芍药、玉簪、飞燕草等。也有一些种类的地下部可以继续横向延伸而形成根状茎，根茎上着生须根和芽，每年由新芽形成地上部开花、结实，如荷包牡丹、鸢尾等。

宿根花卉一般采用分株繁殖的方式，有利于保持品种特性，一次种植多年观赏，简化了种植手续，是宿根花卉在园林花坛、花境、花丛、花带、地被中得到广泛应用的主要原因。由于宿根花卉生长年限较长，植株在原地不断扩大占地面积，因此在栽培管理中需要预留适宜的空间。

1. 美丽月见草

别称：粉晚樱草、粉花月见草

拉丁名：*Oenothera speciosa*

科属：柳叶菜科 月见草属

植物类型：多年生草本

识别要点：株高 40 ~ 50 cm；叶互生，披针形，先端尖，基部楔形，下部有波缘或疏齿，上部近全缘，绿色；花单生或 2 朵着生于茎上部叶腋，花瓣 4，粉红色，具暗色脉缘，雄蕊黄色，雌蕊白色；果为蒴果。

生态习性：花期夏季，喜温暖及光照充足环境，不耐寒，较耐旱，忌水湿；对土壤要求不严，以疏松、肥沃的壤土为宜；生长适温 15 ~ 30℃。

园林用途：花大而美丽，常成片开放，极为壮观，为极优的观花草本；可片植于园路边、疏林下、庭前，常用于花境、花坛、花台栽培，也适合用作观花地被植物。

自然分布：我国东北、华北、华东、西南地区均有分布。

植物文化：月见草的花在傍晚慢慢盛开，至天亮即凋谢，是一种只开给月亮看的植物。月见草代表不屈的心、自由的心。适用于林缘、庭院、花坛及路旁绿化。（见图 5-24）

图 5-24　美丽月见草

2. 瓜叶菊

别称：富贵菊、黄瓜花

拉丁名：*Pericallis hybrida*

科属：菊科 瓜叶菊属

植物类型：多年生草本

识别要点：茎密被白色长柔毛；叶肾形或宽心形，有时上部叶三角状心形，先端尖或渐尖，基部深心形，边缘不规则三角状浅裂或具钝锯齿，下面密被绒毛，叶脉掌状；头状花序；瘦果长圆形。

生态习性：瓜叶菊喜温暖湿润、通风良好的环境，不耐高温，怕霜冻。一般于低温温室栽培。

园林用途：我国各地公园或庭院广泛栽培。瓜叶菊美丽鲜艳，色彩多样，是一种常见的盆景花卉和装点庭院、居室的观赏植物。

自然分布：原产大西洋加那利群岛。我国各地公园或庭院广泛栽培。

植物文化：瓜叶菊是冬春时节主要的观赏植物之一。其花朵鲜艳，可用作花坛材料或盆栽布置于亭廊、过道，给人以清新宜人的感觉。瓜叶菊的花语是喜悦、快活、合家欢喜、繁荣昌盛。（见图 5-25）

图 5-25　瓜叶菊

续图 5-25

3. 芭蕉

别称：芭蕉树

拉丁名：*Musa basjoo*

科属：芭蕉科 芭蕉属

植物类型：多年生草本

识别要点：植株高 2.5 ~ 4 m；叶片长圆形，先端钝，基部圆形或不对称，叶面鲜绿色，有光泽；花序顶生。

生态习性：芭蕉喜温暖、湿润的气候，喜疏松肥沃，排水良好的土壤。

园林用途：芭蕉可丛植于庭前屋后，或植于窗前院落，掩映成趣，更加彰显芭蕉清雅秀丽之逸姿。芭蕉还常与其他植物搭配种植，组合成景。蕉竹配植是最为常见的组合，二者生长习性、地域分布、物色神韵颇为相近，有“双清”之称。芭蕉还可以做盆景，是古人喜欢的一种清玩。

自然分布：原产日本琉球群岛，我国台湾可能有野生，秦岭淮河以南可以露地栽培，多栽培于庭园及农舍附近。

植物文化：在诗人眼里，芭蕉常常与孤独、忧愁，特别是离情别绪相联系，因此芭蕉往往成为文人墨客抒发喜怒哀乐情思的主题。（见图 5-26）

图 5-26 芭蕉

4. 荷包牡丹

别称：滴血的心

拉丁名：*Lamprocapnos spectabilis*（L.）Fukuhara

科属：罂粟科 荷包牡丹属

植物类型：多年生草本

识别要点：茎带紫红色；叶三角形，二回三出全裂，一回裂片具长柄，中裂片柄较侧裂片柄长，二回裂片近无柄，2 或 3 裂，小裂片常全缘，下面被白粉，两面叶脉明显；总状花序，苞片钻形或线状长圆形，基部心形，萼片披针形，玫瑰色，早落；外花瓣紫红色至粉红色、稀白色，下部囊状，囊长约 1.5 cm，具脉纹，上部窄且向下反曲，内花瓣长约 2.2 cm，花瓣片稍匙形，长 1 ~ 1.5 cm，先端紫色，鸡冠状突起高达 3 mm，爪长圆形或倒卵形，长约 1.5 cm，白色；柱头窄长方形，顶端 2 裂，基部近箭形。

生态习性：耐寒而不耐高温，喜半阴的生长环境，炎热夏季休眠；不耐干旱，喜湿润、排水良好的肥沃沙壤土。

园林用途：荷包牡丹叶丛美丽，花朵玲珑，形似荷包，色彩绚丽，是盆栽和切花的好材料，也适宜于布置花境和在树丛、草地边缘湿润处丛植，景观效果较好。常在庭园栽培供观赏。

自然分布：产于我国北部（北至辽宁），河北、甘肃、四川、云南均有分布。日本、朝鲜、俄罗斯也有分布。

植物文化：南宋著名政治家、诗人周必大（1126—1204）有关于荷包牡丹的记载和诗词咏叹，他在题注中这样描述："鱼儿牡丹，得之湘中。花红而蕊白，状类双鱼，累累相比，枝不能胜压而下垂，若俛首然。鼻目良可辨，叶与牡丹无异，亦以二月开，因是得名。其干则芍药也，予命曰'花嫔'而赋是诗，闻江东山谷间甚多。"（见图 5-27）

图 5-27 荷包牡丹

5. 金鸡菊

别称：小波斯菊

拉丁名：*Coreopsis basalis*（A. Dietr.）S. F. Blake

科属：菊科 金鸡菊属

植物类型：多年生宿根草本

识别要点：叶片多对生，稀互生、全缘、浅裂。花多为单生，花为宽舌状，呈黄、棕或粉色。

生态习性：半阳性草本，对土壤要求不严，适应性强，对二氧化硫有较强的抗性。

园林用途：金鸡菊枝叶密集，春夏之间，花大色艳，花期长，具有野趣，还能自行繁衍，是极好的疏林地被、花境材料、屋顶绿化材料等。

自然分布：原产北美，我国各地均有栽培。

植物文化：金鸡菊积极、勇敢地展示自己的美丽，对环境要求不高，不仅是青春的写照，更暗示青年要自强不息，提高抗挫能力。金鸡菊让人联想到金鸡报晓、闻鸡起舞，表达的是对勤奋的赞美。（见图 5–28）

图 5–28 金鸡菊

6. 松果菊

别称：紫锥菊 紫松果菊

拉丁名：*Echinacea purpurea*（Linn.）Moench

科属：菊科 松果菊属

植物类型：多年生草本

识别要点：株高 0.5 ~ 1.5 m，茎直立，叶柄基部稍抱茎，花径达 10 cm，舌状花紫红色，管状花橙黄色。

生态习性：阳性草本，花期 6—7 月，喜肥沃、深厚、富含有机质的土壤。

园林用途：松果菊花色和种类较多，具有极高的观赏价值，可栽植为背景或做花境、坡地、切花材料等。

自然分布：原产北美，我国各地特别是西北、华中等地区均有栽培。

植物文化：松果菊因头状花序似松果而得名，是多年来风行欧美的药用和观赏两相宜的草本经济植物，花语是懈怠。松果菊的印第安语为“守护之神”，北美印第安人把松果菊视为“救命草”“百病之草”“不老草”。（见图 5–29）

图 5-29　松果菊

7. 金光菊

别称：黑眼菊

拉丁名：*Rudbeckia laciniata* L.

科属：菊科 金光菊属

植物类型：多年生草本

识别要点：株高可达 2 m，多分枝，枝叶粗糙，全株被粗毛，叶片较宽，基部叶羽状分裂，边缘具稀锯齿，花径 10 ～ 15 cm。

生态习性：阳性草本，花期5—10月，对土壤要求不严，但忌水湿，在排水良好、疏松的沙质土中生长良好。

园林用途：金光菊株型较大，花朵繁多，观赏期长，落叶期短，能形成长达半年之久的花海景观，花大而美丽，多用作庭园布置和花坛、花境材料，亦适合在草地边缘采用自然式栽植。

自然分布：原产北美，我国各地常见栽培。

植物文化：金光菊金光闪闪、璀璨夺目，释放出一种自由奔放的力量，犹如初升太阳闪耀的光芒，是焕然新生的体现，代表着青春的无限活力和勇气，具有生机勃勃、自由活泼的象征意义。（见图 5-30）

8. 勋章菊

别称：勋章花 非洲太阳花

拉丁名：*Gazania rigens* Moench

科属：菊科 勋章菊属

植物类型：多年生宿根草本

图 5-30　金光菊

识别要点：叶丛生，叶背被白绵毛，花单头，花径 7 ~ 8 cm，舌状花白、黄、橙红色，有光泽，花白天开放、晚上闭合，一朵花的花期能持续 10 天左右。

生态习性：阳性草本，花期 4—6 月，耐旱，稍耐寒，耐贫瘠土壤。

园林用途：布置花坛、花境或片植于草缘、石间等。

自然分布：原产南非、澳大利亚，现全国各地均有栽培。

植物文化：勋章菊整个花序如勋章，故名勋章菊，勋章菊的花语是光彩、荣耀、我为你骄傲。（见图 5-31）

图 5-31　勋章菊

9. 亚菊

别称：千花亚菊

拉丁名：*Ajania pallasiana* （Fisch. ex Bess.） Poljak.

科属：菊科　亚菊属

植物类型：多年生草本

识别要点：高 0.3 ~ 0.6 m，茎直立；叶互生，羽状或掌式羽状分裂为 5 裂，两面异色，上面绿色，下面灰白色，叶缘银白色；花小，多黄色。

生态习性：阳性草本，花期 7—9 月，适应性强，抗热，也较耐寒。

园林用途：亚菊是喜光的观花观叶地被植物，适宜布置花坛、花境、岩石园，或片植于草坪中，或作为地被、路边、林缘镶边等。

自然分布：原产俄罗斯、朝鲜、黑龙江，现我国华北、东北、西北、华中、西南等地区均有栽培。（见图 5–32）

图 5–32　亚菊

10. 银叶菊

别称：雪叶菊

拉丁名：*Jacobaea maritima*（L.）

科属：菊科　疆千里光属

植物类型：多年生草本

识别要点：高 0.5 ~ 0.8 m，叶匙形或羽状裂叶，正反面均被银白色柔毛，叶片质较薄，有缺裂，如雪花图案，头状花序单生枝顶，花小、黄色。

生态习性：阳性草本，花期 6—9 月，适应性强，抗热，也较耐寒。

园林用途：地被植物。

自然分布：原产南欧，现华北、东北、西北、华中、西南等地区均有栽培。

植物文化：银叶菊的分支能力强，在旺盛的生长期间，短短数周就能够形成气候，这种丛生状的银叶菊的花语是“收获”。在新居中摆上这么一盆茂盛的银叶菊，它生机勃勃的长势，相信是很能打动居者的吧！（见图 5–33）

11. 角堇

别称：小三色堇

拉丁名：*Viola cornuta* Desf.

科属：堇菜科　堇菜属

植物类型：多年生草本

识别要点：株高 10 ~ 30 cm，茎较短而直立，花径 4 cm，园艺品种较多，花朵繁多，颜色丰富。

生态习性：半阳性草本，花期冬春季，耐寒性强，日照影响较大。

园林用途：角堇的株型较小，花朵繁密，开花早，花期长，色彩丰富，是布置早春花坛的优良材料，也可用于大面积地栽而形成独特的园林景观。

自然分布：原产欧洲，中国各地均有栽培。

植物文化：角堇的花语是沉思、请想念我。（见图 5–34）

图 5-33 银叶菊

图 5-34　角堇

12. 蓝花鼠尾草

别称：粉萼鼠尾草

拉丁名：*Salvia farinacea* Benth.

科属：唇形科 鼠尾草属

植物类型：多年生草本

识别要点：茎直立，高 30 ~ 60 cm，钝四棱形，茎下部叶为二回羽状复叶，轮伞花序 2 ~ 6 朵花，组成顶生假总状或圆锥花序；叶对生，呈长椭圆形，先端圆，全缘（或有钝锯齿）；二唇形花冠，有淡红、淡紫、淡蓝至白色。

生态习性：半阳性，花期 6—9 月，在肥沃、深厚、排水良好的土壤上生长良好。

园林用途：蓝花鼠尾草株丛秀丽，花期恰逢少花季节，适宜用作花坛及背景材料，也可成丛或成片点缀于林缘、路边、篱笆、灌丛边缘等。

自然分布：原产地中海沿岸及南欧，现国内广泛栽培。

植物文化：鼠尾草的花语是热爱家庭。（见图 5-35）

13. 金鱼草

别称：龙头花、狮子花

拉丁名：*Antirrhinum majus* L.

科属：车前科 金鱼草属

图 5-35　蓝花鼠尾草

植物类型：多年生草本

识别要点：株高 20 ~ 70 cm，叶片长圆状披针形；总状花序，花冠筒状唇形，基部膨大成囊状，上唇直立 2 裂，下唇 3 裂，开展外曲；花朵颜色丰富。

生态习性：半阳性草本，花期春秋两季，适生于疏松肥沃、排水良好的土壤，在石灰质土壤中也能正常生长。

园林用途：金鱼草是夏秋开放之花，适合群植于花坛、花境，高生种可用作背景种植，矮生种宜植于岩石园或窗台花池。与百日草、矮牵牛、万寿菊、一串红等进行搭配效果更好。

自然分布：原产地中海沿岸，现各地均有栽培。

植物文化：金鱼草的花瓣像是卖萌的小金鱼，寓意有金有余、繁荣昌盛，是一种吉祥的花卉，深受花友的喜爱。（见图 5-36）

图 5-36　金鱼草

14. 萱草

别称：黄花菜、忘忧草

拉丁名：*Hemerocallis fulva*（L.）L.

科属：阿福花科 萱草属

植物类型：多年生宿根花卉

识别要点：叶基生，长带状，排成两列，长可达 80 cm，花茎高出叶丛，高可达 1 m 左右，圆锥花序，1 个花茎着花 6 ~ 12 朵，橘红色至橘黄色。

生态习性：半阳性草本，花期 5—7 月，对土壤的适应性强，喜深厚、肥沃、湿润及排水良好的砂质土壤。

园林用途：春天萌发，花色艳丽，是优良的夏季花卉，适宜布置花境，也可丛植于路旁、篱缘、疏林下，能够很好地体现田野风光。

自然分布：中国各地。

植物文化：我国有一种母亲之花，它就是萱草花，古时候当游子要远行时，就会先在北堂种萱草，希望母亲减轻对孩子的思念，忘却烦忧，所以有“萱草生堂阶，游子行天涯。慈母依堂前，不见萱草花”的诗句。（见图 5-37）

图 5-37　萱草

续图 5-37

15. 鸢尾

别称：蓝蝴蝶、扁竹花

拉丁名：*Iris tectorum* Maxim.

科属：鸢尾科 鸢尾属

植物类型：多年生宿根花卉

识别要点：植株低矮，地下部有粗短匍匐状根茎，叶剑形、淡绿色、薄纸质，中央有鸡冠状突起，白色带紫纹，蒴果长椭圆形。

生态习性：半阳性草本，花期 4—5 月，适生于富含腐殖质、略带碱性的黏性土壤，也可生于沼泽地或浅水中。

园林用途：花坛、花境、地被植物。

自然分布：原产我国中部，现分布于世界各地。

植物文化：鸢尾花的主要色彩为蓝紫色，因花瓣形如鸢鸟尾巴而得名，其属名 Iris 在希腊神话中是彩虹女神。东南亚关于鸢尾的传说充满了浪漫色彩，几百万年前，只有热带密林中才有鸢尾，它们太美丽了，不仅飞禽走兽和蜜蜂爱恋它们，连轻风和流水都要停下来欣赏。以色列人则普遍认为黄色鸢尾是“黄金”的象征，故有种植鸢尾的风俗，盼望能带来财富。（见图 5-38）

图 5-38 鸢尾

16. 美女樱

别称：铺地马鞭草、五色梅

拉丁名：*Glandularia × hybrida*

科属：马鞭草科 美女樱属

植物类型：多年生草本

识别要点：全株有细绒毛，植株丛生而铺覆地面，茎四棱，叶对生，穗状花序顶生，密集呈伞房状，花小而密集，花冠漏斗状，5 裂，颜色丰富。

生态习性：半阳性草本，花期 5—9 月，对土壤要求不严，但在湿润、疏松、肥沃的土壤中，开花更为繁茂，能自播繁衍。

园林用途：美女樱花色丰富多彩，色泽艳丽，花期长，为夏秋季节重要的花卉，适宜作为地被覆盖材料，采用混色种植或单色种植，布置花坛、花境、花箱、花台等。

自然分布：世界各地。

植物文化：美女樱的花语是相守、家庭和睦。（见图 5-39）

图 5-39　美女樱

17. 天竺葵

别称：洋绣球

拉丁名：*Pelargonium hortorum* Bailey

科属：牻牛儿苗科 天竺葵属

植物类型：多年生草本

识别要点：高 30 ~ 60 cm，茎肉质，老茎木质化，具特殊气味，叶互生，表面有较明显的暗红色马蹄

形环纹，伞形花序顶生，花色有红、粉、白等色。

生态习性：阳性草本，华东地区花期5—7月，稍耐干旱，喜排水良好的肥沃壤土。

园林用途：天竺葵花期长，花大如彩球，花色丰富艳丽，栽培简便，适宜布置花台、花坛、花境、花箱等。

自然分布：原产非洲南部，中国各地普遍栽培。

植物文化：天竺葵的花语是偶然的相遇，幸福就在你身边。（见图5-40）

图5-40　天竺葵

18. 白车轴草

别称：白三叶

拉丁名：*Trifolium repens* L.

科属：豆科　车轴草属

植物类型：多年生草本

识别要点：高 10 ~ 30 cm，茎匍匐蔓生，掌状三出复叶，花序球形，顶生花冠白色、乳黄色或淡红色，具香气，边开花边结实，荚果倒卵状矩形。

生态习性：阴性草本，花期 5—10 月，茎匍匐生长，不易折断，对土壤要求不严。

园林用途：白车轴草的花叶均有观赏价值，绿色期长，花期长，耐践踏，可用作道路边沟、堤岸护坡的保土草坪以及林下地被等。

自然分布：原产欧洲和北非，我国大部分地区均有分布。

植物文化：白车轴草的花语是幸福。（见图 5-41）

图 5-41　白车轴草

19. 红花酢浆草

别称：夜合梅、三叶草

拉丁名：*Oxalis corymbosa* DC.

科属：酢浆草科 酢浆草属

植物类型：多年生草本

识别要点：地下有球状鳞茎，叶基生，叶柄被毛，小叶 3 枚，扁圆状倒心形，顶端凹入，通常排列成伞形花序，花瓣 5，紫红色，昼开夜合，自春至秋开花。

生态习性：阴性草本，花期 3—11 月，对土壤适应性较强，夏季有短期的休眠。

园林用途：红花酢浆草植株低矮、整齐，花多叶繁，花期长，花色艳，覆盖地面迅速，适宜在花坛、花境、疏林地大片种植，也可在隙地丛植。

自然分布：原产南美热带地区，我国大部分地区有栽培。（见图 5-42）

图 5-42　红花酢浆草

20. 五彩苏

别称：洋紫苏、彩叶草

拉丁名：*Coleus scutellarioides*（L.）Benth.

科属：唇形科 鞘蕊花属

植物类型：多年生草本

识别要点：茎直立，高可达 1 m，茎四棱形，叶对生，卵圆形，叶面绿色，具黄、红、紫等色彩鲜艳的斑纹，顶生总状花序，花小，淡蓝色或白色。

生态习性：阳性草本，花期 8—9 月，以疏松、肥沃的土壤为好。

园林用途：五彩苏色彩鲜艳、品种甚多、繁殖容易，为应用较广的观叶花卉，适宜花坛片植、路边镶边、草坪点缀以及用作模纹花坛、花篮、花束的配叶等。

自然分布：原产东南亚地区，现我国中南部有栽培。

植物文化：五彩苏的花语是绝望的恋情。（见图 5-43）

21. 天蓝绣球

别称：宿根福禄考、夏福禄

拉丁名：*Phlox paniculata* L.

科属：花荵科 福禄考属

植物类型：多年生宿根草本

识别要点：株高 120 cm，被短柔毛，茎略分枝，叶互生，长椭圆形，上部叶抱茎，聚伞花序顶生，花具较细花筒，花冠浅 5 裂，花色丰富，以粉色居多。

生态习性：半阳性草本，花期 6—9 月，宜在疏松、肥沃、排水良好的中性或碱性的沙壤土中栽植。

园林用途：布置花坛、花境、花箱以及草坪点缀、庭园绿化、吊盆栽植等。

自然分布：中国各地。

植物文化：天蓝绣球的花语是欢迎、大方。（见图 5-44）

图 5-43　五彩苏

图 5-44　天蓝绣球

22. 大吴风草

别称：八角乌、大马蹄香

拉丁名：*Farfugium japonicum*（L. f.）Kitam

科属：菊科 大吴风草属

植物类型：多年生葶状草本

识别要点：根茎粗壮；基生叶莲座状，肾形，先端圆，全缘或有小齿或掌状浅裂，基部弯缺宽；花梗高达 70 cm，头状花序辐射状，管状花多数黄色。

生态习性：阴性草本，花期 8—12 月，在江南地区能露地越冬，忌阳光直射，以肥沃疏松、排水良好的黑土为宜。

园林用途：林下地被、立交桥下地被。

自然分布：华中及以南地区。（见图 5-45）

图 5-45 大吴风草

23. 蜀葵

别称：一丈红

拉丁名： *Alcea rosea* Linn.

科属：锦葵科 蜀葵属

植物类型：多年生宿根花卉

识别要点：茎直立可达 3 m，少分枝，全株被柔毛；叶大，互生，圆心脏形；花大，花瓣 5 枚或更多，矩圆形或扇形，边缘波状而皱，花色丰富。

生态习性：半阳性草本，花期 6—8 月，喜肥沃、深厚的土壤，能自播繁殖。

园林用途：植于建筑物旁、假山旁，点缀花坛、草坪。

自然分布：华东、华中、华北地区。

植物文化：蜀葵原产于中国四川，故名“蜀葵”。又因其可达丈许，花多为红色，故名“一丈红”。

蜀葵是山西省朔州市的市花，花语是温和。（见图 5-46）

图 5-46 蜀葵

24. 蛇鞭菊

别称：麒麟菊、马尾花

拉丁名：*Liatris spicata* （L.） Willd.

科属：菊科 蛇鞭菊属

植物类型：多年生草本

识别要点：茎基部膨大呈扁球形，地上茎直立，株形锥状；头状花序排列成密穗状，长 60 cm，花序部分约占整个花梗长的 1/2，小花由上而下次第开放，花色淡紫和纯白。

生态习性：半阳性草本，花期 7—8 月，喜欢阳光充足、气候凉爽的环境，土壤要求疏松、肥沃、排水良好。

园林用途：夏秋之际，蛇鞭菊色彩绚丽，恬静宜人，挺拔秀丽，野趣十足，宜做花坛、花境或在路旁带状栽植、丛植，点缀于山石、林缘等，也可用于庭院绿化。

自然分布：原产东欧及北美，现我国南北各地有栽培。

植物文化：蛇鞭菊因多数小头状花序聚集成长穗状花序，小花由上而下次第开放，好似响尾蛇那沙沙作响的尾巴而得名。蛇鞭菊的花语是警惕、努力，民间有“镇宅”之说，宜赠经商之人，有鼓励商人努力拼搏的意思。（见图 5-47）

图 5-47 蛇鞭菊

25. 美人蕉

别称：红艳蕉、小芭蕉

拉丁名：*Canna indica* L.

科属：美人蕉科 美人蕉属

植物类型：多年生草本

识别要点：高可达 1.5 m，被蜡质白粉，具块状根茎；单叶互生，具鞘状的叶柄，叶片卵状长圆形；花瓣根据品种不同有黄、红色及带斑点等。

生态习性：阳性草本，花期6—9月，喜深厚、肥沃的土壤，对氮化物、二氧化硫等有毒气体吸收能力较强。

园林用途：美人蕉枝叶茂盛，花大色艳，花期长，适宜种植于道路两旁，片植于公共绿地、花境、花坛，或用于建筑周围绿化、厂区绿化等。

自然分布：原产印度，现中国南北各地均有栽培。

植物文化：依照佛教的说法，美人蕉是由佛祖脚趾流出的血变成的。在酷热的阳光下盛开的美人蕉，会让人感受到它强烈的存在意志，因此它的花语是坚实的未来，具有勇往直前、乐观进取之意。（见图 5-48）

图 5-48　美人蕉

26. 石竹

别称：洛阳花、中国石竹

拉丁名：*Dianthus chinensis* L.

科属：石竹科 石竹属

植物类型：多年生草本

识别要点：株高 30 ~ 40 cm，膨大似竹，单叶对生，条状披针形，基部抱茎，花单生或数朵成聚伞花序，花 5 瓣，有红、粉红及白色，稍有香味，日开夜合。

生态习性：阳性草本，花期 5—9 月，可吸收二氧化硫和氯气。

园林用途：石竹株型低矮，茎秆似竹，花朵繁茂，宜用于花坛、花境、花台或盆栽，也可点缀于岩石园和草坪边缘，或作为大面积片植的地被材料。

自然分布：东北、西北、华北及长江流域一带。

植物文化：石竹是中国传统名花之一，因茎具节、膨大似竹而得名，石竹是母亲慈爱的象征，有些国家还规定母亲节这一天，母亲还健在的佩戴红石竹花，母亲已去世的人佩戴白石竹花。（见图 5-49）

图 5-49 石竹

27. 四季秋海棠

别称：四季海棠、虎耳海棠

拉丁名：*Begonia cucullata* Willd.

科属：秋海棠科 秋海棠属

植物类型：多年生草本

识别要点：高130 cm，茎直立，肉质，叶绿色，有蜡质光泽；常年开花，花顶生或腋出，雌雄异花，雄花大，雌花稍小，花色丰富。

生态习性：半阳性草本，全年能开花，但以秋末、冬、春较盛，怕热及水涝。

园林用途：四季秋海棠叶色娇嫩光亮，花朵成簇，四季开放，是重要的花坛花卉，也是立体绿化的好材料，同时适宜用作花箱、花钵、组合盆栽、吊盆、花槽等。

自然分布：中国各地。

植物文化：四季秋海棠的花语是相思、呵护、诚恳、单恋、苦恋。（见图 5-50）

图 5-50　四季秋海棠

28. 火炬花

别称：红火棒、火把莲

拉丁名：*Kniphofia uvaria*（L.）Oken

科属：阿福花科 火把莲属

植物类型：多年生草本植物

识别要点：株高 50 ~ 80 cm，茎直立，叶线形，总状花序着生数百朵筒状小花，呈火炬形，花冠橘红色。

生态习性：半阳性草本，花期 6—7 月，要求土层深厚、肥沃及排水良好的砂质壤土。

园林用途：火炬花挺拔的花茎高高擎起火炬般的花序，美丽可观，可植于庭园或丛植于草坪上、假山旁、建筑物前，也适合用于多年生混合花境。

自然分布：原产南非，现中国各地有栽培。

植物文化：火炬花花序状若瓶刷，从下至上依次开花，像一把燃烧的火炬，故英文名为“火焰百合”，

其花语是爱的苦恼。（见图 5–51）

图 5–51 火炬花

29. 芍药

别称：离草

拉丁名：*Paeonia lactiflora* Pal.

科属：芍药科 芍药属

植物类型：多年生宿根草本

识别要点：地下具粗壮肉质根，茎叶有紫红色晕，二回三出羽状复叶，绿色，顶生茎上有长花梗，花径 10 ~ 20 cm，花色丰富。

生态习性：半阳性草本，花期 4—5 月，果期 8—9 月，宜肥沃、湿润及排水良好的砂质土壤。

园林用途：芍药为我国传统名花，花形妩媚，花色艳丽，可布置花境、花带或专类园，也可筑台种植于庭院或天井中。

自然分布：中国各地（除华南以外）。

植物文化：芍药被人们誉为“花仙”和“花相”，又被称为“五月花神”，且自古以来就被视为爱情之花。（见图 5-52）

图 5-52　芍药

30. 玉簪

别称：玉春棒、白鹤花

拉丁名：*Hosta plantaginea*（Lam.）Aschers.

科属：天门冬科　玉簪属

植物类型：多年生宿根花卉

识别要点：株高 40 ~ 80 cm，株丛低矮，根状茎粗大；叶基生，簇状，具长柄；总状花序顶生，高于叶丛，花为白色，管状漏斗形，浓香，在夜间开放。

生态习性：阴性草本，花期 5—8 月，喜土层深厚、排水良好且肥沃的砂质壤土，全株有毒。

园林用途：常用作林下地被，可植于建筑物庇荫处、岩石边、树池、林缘、庭院。

自然分布：四川、湖北、湖南、江苏、安徽、浙江、福建、广东。

植物文化：玉簪因其花苞质地娇莹如玉、状似头簪而得名，夜间开放，芳香浓郁，花语是脱俗、冰清玉洁。（见图 5-53）

31. 八宝

别称：蝎子草、长药景天、八宝景天

拉丁名：*Hylotelephium erythrostictum*（Miq.）H. Ohba

科属：景天科　八宝属

植物类型：多年生肉质草本

识别要点：块根胡萝卜状，茎直立，不分枝，全株青白色；叶对生或 4 枚轮生，椭圆形，光滑，全缘；伞房状聚伞花序着生茎顶，小花粉色。

生态习性：阳性草本，花期 8—9 月，能耐 -20 ℃的低温，耐贫瘠和干旱，忌雨涝积水，喜排水良好的土壤。

园林用途：八宝景天植株整齐、生长健壮，可配合其他花卉布置花坛、花境，或成片栽植，作为护坡地被植物，也可点缀草坪、岩石园等。

自然分布：我国各地。

植物文化：八宝景天的花语是吉祥。（见图 5-54）

图 5-53　玉簪

图 5-54　八宝

32. 柳叶马鞭草

别称：长茎马鞭草

拉丁名：*Verbena bonariensis* L.

科属：马鞭草科 马鞭草属

植物类型：多年生草本

识别要点：株高 100 ~ 150 cm，全株有纤毛，叶为柳叶形，十字对生，叶缘有尖缺刻，聚伞花序，小筒状花着生于花茎顶部，紫红色或淡紫色，可自播繁殖。

生态习性：阳性草本，花期 5—9 月，怕大风，耐旱能力强，不耐积水，对土壤要求不严。

园林用途：柳叶马鞭草植株高大，具有摇曳的身姿、娇艳的花色、繁茂而长久的观赏期，因此适宜片植于疏林下及用于植物园和别墅区绿化，也可作为花境的背景材料或植于岩石旁等，大面积种植时，开花季节效果极其壮观。

自然分布：原产南北美洲，现华中、华东及以南地区有栽培。

植物文化：柳叶马鞭草的花语是忍耐。（见图 5-55）

图 5-55　柳叶马鞭草

任务三
园林中球根花卉的识别、认知及应用

【任务提出】 球根花卉种类繁多，品种极为丰富，花大色艳，色彩丰富，适应性强，栽培容易，管理简便，且球根种源交流便利，花期容易调节，目前被广泛应用于花坛、花境、花带、岩石园中，或在园林布置中作为地被、基础种植等，也是切花和盆花的优良材料。本任务就是认识广场、公园等绿地中常见的园林球根花卉植物的种类，并了解其植物特征、自然分布、生态习性与园林用途。

【任务分析】 园林花卉植物相对于乔木、灌木等木本植物而言，茎的木质化程度较低，而且植物株型相对比较矮小，多数种类花朵鲜艳、密集、突出，色彩丰富。识别球根花卉时，先明确其分类地位，在此基础上掌握其生态习性，了解其自然分布、栽培管理方式、观赏特征及园林用途等。

【任务实施】 准备当地常见的球根花卉图片及新鲜材料，教师首先引导学生认真观察分析，然后简要总结园林花卉植物的特点，接着到实际绿地中结合具体的植物介绍观察的方法、步骤及内容，最后让学生分组到当地广场、公园等实际绿地中调查、识别。

球根花卉是指植株地下部分变态膨大成球状物或块状物，能贮藏大量养分的多年生草本花卉。球根花卉种类很多，大多属于单子叶植物，广泛分布于世界各地。

按照地下茎或根部的形态，球根花卉可以分为五大类，即鳞茎类、球茎类、块茎类、根茎类、块根类。鳞茎类又可以分为有皮鳞茎和无皮鳞茎两类，有皮鳞茎类有水仙花、郁金香、朱顶红、风信子、文殊兰等，无皮鳞茎类有百合等，球茎类有唐菖蒲、小苍兰等，块茎类有花叶芋、马蹄莲、仙客来、大岩桐、球根海棠等，根茎类有美人蕉、荷花、睡莲、玉簪等，块根类有大丽花、芍药等。根据其习性特点又可分为春植球根和秋植球根。春植球根类有唐菖蒲、大丽花、大花美人蕉、石蒜等，秋植球根类有百合水仙、风信子、球根鸢尾、郁金香、葡萄风信子、铃兰等。仙客来、马蹄莲、朱顶红、小苍兰等则属于温室球根类花卉。

球根花卉从播种到开花常需数年时间，待球根达到一定大小时，开始分化花芽、开花结实。部分球根花卉，播种后当年或次年即可开花，如大丽花、仙客来等。不能产生种子的球根花卉可用分球法繁殖。球根花卉一般叶片稀少，根系多为肉质，对土壤要求较严格，栽培应用中要求细致管理。

1. 葱兰

别称：葱莲、玉帘、葱莲、白花菖蒲莲、韭菜莲、肝风草、草兰

拉丁名：*Zephyranthes candida*

科属：石蒜科 葱莲属

植物类型：多年生草本

识别要点：鳞茎卵形，径约 2.5 cm，颈长 2.5 ~ 5 cm；叶线形，肥厚；花白色。

生态习性：葱莲喜肥沃土壤，喜阳光充足，耐半阴与低湿，宜肥沃、带有黏性而排水好的土壤，较耐寒。

园林用途：葱莲株丛低矮、终年常绿、花朵繁多、花期长，繁茂的白色花朵高出叶端，在丛丛绿叶的衬托下，异常美丽，花期给人以清凉舒适的感觉。适用于林下、边缘或半阴处做园林地被植物，也可用作花坛、花径的镶边材料，在草坪中成丛散植，可组成缀花草坪，也可盆栽供室内观赏。

自然分布：原产南美，分布于温暖地区，中国华中、华东、华南、西南地区均有引种栽培。

植物文化：葱兰的花语是初恋、纯洁的爱。（见图 5-56）

图 5–56　葱兰

2. 大丽花

别称：地瓜花、天竺牡丹、东洋菊

拉丁名： *Dahlia pinnata* Cav.

科属：菊科 大丽花属

植物类型：多年生草本

识别要点：有巨大棒状块根。茎直立，多分枝，株高 1.5 ～ 2 m。叶 1 ～ 3 回羽状全裂，裂片卵形。头状花序大，常下垂；舌状花 1 层，白色、红色或紫色，常卵形，顶端有不明显的 3 齿，或全缘；管状花黄色，有时全部为舌状花。花期 6—12 月。

生态习性：半阳性草本，适宜栽培于疏松肥沃、排水良好的砂质土壤中；不耐霜冻，喜温暖湿润气候。

园林用途：大丽花花期长，花形极多，有菊形、莲形、芍药形、蟹爪形等，花瓣有重瓣和单瓣，花色丰富艳丽，有红、黄、橙、紫、淡红和白色等单色，还有多种复色。可大片群植于园林绿地，或布置花坛、花境，还可做切花，矮生品种可做盆栽。

自然分布：原产墨西哥，是全世界栽培最广的观赏植物，20 世纪初引入中国，现在多个地区均有栽培。

植物文化：大丽花的花语是大吉大利、背叛、叛徒，其在法国的花语是感激、新鲜、新颖、新意。大丽花是墨西哥的国花、吉林省的省花、以及河北张家口市、甘肃武威市和内蒙古赤峰市的市花。（见图 5–57）

3. 石蒜

别称： 曼珠沙华、彼岸花

拉丁名： *Lycoris radiata* （L’Her.） Herb.

科属： 石蒜科 石蒜属

植物类型：多年生草本

识别要点：鳞茎近球形，直径 1 ～ 3 cm。秋季出叶，叶狭带状，深绿色，中间有粉绿色带。花茎高约 30 cm ；总苞片 2 枚，披针形；伞形花序有花 4 ～ 7 朵，花鲜红色；花被裂片狭倒披针形，强度皱缩和反卷，花被筒绿色；雄蕊显著伸出于花被外。花期 8—9 月，果期 10 月。

生态习性：喜温暖、湿润、半阴环境，耐强光，较耐寒，耐旱，以排水良好、肥沃的沙壤土为宜。

园林用途：石蒜可用作林下地被花卉，花境丛植或山石间自然式栽植。因其开花时无叶，所以应与其他较耐阴的草本植物搭配为好，也可盆栽、水养或用作切花。鳞茎有毒。

自然分布： 原产中国及日本，广泛分布于东亚各地。

图 5-57　大丽花

植物文化：曼珠沙华出自《法华经》，本名摩诃曼陀罗华曼珠沙华，意思是开在天界之红花，又叫作彼岸花、天涯花、舍子花，它盛开在阴历七月，花语是悲伤的回忆。彼岸花，花开彼岸，花开不见叶，有叶不见花，花叶两不相见，生生相错。（见图 5-58）

图 5-58　石蒜

4. 唐菖蒲

别称：十样锦、剑兰、菖兰

拉丁名：*Gladiolus × gandavensis* Van Houtte

科属：鸢尾科 唐菖蒲属

植物类型：多年生草本

识别要点：球茎扁球形，株高60 ~ 150 cm。叶基生或在花茎基部互生，剑形，嵌迭状排成2列。花茎直立、不分枝，高出叶上，蝎尾状聚伞花序顶生，着花12 ~ 24朵，排成二列，侧向一边；花大形美，左右对称；花冠筒呈膨大的漏斗形，稍向上弯；花色有红、黄、白、紫、蓝等单色或具复色斑点、条纹，或呈波状、褶皱状。花期7—9月。

生态习性：唐菖蒲为喜光性长日照植物，畏酷暑和严寒，忌旱，忌涝，喜肥沃深厚、排水良好的砂质土壤。

园林用途：唐菖蒲叶绿而修长、花大而秀美，花色十分丰富又极富变化，分10个色系——白色系、粉色系、黄色系、橙色系、红色系、浅紫色系、蓝色系、紫色系、烟色系及复色系。主要用来做鲜切花，是世界四大切花之一，也可布置花境及专类花园，也可以栽植于浅水处和石头缝隙中。

自然分布：原产南非，现广布世界各地。

植物文化：唐菖蒲与玫瑰、康乃馨和扶郎花共同被誉为“世界四大切花”。人们认为唐菖蒲叶似长剑，可以挡煞和避邪，因而其成为喜庆节日不可缺少的插花材料，又因其花朵由下往上渐次开放，象征节节高升，也成为祝贺花篮应用相当多的花材。其花语是用心、福禄、富贵、节节上升、坚固，代表怀念之情，也表示爱恋、用心、长寿、康宁、福禄。（见图5-59）

图5-59　唐菖蒲

5. 小苍兰

别称：香雪兰、小菖兰、洋晚香玉

拉丁名：*Freesia refracta* Klatt

科属：鸢尾科 香雪兰属

植物类型：多年生草本

识别要点：球茎长卵形，茎柔弱，有分枝。茎生叶二列状，带状披针形，全缘。穗状花序顶生，花序轴斜生，稍有扭曲，花漏斗状，偏生一侧，花色有淡黄、紫红、粉红、雪青、白等，具有浓郁的芳香。花期3—5月。

生态习性：喜凉爽、湿润和阳光充足的环境，不耐寒，宜生长于肥沃、疏松、排水良好的沙壤土中。

园林用途：小苍兰株态清秀，花色丰富浓艳，芳香馥郁，花期较长，适于盆栽或做切花，温暖地区可花坛栽植或自然片植。

自然分布：原产非洲南部。中国南方各地多露天栽培，北方各地多盆栽。

植物文化：小苍兰的花语是纯洁、浓情、清香、幸福、清新、舒畅。（见图5–60）

图5–60 小苍兰

6. 水仙

别称：凌波仙子、金盏银台、玉玲珑、中国水仙

拉丁名：*Narcissus tazetta* var. *chinensis* Roem.

科属：石蒜科 水仙属

植物类型：多年生草本

识别要点：鳞茎卵球形，外被棕褐色皮膜。叶狭长带状，全缘。花葶自叶丛中抽出，高于叶面，通常每球抽花葶数支，多者可达10余支；每葶着花数朵，组成伞房花序；花白色，花被裂片6，芳香；副冠浅杯状，黄色。花期1—3月。

生态习性：原产中国，以福建漳州、上海崇明岛所产最为有名。喜光，喜温暖湿润环境，在疏松、肥沃、土层深厚、排水良好的冲积沙壤土上生长良好。

园林用途：水仙是中国十大传统名花之一，其花叶秀美，香气浓郁，可水养作为冬季室内陈设花卉，温暖地区可作为春季花坛种植。另外，鳞茎多液汁，有毒。

自然分布：原产亚洲东部的海滨温暖地区。中国浙江、福建沿海岛屿自生，但各地区所见者全系栽培，供观赏。

植物文化：人们常在春节摆放水仙表示思念和团圆，水仙的花语是万事如意、吉祥、美好、纯洁、高尚。（见图 5-61）

图 5-61 水仙

7. 郁金香

别称：洋荷花、草麝香

拉丁名：*Tulipa gesneriana* L.

科属：百合科 郁金香属

植物类型：多年生草本

识别要点：鳞茎扁圆锥形或扁卵圆形，具棕褐色纸质皮膜。茎叶光滑具白粉，叶 3 ~ 5 枚，条状披针形至卵状披针形。花茎高 6 ~ 10 cm，花单生茎顶，大形直立，杯状，基部常黑紫色；花瓣 6 片，倒卵形，鲜黄色或紫红色，具黄色条纹和斑点；花色丰富。花期一般为 3—5 月。

生态习性：长日照花卉，喜向阳避风、冬季温暖湿润、夏季凉爽干燥的半阴环境，要求腐殖质丰富、疏松肥沃、排水良好的微酸性砂质壤土，忌碱土和连作。

园林用途：郁金香是重要的春季球根花卉，花朵似荷花，花形丰富、花色繁多。花形有杯形、碗形、卵形、球形、钟形、漏斗形、百合花形等，有单瓣也有重瓣。宜做切花或布置花坛、花境，也可丛植于草坪、树林、水边上、落叶树树荫下，形成整体色块景观。中、矮性品种可盆栽。郁金香是荷兰的国花。

自然分布：原产欧洲，我国引种栽培，因历史悠久，品种很多。

植物文化：郁金香的花语是博爱、体贴、高雅、富贵、能干、聪颖、善良、无尽的爱、最爱。（见图 5-62）

图 5-62 郁金香

8. 风信子

别称：洋水仙、西洋水仙、五色水仙

拉丁名：*Hyacinthus orientalis* L.

科属：天门冬科 风信子属

植物类型：多年生草本

识别要点：鳞茎卵形，有膜质外皮，直径约 7 cm。叶 4 ~ 8 枚，狭披针形，肉质，有凹沟。总状花序顶生；小花漏斗形，10 ~ 20 朵密生于花茎上部，花被筒形，基部膨大；裂片长圆形，向外反卷；花色有紫、玫瑰红、粉红、黄、白、蓝等，具芳香。果实为蒴果。自然花期 3—4 月。

生态习性：夏季休眠，秋冬生根，早春萌芽，3 月开花。喜冬季温暖湿润、夏季凉爽稍干燥、阳光充足或半阴的环境，较耐寒；宜肥沃、排水良好的沙壤土，忌过湿或黏重的土壤。

园林用途：风信子植株低矮整齐，花色丰富、绚丽，是早春开花的著名球根花卉。适宜布置花坛、花境和花钵，也可做切花、盆花或水养。

自然分布：风信子原产欧洲南部地中海沿岸及小亚细亚一带，如今世界各地都有栽培。中国各地植物园和公园有少量栽培，用于花坛观赏。同时广泛用于春季花卉展览和盆栽销售。

植物文化：风信子的花语是胜利、竞技、喜悦、爱意、幸福、浓情、倾慕、顽固、生命、得意、永远的怀念。（见图 5-63）

图 5-63 风信子

9. 百合

别称：山百合、香水百合、天香百合

拉丁名：*Lilium brounii* var. *viridulum* Baker

科属：百合科 百合属

植物类型：多年生草本

识别要点：鳞茎球形，鳞片披针形，肉质，白色或淡黄色。单叶互生，狭线形，无叶柄，直接包生于茎秆上。花着生于茎秆顶端，呈总状花序，簇生或单生；花冠较大，花筒较长，呈漏斗形，6 裂无萼片，因茎秆纤细，开放时常下垂或平伸；花色多样，因品种而不同。花期 5—6 月。

生态习性：喜凉爽潮湿、日光充足、略荫蔽的环境，要求肥沃、富含腐殖质、土层深厚、排水性极为良好的微酸性砂质土壤，最忌硬黏土。忌干旱，忌酷暑，耐寒性稍差。

园林用途：百合鳞茎由鳞片抱合而成，有“百年好合”“百事合意”之意；花大而秀美，姿态雅致，有浓香；

叶片青翠娟秀，茎干亭亭玉立，是名贵的切花。可布置花坛、花境，或植于林缘、岩石园。

自然分布：主产于湖南、四川、河南、江苏、浙江，全国各地均有种植，少部分为野生资源。

植物文化：在中国，百合具有百年好合、美好家庭、伟大的爱之含意，有深深祝福的意义。（见图 5-64）

图 5-64　百合

10. 大岩桐

别称：落雪泥

拉丁名：*Sinningia speciosa*（Lodd.）Hiern

科属：苦苣苔科 大岩桐属

植物类型：多年生草本

识别要点：块茎扁球形，地上茎极短，株高 15 ~ 25 cm，全株密被白色绒毛。叶对生，肥厚而大，卵圆形或长椭圆形，有锯齿；叶脉间隆起，自叶间长出花梗。花顶生或腋生，花大，花冠钟状，先端浑圆，5 ~ 6 浅裂；色彩丰富，有粉红、红、紫蓝、白、复色等色。果实为蒴果，种子褐色。花期 4—11 月。

生态习性：喜温暖、潮湿、半阴的环境，忌阳光直射，有一定的抗炎热能力，夏季宜保持凉爽，喜肥沃疏松的微酸性土壤。

园林用途：大岩桐花大色艳，花期长，着花多，可盆栽，亦可用作南方疏林地被。

自然分布：原产巴西。中国各地植物园温室引种培养。（见图 5-65）

图 5-65　大岩桐

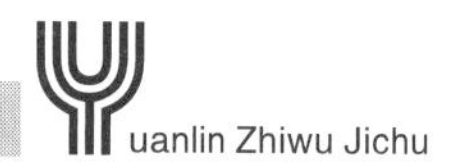

续图 5-65

11. 朱顶红

别称：孤挺花、华胄兰

拉丁名：*Hippeastrum rutilum*（Ker-Gawl.）Herb

科属：石蒜科 朱顶红属

植物类型：多年生草本

识别要点：鳞茎肥大，近球形，直径 5 ~ 10 cm，外皮淡绿色或黄褐色。叶片两侧对生，带状，先端渐尖，2 ~ 8 枚，叶片多于花后生出，长 15 ~ 60 cm。总花梗中空，被有白粉，顶端着花 2 ~ 6 朵，花大，喇叭形，有红、白、蓝紫、绿等色，有重瓣品种。花期夏季。

生态习性：喜温暖湿润的环境，忌酷热，不耐强光，怕水涝。半耐寒，越冬温度不可低于 5 ℃。喜富含腐殖质、排水良好的沙壤土。

园林用途：朱顶红品种繁多，花叶双艺，叶厚而有光泽，花葶直立；花大而艳丽，花形奇特，花色齐全，可盆栽，亦可配置花境、花丛或做切花等。

自然分布：原产巴西、秘鲁。现在中国大部分地区有栽培。

植物文化：朱顶红的花语是渴望被爱，追求爱。另外有表示自己纤弱、渴望被关爱的意思。（见图 5-66）

12. 文殊兰

别称：十八学士、翠堤花

拉丁名：*Crinum asiaticum* var. *sinicum*（Roxb. ex Herb.）Baker

科属：石蒜科 文殊兰属

植物类型：多年生草本

识别要点：鳞茎球形。叶 20 ~ 30 片，多列，带状，长达 1 m，顶端渐尖，边缘波状，暗绿色。花茎直立，几与叶等长，伞形花序着花 10-24 朵；花高脚碟状，具芳香；花被管纤细、直伸，绿白色，花被裂片线形，向顶端渐狭，白色。花期夏季。

生态习性：喜温暖湿润的环境，忌烈日暴晒，略耐阴，耐盐碱，不耐寒，冬季温度不能低于 5 ℃。

园林用途：文殊兰花叶俱美，具有较高的观赏价值，既可用作园林、景区、校园、机关、住宅小区的绿地的点缀品，又可作为庭园装饰花卉，还可盆栽或做房舍周边的绿篱。

自然分布：分布于福建、台湾、广东、广西、湖南、四川、云南等地。中国南方热带和亚热带地区有栽培。广泛分布于河边、村边、低洼地草丛中，或栽植于庭园。（见图 5-67）

图 5-66　朱顶红

图 5-67　文殊兰

13. 马蹄莲

别称：水芋、野芋

拉丁名：*Zantedeschia aethiopica*（L.）Spreng.

科属：天南星科 马蹄莲属

植物类型：多年生草本

识别要点：多年生粗壮草本，具肥大肉质块茎。叶基生，具长柄，上部具棱，下部呈鞘状折叠抱茎；叶卵状箭形，全缘，鲜绿色。花梗着生叶旁，高出叶丛，肉穗花序包藏于佛焰苞内，佛焰苞形大，开张呈马蹄形；肉穗花序圆柱形，鲜黄色。自然花期 3—8 月。

生态习性：喜温暖湿润的环境，不耐寒，不耐高温，不耐旱，稍耐阴；冬季需要充足的日照，夏季需适当遮阴；喜疏松肥沃、腐殖质丰富的黏壤土。

园林用途：马蹄莲花朵美丽，春秋两季开花，单花期长，是重要的切花品种之一，也是良好的盆栽花卉；在热带、亚热带地区是布置花坛的好材料。

自然分布：原产非洲东北部及南部。现中国大部分地区有栽培。

植物文化：马蹄莲的花语有博爱，圣洁虔诚，永恒，优雅，高贵，尊贵，希望，高洁，纯洁、纯净的友爱，气质高雅，春风得意，纯洁无瑕的爱。（见图 5-68）

图 5-68 马蹄莲

14. 仙客来

别称：萝卜海棠、兔耳花

拉丁名：*Cyclamen persicum* Mill.

科属：报春花科 仙客来属

植物类型：多年生草本

识别要点：块茎扁球形或球形，肉质。叶片由块茎顶部生出，心形、卵形或肾形，叶缘有细锯齿，叶面绿色，具有白色或灰色晕斑，叶背绿色或暗红色；叶柄较长，红褐色，肉质。花单生于花茎顶部，下垂，花瓣向上反卷，犹如兔耳；花色有白、粉、玫红、大红、紫红、雪青等，基部常具深红色斑；花瓣通常 5 瓣，边缘多样，有全缘、缺刻、皱褶和波浪等形。花期 10 月至翌年 4 月。

生态习性：喜凉爽、湿润及阳光充足的环境，冬季花期温度不低于 10 ℃；要求疏松肥沃、排水良好、富含腐殖质的微酸性沙壤土。

园林用途：仙客来株形美观、别致，花盛色艳，是冬春季节名贵盆花，也是世界花卉市场上最重要的盆栽花卉之一。常用于布置室内，并适宜做切花，也适于水养。

自然分布：原产希腊、叙利亚、黎巴嫩等地，我国各地多栽培于温室中。

植物文化：仙客来以前大多是野生的，栽培在温室里的它虽然依然美丽，但生命力稍嫌脆弱。因此仙客来的花语是内向。（见图 5-69）

图 5-69 仙客来

15. 五彩芋

别称：花叶芋、彩叶芋、两色芋

拉丁名：*Caladium bicolor*（Ait.）Vent.

科属：天南星科 五彩芋属

植物类型：多年生草本

识别要点：块茎扁球形，有膜质鳞叶。叶基生，卵状心形或三角卵形，先端急尖或短渐尖，基部箭形、心形或近戟形，叶面暗绿色，有红、白、黄等色的斑点。佛焰状花序基出，佛焰苞下部管状，肉穗花序稍短于佛焰苞，具短柄；花单性，无花被。花期 4—5 月。

生态习性：喜高温、多湿和半阴环境，不耐寒；土壤要求肥沃、疏松和排水良好的腐叶土或泥炭土。

园林用途：花叶芋叶片硕大，叶色鲜亮，观赏价值高，为新近流行的室内观叶植物。在温暖地区也可室外栽培观赏，冬季寒冷地区只能在夏季应用。

自然分布：原产南美洲亚马孙河流域。广东、福建、台湾、云南常有栽培，也有逸生的。

植物文化：五彩芋的花语为喜欢、欢喜、愉快。（见图 5-70）

图 5-70　五彩芋

16. 铃兰

别称：君影草、风铃草

拉丁名：*Convallaria majalis* L.

科属：百合科　铃兰属

植物类型：多年生草本

识别要点：株高约 20 cm，有多分枝匍匐于地的根状茎。叶 2 ~ 3 枚，基生，卵圆形或广披针形，具光泽，弧状脉，基部有数枚鞘状膜质鳞片叶互抱。花钟状，小型，下垂，生于花茎顶端，呈总状花序偏向一侧；花朵乳白色，悬垂若铃串，一茎着花 6 ~ 10 朵。浆果红色，有毒，内有种子 4 ~ 6 粒。花期 5—6 月，果期 7—8 月。

生态习性：喜半阴、湿润、凉爽环境，极耐寒，忌炎热；喜富含腐殖质、湿润而排水良好的沙质微酸性壤土，忌干旱；夏季休眠。

园林用途：铃兰植株矮小、幽雅清丽、芳香宜人，是一种优良的地被和盆栽植物，可与其他花卉配植于花坛和花境，也可用于切花。

自然分布：分布于亚洲、欧洲及北美，我国分布于东北、华北、西北等地。

植物文化：铃兰的花语是幸福归来。（见图 5–71）

图 5–71　铃兰

实训模块
常见园林花卉调查识别

一、实训目的

正确识别本地常见园林花卉，进一步了解其习性，掌握其主要生态习性、观赏特征及园林应用形式；同时培养学生的团队协作能力，以及独立分析问题、解决问题和创新的能力。

二、实训材料

校园、当地公园、花卉市场、植物园中的常见园林花卉植物。

三、实训内容

通过观察，识别常见的园林花卉：一年生和二年生花卉、宿根花卉、球根花卉。实地观察常见的园林花卉，如菊花、鸢尾、荷花、春兰、玉簪类等，可以结合园林树木，进行本地园林植物的识别综合实训。

四、实训步骤

（1）教师下达任务，并简单介绍调查的方法与要求；

（2）学生分组调查花卉市场、植物园及当地园林绿地中的园林花卉植物的种类及类型；

（3）记录园林花卉植物的形态、习性及园林应用形式等内容。

五、实训作业

将所调查的园林花卉植物种类列表整理出来，并注明它们各属于哪一科，及其生态习性、主要观赏特征及园林用途。

知识拓展

中国十大名花

1. 梅花——不畏风雪

梅花在我国已有三千多年的栽培历史，因可抵抗零下 15 ℃的低温，凌寒而开，被誉为花魁，总领群芳。它那傲霜斗雪的精神，象征着中华民族坚强不屈、艰苦奋斗的高尚气质。古往今来，多少文人墨客借梅抒怀。南宋爱国诗人陆游特爱梅花，在《卜算子·咏梅》一词中，借梅花“无意苦争春，一任群芳妒。零落成泥碾作尘，只有香如故”的高洁，自喻虽历尽挫折，却决不会改变恢复中原、反对权奸投降的主张；元末著名画家王冕，以“不要人夸好颜色，只留清气满乾坤”来暗喻自己的人品与节操；清代扬州八怪之一——李方膺的“最爱新枝长且直，不知屈曲向春风”，以花状人，意态俨然；毛泽东的咏梅词“已是悬崖百丈冰，犹有花枝俏，俏也不争春，只把春来报，待到山花烂漫时，她在丛中笑”，则从更高的意识层面表达了政治家胸怀谋略、充满自信与希望的革命豪情，还有陈毅的咏梅诗“隆冬到来时，百花迹已绝，红梅不屈服，树树立风雪”……这些文学作品无不点明了梅花的贞姿劲质、雪魄冰魂。历代诗人笔铸的梅花精神体现出这样三点人文思想：一是艰苦奋斗、不怕牺牲的“顶风雪”精神；二是取得胜利、功成不居的“不争春”精神；三是坚定不移、永不褪色的“香如故”精神。这就是我们传统的民族精神，我们中华的民族魂、国魂。

2. 牡丹——花中之王

有“花中之王”“国色天香”的美誉的牡丹，在我国亦有1500余年的栽培历史。牡丹花朵大而丰满、色香兼备，让人一看到它便感到心理上的满足，所以它历来都是繁荣富强的象征，中国历史上，牡丹兴盛也总在国泰民安时。唐代诗人把牡丹颂为花中之王、香中第一。刘禹锡在《赏牡丹》中道：“唯有牡丹真国色，花开时节动京城。”白居易赞美牡丹“千片赤英霞烂烂，百枝降点灯煌煌”。

3. 菊花——高风亮节

菊花是我国花卉史上栽培最早的花。人们心灵深处蕴藏着对菊花的深厚感情。自古人们就通过诗歌咏唱菊花，借颂赞菊花而净化心灵。陶渊明因不甘向贪官污吏行拜见礼，便归隐田园，种菊自娱。他在诗中咏道：“芳菊开林耀，青松冠岩列。怀此贞秀姿，卓为霜下杰。”他成了我国第一位给菊花品格做鉴定的人。南宋老臣郑思肖有一首《画菊》诗：“花开不并百花丛，独立疏篱趣无穷。宁可抱香枝头死，何曾吹落北风中。”表达了他至死不变、正气凛然的爱国情操。

4. 兰花——花中君子

被誉为“花中君子”“天下第一香”的兰花，总是令人倾慕。从至圣先师到忠义之士、文人墨客都爱兰咏兰。孔子爱兰，也常把自己比作兰。《孔子家语》中有：“与善人居，如入芝兰之室，久而不闻其香，则与之化矣。”兰与高尚的品德修养相融合，从而有了更深刻的文化内涵。屈原忠心爱国，冒死直谏，因此被放逐，他满腔悲愤，遍植兰花，身上佩兰，口中咏兰，写下了《离骚》《九歌》等不朽诗篇。这位伟大的爱国诗人以兰花自喻高洁，托出一颗如兰的赤子之心。清代文豪郑板桥咏《破盆兰花》：“春风春雨洗妙颜，一辞琼岛到人间。而今究竟无知己，打破乌盆更入山。”通过对兰花的惋惜，感叹自己的怀才不遇，以兰花傲骨为喻，表达对权贵的鄙弃。

5. 月季——花中皇后

月季素以“花中皇后”著称，最早由我国栽培，18 世纪以后方传入欧洲，后与当地蔷薇杂交，形成了今天异彩纷呈的现代月季，月季也跃身为世界名花。月季花容秀美，芳香浓郁，四时常开，耐人久赏，且栽培繁殖极其容易。这些品质博得无数文人雅士的诸多颂扬。苏东坡有诗云：“花落花开无间断，春来春去不相关；牡丹最贵惟春晚，芍药虽繁只夏初。唯有此花开不厌，一年长占四时春。”西方不少国家认为月季象征美丽、热情和力量，并把它喻为爱情、和平和献身精神的化身。月季的花语是幸福和希望。

6. 杜鹃——花中西施

“闲折两枝持在手，细看不是人间有。花中此物似西施，芙蓉芍药皆嫫母。”是何等佳卉，竟把芙蓉、芍药都比了下去？这便是“花中西施”杜鹃。它冒着春寒开放，给人们以希望和力量。革命烈士帅开甲慷慨就义之前，在狱中留下两行诗：“记取章江门外血，他年化作杜鹃红。”他把一腔仇恨与胜利的希望，寄情于杜鹃花。“杜鹃啼血”的故事则寄托着流浪者的思乡之情。

7. 山茶——花中珍品

山茶科是一个大家族，山茶属植物有 220 余种。早在 1200 多年前，山茶就是珍贵花木了，它那热情如焰的花朵和苍劲凛然的树型，让赏花人为之振奋、充满激情。因此，人们总把山茶喻为胜利之花。陆游有诗云：“东园三月雨兼风，桃李飘零扫地空。唯有山茶偏耐久，绿丛又放数枝红。”黄庭坚赞山茶“禀金天之正气，非木果之匹亚”。苏辙称山茶“凌寒强比松筠秀，吐艳空惊岁月非”。山茶被人们喻为正派、勇敢和善于斗争的胜利者。

8. 荷花——出水芙蓉

在我国的百花园中，荷花以其“出淤泥而不染，濯清涟而不妖”的高贵气质，征服了众多人的心灵。它傲然不屈、神圣贞洁的形象自古就是中国人民高尚品德的写照，鼓舞全社会扬廉洁之风。

9. 桂花——秋风送爽

桂花亦称木樨，常绿灌木或乔木，它一年四季昂然挺立，任凭风吹雨打，不管雪压霜凌，从来没有一点疲态、一丝倦容，在它的每个节间，都孕育着人们企求的芬芳蓓蕾，绽放着“独占三秋压众芳”的花朵，在人们欢度国庆、中秋的同时，为人们带来馨甜的气息，增添无穷活力与希望。成语“桂林一枝”“蟾宫折桂”，则点出了桂花催人上进的人文形象。

10. 水仙——凌波仙子

清闲淡雅的凌波仙子——水仙，总在冬末岁首、群芳俱寂之时萌翠吐芳，它那亭亭玉立的风姿和冰肌玉骨的气质，带给人宁静祥和、超凡脱俗的感受。中国关于水仙花的民间传说很多，古人把水仙比作“超万劫以自蜕”的女神。在水仙花上，人们或寓于坚贞的爱情，或寄予美好的祝愿。海外华人常在春节期间互赠水仙，以示怀念祖国。诗人姜特立吟咏水仙“六出玉盘金屈后，青瑶丛里出花枝。清香自信高群品，故与江梅相并时”。诗人李东阳赞水仙“澹墨轻和玉露香，水中仙子素衣裳”。足可见，水仙总以它那朴素清雅、坚韧坦荡的魅力吸引着人们。

练习与思考

1. 举出当地常见的一、二年生花卉10种，简述其生态习性、观赏特征及园林用途。

2. 举出当地春、夏、秋季节开花的宿根花卉各5种，简述其生态习性、观赏特征及园林用途。

3. 举出当地常见的球根花卉5种，简述其生态习性、观赏特征及园林用途。

4. 举出当地常见的兰科园林植物5种，简述其生态习性、观赏特征及园林用途。

5. 采集校园内或附近绿地中的3～5种植物（以花卉类植物为主）的全株，要求学生在规定的时间内用分类学术语对所采植物的营养器官的形态特征进行准确的描述。

项目单元六

常见园林水生植物、竹类植物、观赏草、草坪草

学习目标

知识目标：学习具有代表性的园林水生植物、竹类植物、观赏草、草坪草的中文名、拉丁名、科属、植物特性与分布、应用与文化。

技能水平：能够正确识别常见的园林水生植物、竹类植物、观赏草、草坪草，并掌握其专业术语及植物文化内涵，熟悉其在园林绿化工程中的应用形式。

项目导言

水生植物不仅有较高的观赏价值，其中不少种类还兼有食用、药用功能，如荷花、睡莲、王莲、鸢尾、千屈菜、萍蓬草等，都是人们耳熟能详且非常喜爱的草本园林植物，并广泛应用于水景；芡实、菱角、莼菜、香蒲、慈姑、茭白、莲藕、水芹、荸荠等，除了可绿化水体环境外，还是十分美味的食用蔬菜，且具有药效和保健作用；柽柳、杞柳、鹿角苔、皇冠草、红心芋等观赏水草则成为美化现代家居环境的新宠儿。水生植物集观赏价值、经济价值、环境效益于一体，在现代城市绿化环境建设中发挥着积极作用。

竹是我国乃至世界园林中常用的植物材料，它可以带给人们色彩、形态和清香等美的感受，拥有丰富的寓意和人文哲理。我国自古擅长营造园林竹景，竹景规划的关键在于发挥竹的自然属性与人文特性。钟灵毓秀的苏州古典园林是我国竹景营造技法娴熟的例证，其中，以“林木绝胜”著称于世的拙政园可谓匠心独运，竹与水、石、墙、建筑的组合造景发挥得淋漓尽致。该园高度呈现出古人愿与一汪碧水相依、与亭台楼榭为伴、与松竹梅菊同乐等对自然的热爱和追求。

与其他植物相比，观赏草、草坪草由于密集覆盖地表，不仅有美化环境的作用，而且有着更为重要的生态意义。如保持水土，占领隙地，消灭杂草；减缓太阳辐射，调整温度，改善小气候；净化大气，减少污染和噪声；用作运动场及休憩场所；预防自然灾害等。

任务一
水生植物认知及应用

【任务提出】水生植物是园林绿化中水系绿化的骨干材料，本章将介绍具有代表性的水生植物的中文名、拉丁名、科属、植物特性与分布、应用与文化。

【任务分析】能够正确识别常见的水生植物 15 种，并掌握其专业术语及植物文化内涵，熟悉水生植物在园林绿化工程中的应用形式。

【任务实施】准备当地常见的水生植物图片及新鲜植物材料，教师首先引导学生认真观察分析，然后简要总结园林水生植物的特点，接着到实际绿地中结合具体的植物介绍观察的方法、步骤及内容，最后让学生分组到当地湿地公园、沿湖绿地等实际绿地中调查、识别。

一、水生植物的概念

水生植物是指生长于水体中、沼泽地中、湿地上，观赏价值较高的植物。它们常年生活在水中，或在其生命周期内某段时间生活在水中。这类植物体内细胞间隙较大，通气组织比较发达，种子能在水中或沼泽地萌发，在枯水时期，它们比任何一种陆生植物更易死亡。根据水生植物的生活方式，一般将其分为沉水植物、挺水植物、漂浮植物、浮叶植物和水缘植物五类。

二、水生植物的类型

挺水植物：根生长于泥土中，茎叶挺出水面之上，包括沼生到 1.5 m 水深的植物。栽培中一般是 80 cm 水深以下，如荷花、水葱、香蒲等。

浮叶植物：根生长于泥土中，叶片漂浮于水面上，包括水深 1.5 ~ 3 m 的植物，常见种类有王莲、睡莲、萍蓬草等。

漂浮植物：茎叶或叶状体漂浮于水面，根系悬垂于水中漂浮不定的植物，如凤眼莲、大藻等。

沉水植物：根扎于水下泥土之中，全株沉没于水面之下的植物，如金鱼藻、狐尾藻、黑藻等。

水缘植物：生长在水池边，从水深 20 cm 处到水池边的泥里都可以生长的植物。水缘植物的品种非常多，主要起观赏作用，常见种类有千屈菜、菖蒲等。

三、常见水生植物

1. 莲

别称：荷花、莲花、芙蓉

拉丁名：*Nelumbo nucifera* Gaertn.

科属：莲科 莲属

植物类型：多年生挺水植物

识别要点：叶盾状圆形，表面光滑，被白粉覆盖，全缘且呈波状，叶柄圆柱形，外散生小刺。

生态习性：阴性，耐寒，喜湿怕干，根据品种确定种植水深，花期 6—9 月。

园林用途：荷花可以用“接天莲叶无穷碧，映日荷花别样红”来形容，适宜相对稳定的平静浅水、湖沼、泽地、池塘等，可用于荷花专类园或作为主题水景植物。

自然分布：我国南北各地均有分布。

植物文化：莲被称为“活化石”，是被子植物中起源最早的植物之一，中国是世界上栽培莲花最多的国家之一。古时江南风俗，阴历六月二十四日为荷花（即莲花）生日，荷花因而又有“六月花神”的雅号。由于“荷”与“和”“合”谐音，“莲”与“联”“连”谐音，因此中华传统文化中经常以荷花作为和平、和谐、合作、合力、团结、联合等的象征，以荷花的高洁象征和平事业、和谐世界的高洁。莲花是道教的象征之一，在道教里，莲花象征着修行者于五浊恶世而不染卓，历练成就。佛教认为莲花从淤泥中长出，不被淤泥污染，又非常香洁，与佛和菩萨在生死烦恼中出生，又从生死烦恼中开脱暗合，故有“莲花藏世界”之义，按佛教的解释，莲花是“报身佛所居之净土”，可见莲花是佛教的象征，所以菩萨要以莲花为座。（见图 6–1）

图 6-1 莲

2. 睡莲

别称：子午莲

拉丁名：*Nymphaea tetragona* Georgi

科属：睡莲科 睡莲属

植物类型：多年生浮水植物

识别要点：叶丛生，浮于水面，薄革质，卵状椭圆形，全缘，浓绿，下面暗紫色，有缺裂。

生态习性：阳性，喜富含有机质的壤土，最适水深 25 ~ 30 cm，不得超过 80 cm，花期 6—8 月。

园林用途：相对于荷花而言，睡莲小而精致，花朵颜色丰富，适宜相对稳定的平静浅水、沼泽地、池塘、别墅庭院水池等，可用于睡莲专类园或作为主题水景植物。

自然分布：我国除西北、西南外，其他各地区均有栽培。

植物文化：在古希腊、古罗马，睡莲被视为圣洁、美丽的化身，常被作为供奉女神的祭品。在《新约圣经》中，也有“圣洁之物，出淤泥而不染”之说。在古埃及，睡莲被奉为“神圣之花”，成为遍布寺庙廊柱的图腾，象征着“只有开始，不会幻灭”的祈福。（见图 6-2）

图 6–2 睡莲

3. 千屈菜

别称：水柳

拉丁名：*Lythrum salicaria* L.

科属：千屈菜科 千屈菜属

植物类型：多年生草本植物

识别要点：根茎横卧于地下，多分枝，叶对生或三叶轮生，披针形，全缘，无柄。

生态习性：阳性，喜水湿，在深厚、富腐殖质的土壤中生长更好，花期 7—8 月。

园林用途： 千屈菜株丛整齐，耸立而清秀，花朵繁茂，花序长，花期长，适宜在浅水岸、湖畔、溪沟边、

潮湿草地等处丛植。

自然分布：我国各地均有分布。

植物文化：千屈菜生长在沼泽或河岸地带，爱尔兰人替它取了一个奇怪的名字，叫“湖畔迷路的孩子”，它的花语是“孤独”。（见图 6-3）

图 6-3 千屈菜

4. 芦苇

别称：苇子

拉丁名：*Phragmites australis*（Cav.）Trin. ex Steud.

科属：禾本科 芦苇属

植物类型：多年生草本植物

识别要点：茎有节，中空而光滑，节下常生白粉。叶子互生，顶端尖锐，披针形。

生态习性：阳性，生命力强，易管理，生长速度快，花期 9—10 月。

园林用途：芦苇迎风摇曳，野趣横生，是保护湿地环境和野生动物的重要物种，流速缓慢的河、湖可形成高大的禾草群落。适宜片植于河道、沼泽湿地、河岸、溪边、堤岸等多水地区，形成苇塘。

自然分布：我国各地广泛分布。

植物文化：芦苇的花语是韧性、自尊又自卑的爱。（见图 6-4）

图 6-4 芦苇

续图 6–4

5. 香蒲

别称：水蜡烛　蒲草

拉丁名：*Typha orientalis* Presl

科属：香蒲科　香蒲属

植物类型：多年生水生植物

识别要点：叶片条形，光滑无毛，上部扁平，海绵状。

生态习性：阳性，对土壤要求不严，以含丰富有机质的塘泥最好，管理较粗放，花期 5—8 月。

园林用途： 香蒲叶绿穗奇，富于野趣，适宜成丛、成片种植于池塘、河滩、渠旁、潮湿多水处，也宜作为花境、水景的背景材料。

自然分布：我国各地均有分布。

植物文化：香蒲的穗状花序呈蜡烛状，故又称水烛。它的花语是卑微，意味着渺小、微不足道，包含着一定的自谦之意。（见图 6–5）

图 6–5　香蒲

6. 梭鱼草

别称：北美梭鱼草

拉丁名：*Pontederia cordata* L.

科属：雨久花科　梭鱼草属

植物类型：多年生挺水植物

识别要点：深绿色叶片，叶形多变，大部分为倒卵状披针形，叶面光滑，浮水或沉水。

生态习性：阳性，喜欢在静水及水流缓慢的浅水中生长，花期 5—10 月。

园林用途： 梭鱼草叶色翠绿，花色迷人，花期长，适宜栽植于河道两侧、池塘四周、人工湿地中，可与千屈菜、花叶芦竹、水葱、再力花等相间种植。

自然分布：我国各地均有分布。

植物文化：梭鱼草得名于梭鱼的幼鱼喜欢藏匿于它们密生的叶丛与根茎间，在那里嬉戏游乐，它的花语是自由。（见图 6-6）

图 6-6　梭鱼草

7. 雨久花

别称：蓝鸟花

拉丁名：*Monochoria korsakowii* Regel et Maack

科属：雨久花科 雨久花属

植物类型：多年生挺水植物

识别要点：茎直立或稍倾斜，株高 50 ~ 90 cm，全株光滑无毛；挺水叶互生，阔卵状心形，先端急尖，全缘，基部心形；花两性，总状花序顶生，花被片 6 枚，蓝紫色。

生态习性：花期 7—8 月。性强健，耐寒，多生于沼泽地、水沟及池塘的边缘。

园林用途： 雨久花叶色翠绿、光亮、素雅，花大而美丽，适宜和其他的水生花卉搭配，片植于浅水池、水塘、沟边或沼泽地中。

自然分布：我国东北、华北、华中、华南地区均有分布。

植物文化：雨久花花大而美丽，淡蓝色，像只飞舞的蓝鸟，所以又称为蓝鸟花。雨久花的花语是天长地久。（见图 6–7）

图 6–7　雨久花

8. 水葱

别称：冲天草

拉丁名：*Schoenoplectus tabernaemontani*（C. C. Gmelin）Palla

科属：莎草科 水葱属

植物类型：多年生挺水植物

识别要点：茎秆高大通直，秆呈圆柱状，中空，典型的观茎植物。

生态习性：阳性，对污水中的有机物、磷酸盐及重金属等有较高的去除能力，花果期 6—9 月。

园林用途：水葱植株挺立，生长葱郁，色泽淡雅洁净，可植于池隅、岸边，作为水景布置中的障景或后景。

自然分布：东北、西北、西南各地区。（见图 6–8）

图 6–8　水葱

续图 6-8

9. 华夏慈姑

别称：慈姑、剪刀草

拉丁名：*Sagittaria trifolia* subsp. *leucopetala*（Miquel）Q. F. Wang

科属：泽泻科 慈姑属

植物类型：多年生水生植物

识别要点：叶变化极大，沉水的狭带形，浮水和挺水的近戟形，先端钝或短尖，雌雄异花。

生态习性：阳性，适生于肥沃、土层不太深的黏土中，花果期 7—8 月。

园林用途：华夏慈姑叶形奇特，适宜与其他水生植物搭配，布置水面景观，或作为水边、岸边的绿化材料，也可做盆栽观赏。

自然分布：我国南北地区均有栽培。（见图 6-9）

图 6-9 华夏慈姑

10. 野生风车草

别称：水棕竹、风车草、旱伞草

拉丁名：*Cyperus alternifolius* Linn.

科属：莎草科 莎草属

植物类型：多年生挺水植物

识别要点：茎秆挺直，细长的叶片簇生于茎顶，呈辐射状，很像一把遮雨的伞。

生态习性：半阳性，以肥沃、稍黏的土质为宜，能净化水中氮、磷和有机物，花果期 6—10 月。

园林用途：株丛繁密，叶形奇特，常配置于溪流边、假山石的缝隙等处。

自然分布：我国南北各地均有分布。

植物文化：野生风车草的花语是生命力顽强、果敢坚韧、直冲云霄。（见图 6–10）

图 6–10　野生风车草

11. 凤眼蓝

别称：水葫芦、凤眼莲

拉丁名： *Eichhornia crassipes* （Mart.） Solme

科属：雨久花科 凤眼蓝属

植物类型：多年生浮水植物

识别要点：叶单生，直立，叶片卵形至肾圆形，顶端微凹，叶柄处有泡囊承担叶花的重量。

生态习性：阳性，喜欢在流速不大的浅水中生长，对水中的汞、镉、铅等有害物质有一定的净化作用，花期 7—10 月。

园林用途：凤眼蓝花色艳丽，生命力强，管理粗放，适宜植于各种水池，种植时应注意控制它的发展，谨慎使用。

自然分布：我国长江、黄河流域及华南地区。

植物文化：凤眼蓝浮于水面生长，所以又叫水浮莲；又因其在根与叶之间有一葫芦状的大气泡，又被称为水葫芦；另外，其花瓣中心生有一明显的鲜黄色斑点，形如凤眼，又称凤眼莲，还被称为“紫色的恶魔”。凤眼蓝蔓延速度很快，被列为世界十大害草之一。凤眼蓝的花语是此情不渝。（见图 6-11）

图 6-11 凤眼蓝

12. 再力花

别称：水竹芋

拉丁名：*Thalia dealbata* Fraser ex Roscoe

科属：竹芋科 水竹芋属

植物类型：多年生挺水植物

识别要点：全株附有白粉，叶卵状披针形，浅灰蓝色，边缘紫色，复总状花序。

生态习性：阳性，怕干旱，在微碱性的土壤中生长良好，花期 4—7 月。

园林用途：再力花植株高大，叶形大，叶片翠绿可爱，蓝紫色的花朵素雅别致，有“水上天堂鸟”的美誉，适宜片植于水池或湿地，形成独特的水体景观。

植物文化：再力花的花语是清新可人。（见图 6-12）

图 6-12 再力花

13. 萍蓬草

别称：黄金莲、萍蓬莲

拉丁名：*Nuphar pumila*（Timm）de Candolle

科属：睡莲科 萍蓬草属

植物类型：多年生水生植物

识别要点：叶二型，浮水叶纸质或近革质，基部开裂呈深心形，沉水叶薄而柔软。

生态习性：阳性，耐低温，长江以南越冬不需防寒，耐污染能力强，花期 7—9 月。

园林用途：萍蓬草为观花、观叶水生植物，观赏性极高，可作为景点缀的主体材料，与其他水生植物配植，形成绚丽多彩的景观，常用于开阔园林水景中。

自然分布：华东、西南、西北、华南、东北地区。

植物文化：萍蓬草的花语是崇高、跟随着你。（见图 6-13）

图 6-13 萍蓬草

14. 花叶芦竹

别称：斑叶芦竹

拉丁名：*Arundo donax* 'Versicolor'

科属：禾本科 芦竹属

植物类型：多年生宿根草本植物

识别要点：地上茎挺直，有间节，似竹，叶互生，弯垂，叶面具白色条纹。早春叶色黄白条纹相间，后增加绿色条纹，盛夏新生叶则为绿色。

生态习性：阳性，耐湿，较耐寒。花果期 9—12 月。

园林用途：主要用于水景园背景材料，也可点缀于桥、亭、榭四周，可盆栽用于庭院观赏。花序可做切花。通常生于河旁、池沼、湖边，常大片生长而形成芦苇荡。

自然分布：华东、西北、西南、华中地区。（见图 6-14）

图 6-14　花叶芦竹

任务二 竹类植物认知及应用

【任务提出】竹类植物是园林绿化中常用的材料，本章将介绍具有代表性的竹类植物的中文名、拉丁名、科属、植物特性与分布、应用与文化。

【任务分析】能够正确识别常见的竹类植物 10 种，并掌握其专业术语及文化内涵，熟悉竹类植物在园林绿化工程中的应用形式。

【任务实施】准备当地常见的竹类植物图片及新鲜植物材料，教师首先引导学生认真观察分析，然后简要总结园林竹类植物的特点，接着到实际绿地中结合具体的植物介绍观察的方法、步骤及内容，最后让学生分组到当地湿地公园、沿湖绿地等实际绿地中调查、识别。

一、竹类植物的概念

我国竹类植物资源丰富、种类繁多，据记载有 50 余属 700 余种，占世界竹类种植资源的 80% 左右。竹子在我国具有独特的文化内涵，常被赋予常青、刚毅、挺拔、坚贞、清幽的性格，栽培于园林和庭院，以陶冶情操、鼓舞精神。

二、常见的竹子

1. 斑竹

别称：湘妃竹

拉丁名：*Phyllostachys reticulata* 'Lacrima-deae'

科属：禾本科 刚竹属

植物类型：常绿乔木状竹

识别要点：秆具紫褐色斑块与斑点，分枝亦有紫褐色斑点。

生态习性：半阳性，生命力强，静水及水流缓慢的水域中均可生长，生长迅速，繁殖能力强。

园林用途：斑竹是著名的庭院观赏竹种，结合假山、亭台种植为佳。

自然分布：长江流域以南地区。

植物文化：传说先古时期，湘妃泪洒青竹、染之成斑，因而得名湘妃竹。斑多为老竹，斑少为新竹。（见图 6-15）

2. 方竹

别称：方苦竹、四方竹

拉丁名：*Chimonobambusa quadrangularis*（Fenzi）Makino

科属：禾本科 寒竹属

植物类型：常绿乔木状竹

识别要点：竹秆呈青绿色，小型竹秆呈圆形，成材时竹秆呈四方形，竹节头带有小刺枝。

生态习性：阳性，耐湿，稍耐阴，不耐寒，抗污染能力强。

园林用途：著名的庭院观赏竹种，可植于窗前、花台中、假山旁，甚为优美。

自然分布：华东、华南以及秦岭一带有分布。

植物文化：方竹因主秆截面呈四方形而得名。（见图 6-16）

3. 孝顺竹

别称：凤凰竹、蓬莱竹

拉丁名：*Bambusa multiplex*（Lour.）Raeusch. ex J. A. et J. H. Schult.

科属：禾本科 簕竹属

植物类型：灌木型丛生竹

识别要点：地下茎合轴丛生，竹秆密集生长，植株矮小，幼秆微被白粉，节间圆柱形。

图 6-15　斑竹

图 6-16　方竹

生态习性：半阳性，是丛生竹类中分布最广、适应性最强的竹种之一。

园林用途：孝顺竹形状优雅、姿态秀丽，为传统观赏竹种，适宜在庭院中孤植、群植，作为划分空间的高篱，也可在大门内外两侧列植、对植，还可配置于假山旁，则竹石相映，更富情趣。

自然分布：华东、华南、西南等地。

植物文化：《花镜·竹》中有“孝顺竹，杆细而长，作大丛，夏则笋从中发，源让母竹；冬则笋从外护，母竹内包，故称慈孝”。（见图 6-17）

图 6-17　孝顺竹

4. 凤尾竹

别称：观音竹

拉丁名：*Bambusa multiplex* 'Fernleaf'

科属：禾本科　簕竹属

植物类型：常绿乔木状竹

识别要点：秆密丛生，矮细且空心，具叶小枝下垂，叶细而纤柔，线状披针形。

生态习性：半阳性，不耐寒，不耐强光，宜肥沃、疏松和排水良好的土壤。

园林用途：凤尾竹风姿秀雅，适合配置于庭院墙隅、屋角、门旁、河边、宅旁、假山旁、叠石旁，也可作为低矮绿篱。

自然分布：华东、华南、西南及台湾地区均有分布。

植物文化：凤尾竹枝叶纤细，茎略弯曲下垂，状似凤尾，因此而得名。凤尾竹又因富有灵气而被命名为“观音竹”。（见图 6-18）

图 6-18 凤尾竹

5. 龟甲竹

别称：龟文竹 龙鳞竹

拉丁名：*Phyllostachys edulis* 'Heterocycla'

科属：禾本科 刚竹属

植物类型：常绿乔木状竹

识别要点：节粗或稍膨大，节纹交错，斜面突出，交互连接成不规则的龟甲状。

生态习性：阳性，喜温暖湿润气候及肥沃疏松土壤。

园林用途： 龟甲竹既稀少又珍奇，适宜三五成群地种植于庭院。

自然分布：长江中下游、秦岭、淮河以南等地均有分布。

植物文化：龟甲竹竹杆的节片像龟甲又似龙鳞，凹凸有致，坚硬粗糙，因此又有龙鳞竹之名；其秆基部以至相当长一段秆的节间连续呈不规则的短缩肿胀，并交斜连续如龟甲状，象征健康长寿。（见图 6-19）

图 6-19 龟甲竹

续图 6–19

6. 刚竹

别称：桂竹、胖竹

拉丁名：*Phyllostachys sulphurea* var. *viridis* R. A. Young

科属：禾本科 刚竹属

植物类型：常绿乔木状竹

识别要点：挺直，淡绿色，新秆无毛，微被白粉，老秆仅节下有白粉环。

生态习性：阳性，稍耐寒，抗性强，能耐 –18 ℃低温，稍耐盐碱。

园林用途：刚竹坚硬挺拔，常植于庭园曲径、池畔、溪涧、山坡、石际、天井、景门旁等。

自然分布：黄河流域至长江流域以南地区均有分布。

植物文化：刚竹虽不粗壮，但很正直，坚韧挺拔，不惧严寒酷暑，具有万古长青之意。（见图 6–20）

图 6–20 刚竹

7. 淡竹

别称：粉绿竹

拉丁名：*Phyllostachys glauca* McClure

科属：禾本科 刚竹属

植物类型：常绿乔木状竹

识别要点：新秆蓝绿色，密被白粉，老秆绿色或黄绿色，节下有白粉环。

生态习性：阳性，耐寒、耐旱性较强

园林用途：淡竹婀娜多姿，竹笋光洁如玉，适于大面积片植，也可结合小品配置或在宅旁成片栽植等。

自然分布：黄河流域至长江流域以及陕西秦岭等地。（见图 6–21）

图 6–21 淡竹

8. 黄槽竹

别称：玉镶金竹

拉丁名：*Phyllostachys aureosulcata* McClure

科属：禾本科 刚竹属

植物类型：常绿乔木状竹

识别要点：分枝一侧的沟槽呈黄色，幼秆被白粉及柔毛，秆基部有时数节生长曲折。

生态习性：阳性，怕风，喜空气湿润的环境。

园林用途：黄槽竹秆色优美，为优良的观赏竹，常植于庭园观赏。

自然分布：北京至浙江均有分布。（见图 6-22）

图 6-22　黄槽竹

9. 黄金间碧玉竹

别称：黄金竹、花竹

拉丁名：*Bambusa vulgaris* 'Vittata'

科属：禾本科　簕竹属

植物类型：常绿乔木状竹

识别要点：秆直立，鲜黄色，间以绿色纵条纹，节间圆柱形，节凸起。

生态习性：阳性，适生于疏松肥沃的砂质壤土，生长松散，抗风能力差。

园林用途：黄金间碧玉竹竹大劲直，风姿独特，颇为壮观，加之竹竿鲜黄色，间以绿色纵条纹，非常美丽挺拔，宜植于庭园内池旁、亭际、窗前或叠石之间，或绿地内成丛栽植。

自然分布：华南、华东地区。

植物文化：黄金间碧玉竹色彩美丽，其名蕴含万两黄金的内涵，象征事业辉煌、财源滚滚。（见图 6-23）

10. 金镶玉竹

别称：金镶碧嵌竹

拉丁名：*Phyllostachys aureosulcata* 'Spectabilis'

科属：禾本科　刚竹属

植物类型：散生竹

识别要点：竹秆呈金黄色，隔节对称生长，位置节节交错，节下有白粉环。

生态习性：阳性，喜土层深厚、肥沃、湿润、排水和透气性能良好的沙壤土。

园林用途：金镶玉竹是黄槽竹的变种，为竹中珍品，清秀挺拔，高雅脱俗，适宜在玻璃窗外、亭阁周边、假山景石旁、墙角转弯处等位置片植；也可种植于公园广场的水边或在坡间大面积种植，形成竹林小道。

自然分布：北京、江苏、浙江均有栽培。

植物文化：金镶玉竹嫩黄色的竹竿上，每节生枝叶处都生成一道碧绿色的浅沟，位置节节交错，一眼望去，如根根金条上镶嵌着块块碧玉，清雅可爱，因此而得名。（见图 6-24）

图 6-23 黄金间碧玉竹

图 6-24 金镶玉竹

11. 毛竹

别称：南竹、江南竹

拉丁名：*Phyllostachys edulis*（Carriere）J. Houzeau

科属：禾本科 刚竹属

植物类型：常绿乔木状竹

识别要点：秆大型，幼秆密被细柔毛及厚白粉，基部节间甚短，向上则逐节较长。

生态习性：阳性，喜肥沃、湿润、排水和透气性良好的酸性砂质土或砂质壤土。

园林用途：毛竹四季常青，竹秆挺拔秀伟、潇洒多姿，具有较高的观赏价值和防风性能，是营造风景林、旅游林、特用林、固堤林、水源涵养林以及公园与庭前宅后环境绿化美化的理想竹种。

自然分布：自秦岭、黄河流域至长江流域以南和台湾地区均有分布。

植物文化：毛竹是一种散生竹，主要靠地下鞭在土壤里的游走来生存与繁衍，它的生长是静悄悄的，却是最有生机的。毛竹也是世界上生长最神速的一种竹子，从冒出地面到长成 18 m 左右的高度，只需要 45 天，生长最快的时期，一个昼夜可以长高 1 m 左右；由笋成竹的前期，它不会分枝，不会长叶，而是一门心思地向空中飞速生长，直到长到比周围所有的树木、竹子都高的时候，才开始散枝、长叶，随之把以前罩在它上方的竹子或树木全部压住。毛竹有坚韧的生命力，竹笋出土的时候，如果遇到石崖，它就会扭动身体，不惜使自己变得弯曲，也要生长到适当的空间中。因此毛竹的生长方式可以表现出一种积极向上的生活态度。（见图 6-25）

图 6-25　毛竹

12. 紫竹

别称：黑竹、墨竹

拉丁名：*Phyllostachys nigra*（Lodd.）Munro

科属：禾本科 刚竹属

植物类型：常绿乔木状竹

识别要点：幼秆绿色，密被细柔毛及白粉，箨环有毛，一年生以后的秆逐渐出现紫斑，最后全部变为紫黑色。

生态习性：半阳性，耐寒，耐阴，忌积水，适合排水性良好的砂质土壤。

园林用途：紫竹为传统的观秆竹类，秆紫黑，叶翠绿，颇具特色，宜种植于庭院山石之间或书斋、厅堂、小径、池水旁。

自然分布：华东、华中地区均有分布。

植物文化：紫竹因竹秆为紫黑色而得名。（见图 6-26）

图 6-26 紫竹

13. 箬竹

别称：米箬竹、粽巴叶

拉丁名：*Indocalamus tessellatus* （munro） Keng f.

科属：禾本科 箬竹属

植物类型：灌木状竹

识别要点：叶片大，箨鞘长于节间，上部宽松抱秆，无毛，下部紧密抱秆，宽披针形。

生态习性：阳性，稍耐寒，耐旱，耐半阴，喜疏松、排水良好的酸性土壤。

园林用途：箬竹生长快，叶大而翠绿，在园林景观中可以作为灌木来使用，片植于林缘、假山旁、岩石园中等。

自然分布：华东、华中地区均有分布。（见图 6-27）

14. 阔叶箬竹

别称：寮竹、箬竹

拉丁名：*Indocalamus latifolius* （Keng） McClure

科属：禾本科 箬竹属

植物类型：灌木状竹

图 6-27　箬竹

识别要点：秆高可达 2 m，微有毛，叶片长圆状披针形。

生态习性：阳性，对土壤要求不严，在轻度盐碱土中也能正常生长。

园林用途：阔叶箬竹生长快，叶大，呈深绿色，在园林景观中可以作为耐阴灌木使用，片植于林缘、假山旁、岩石园中或用作地被、河边护岸等。

自然分布：华东、华中地区均有分布。（见图 6-28）

图 6-28　阔叶箬竹

15. 菲白竹

别称：寮竹、箬竹

拉丁名：*Pleioblastus fortunei*（Van Houtte）Fiori

科属：禾本科 苦竹属

植物类型：丛生竹

识别要点；节间细而短小，叶片短小，披针形，绿色间有黄色至淡黄色的纵条纹。

生态习性：半阴性，耐寒，忌烈日，宜半阴，喜肥沃疏松、排水良好的砂质土壤。

园林用途： 菲白竹是世界上最小的竹子之一，具有很高的观赏价值，其植株低矮，叶片秀美，常植于庭园观赏，也可做绿篱或与假石相配，是地被中的优良植物。

自然分布：主要分布于华东地区。

植物文化：菲白竹因叶面上有白色或淡黄色纵条纹而得名，它是观赏竹类中一种不可多得的贵重品种。（见图 6-29）

图 6-29 菲白竹

16. 佛肚竹

别称：佛竹、罗汉竹

拉丁名：*Bambusa ventricosa* McClure

科属：禾本科 簕竹属

植物类型：丛生竹

识别要点：幼秆深绿色，稍被白粉，老时转黄色；秆二型，正常圆筒形，畸形秆节间较短，呈瓶状，箨叶卵状披针形。

生态习性：阳性，耐水湿，喜温暖湿润气候。

园林用途：佛肚竹灌木状丛生，秆短小畸形，状如佛肚，姿态秀丽，四季翠绿，观赏价值高，适合在庭院、公园、水滨等处种植，或与假山、崖石等进行搭配。

自然分布：华南热带雨林地区。

植物文化：佛肚竹节间短而膨大，好似弥勒佛之肚，又好似叠起的罗汉，故又称罗汉竹。（见图 6-30）

图 6-30　佛肚竹

任务三
观赏草、草坪草认知及应用

【任务提出】观赏草、草坪草是近年来园林绿化中常用的材料，本任务将介绍具有代表性的观赏草的中文名、拉丁名、科属、植物特性与分布、应用与文化。

【任务分析】能够正确识别常见的观赏草、草坪草，并掌握其专业术语及植物文化内涵，熟悉观赏草在园林绿化工程中的应用形式。

【任务实施】准备当地常见的观赏草、草坪草图片及新鲜植物材料，教师首先引导学生认真观察分析，然后简要总结观赏草、草坪草的特点，接着到实际绿地中结合具体的植物介绍观察的方法、步骤及内容，最后让学生分组到当地湿地公园、沿湖绿地等实际绿地中调查、识别。

一、常见观赏草

观赏草大多对环境要求不高，管护成本低，抗性强，繁殖力强，适应面广，又具有生态适应性强、抗寒性强、抗旱性好、抗病虫能力强、不用修剪等生物学特点，从而广泛应用于园林景观设计中。

1. 狼尾草

别称：大狗尾草

拉丁名：*Pennisetum alopecuroides* （L.） Sprengel

科属：禾本科 狼尾草属

植物类型：多年生草本

识别要点：须根较粗壮，叶鞘光滑，两侧压扁。叶片线形，先端长渐尖。

生态习性：阳性树种，耐湿，耐半阴，耐轻微碱，耐干旱、贫瘠，萌发力强，病虫害少，花期 8 月。

园林用途：狼尾草具有观赏价值高、管理粗放的特点，可以孤植、群植、片植于草地、边坡、林缘、岸边、石头旁等。

自然分布：东北、华北、华东、中南及西南地区均有分布。（见图 6-31）

图 6-31　狼尾草

2. 细叶芒

别称：拉手笼

拉丁名：*Miscanthus sinensis* 'Gracillimus'

科属：禾本科 芒属

植物类型：多年生暖季型草本

识别要点：株高 1 ~ 2 m，冠幅 60 ~ 80 cm，叶片线形，直立而纤细。

生态习性：半阳性树种，耐旱，也耐涝，适宜种植于湿润、排水良好的土壤，花期 9—10 月。

园林用途： 细叶芒在园林中可与岩石搭配，也可种于路旁、小径、岸边、疏林下等，极具野趣。

自然分布：华北、华中、华南、华东及东北地区均有分布。（见图 6-32）

图 6-32 细叶芒

3. 斑叶芒

拉丁名：*Miscanthus sinensis* 'Zebrinus'

科属：禾本科 芒属

植物类型：多年生草本

识别要点：叶鞘长于节间，鞘口有长柔毛，下面疏生柔毛并被白粉，具黄白色环状斑，斑纹横截叶片。

生态习性：半阳性树种，性强健，抗性强。

园林用途：作为观赏草使用，可以结合石头孤植、列植、片植等，极具野趣。

自然分布：华北、华中、华南、华东及东北地区均有分布。(见图 6-33)

图 6-33 斑叶芒

4. 细茎针茅

别称：墨西哥羽毛草、利坚草

拉丁名：*Stipa tenuissima* Trin.

科属：禾本科 针茅属

植物类型：多年生冷季型草本

识别要点：植株密集丛生，茎秆细弱柔软，叶片细长如丝状。

生态习性：半阳性，喜土层深厚、肥沃、湿润、排水和透气性能良好的沙壤土。

园林用途：细茎针茅形态优美，随风飘拂，在园林中可与岩石搭配，也可种于路旁、小径，亦可用作花坛、花境镶边，极具野趣。

自然分布：华北、华中、华南、华东及东北地区均有分布。（见图 6-34）

图 6-34 细茎针茅

5. 丝带草

别称：花叶虉草、玉带草

拉丁名：*Phalaris arundinacea* var. *picta* L.

科属：禾本科 虉草属

植物类型：多年生宿根草本

识别要点：多年生，有根茎。秆通常单生或少数丛生，叶片扁平，绿色而有白色条纹间于其中，柔软而似丝带。

生态习性：阳性，喜湿润、肥沃土壤，耐湿，耐寒，耐盐碱，花果期6—8月。

园林用途：丝带草叶片光洁，密布白色条纹，抗寒耐热，不择土壤，水陆皆宜，在园林中可以用来布置路边花境或花坛镶边，也可作为水景园背景材料，或点缀于桥、亭、榭四周等。

自然分布：华北、华中、华南、华东及东北地区均有分布。

植物文化：丝带草因叶扁平、线形、绿色且具白边及条纹，质地柔软，形似玉带而得名。（见图6-35）

图6-35 丝带草

二、常见草坪草

（一）常见冷地型草坪草

冷地型草坪草主要分布在寒温带、温带及暖温带地区，耐寒冷，喜湿润冷凉气候，抗热性差；春秋雨季生长旺盛，夏季生长缓慢，成半休眠状态。这类草种茎叶幼嫩时抗热、抗寒能力均比较强。因此，通过修剪、浇水，可提高其适应环境的能力。

1. 西伯利亚剪股颖

别称：匍匐剪股颖、四季青、本特草

拉丁名：*Agrostis stolonifera* L.

科属：禾本科 剪股颖属

植物类型：多年生草本

识别要点：秆基部偃卧地面，具有长达8 cm的匍匐枝，有3～6节，节上生根，秆高达30～45 cm。叶片扁平，线形，先端渐尖，两面都具小刺毛而粗糙。圆锥花序卵状长圆形，绿紫色，老后呈紫铜色。花期为夏秋两季。

生态习性：喜冷凉气候，喜潮湿，不耐炎热，耐寒性强，抗旱能力差。匍匐枝发达，蔓延能力强，耐频繁低剪，在华北地区全年绿色期为 250 ~ 260 d。

园林用途：西伯利亚剪股颖株丛低矮、叶色嫩绿，在园林中可以用作观赏草坪，也可以用作运动场草坪。

自然分布：广布于欧亚大陆及北美温带区。（见图 6-36）

图 6-36　西伯利亚剪股颖

2. 草地早熟禾

别称：六月禾

拉丁名：*Poa pratensis* L.

科属：禾本科 早熟禾属

植物类型：多年生草本

识别要点：须根系，具细根状茎。秆直立，光滑，呈圆筒状，高 50 ~ 80 cm。叶片条形，柔软细长，密生基部。圆锥花序开展。花期 5—6 月。

生态习性：适宜在气候冷凉、湿度较大的地区生长，抗寒能力极强，耐旱性和耐热性较差。要求排水良好、质地疏松、有机质丰富的土壤。根状茎繁殖迅速，再生能力强，耐践踏，全年绿色期 270 d 左右。

园林用途：草地早熟禾叶色鲜绿，叶面平滑，质地柔软有光泽，基部叶片稠密，耐践踏，草坪均匀、整齐、柔软，为重要的草坪植物，可用于运动场草坪，也是优良的牧草。

自然分布：原产于欧洲、亚洲北部及非洲北部，我国河北、山东、江西、内蒙古等地以及北半球的温带地区都有分布。（见图 6-37）

图 6-37　草地早熟禾

3. 高羊茅

别称：苇状羊茅

拉丁名：*Festuca elata* Keng ex Alexeev

科属：禾本科 羊茅属

植物类型：多年生丛生型禾草

识别要点：秆成疏丛，直立，粗糙。幼叶折叠；叶舌呈膜状，平截形；叶耳短而钝，有短柔毛；茎基部宽，分裂的边缘有茸毛；叶片条形，扁平，挺直，近轴面有背且光滑。圆锥花序，直立或下垂。

生态习性：适应性强，生活力、生长势、抗践踏能力亦强。喜光，也耐半阴；抗寒，也较抗热，冬季在 −15 ℃低温下可安全越冬，夏季可忍耐 38 ℃高温；耐干旱，也耐潮湿。在富含腐殖质的疏松土壤上生长良好，具有吸收深土层水分的能力。耐修剪，但不耐低剪。

园林用途：高羊茅叶形美丽，多用于观赏草坪和保土固坡草坪，还是优良的牧草植物。

自然分布：原产于北温带及我国西北、西南地区。（见图 6–38）

图 6–38 高羊茅

4. 多花黑麦草

别称：意大利黑麦草

拉丁名：*Lolium multiflorum* Lam.

科属：禾本科 黑麦草属

植物类型：一年生、越年生或短期多年生

识别要点：秆直立或基部偃卧节上生根，高 50 ~ 130 cm，具 4 ~ 5 节，较细弱至粗壮。叶鞘疏松；叶舌长达 4 mm，有时具叶耳；叶片扁平，长 10 ~ 20 cm，宽 3 ~ 8 mm，无毛，上面微粗糙。

生态习性：喜温暖湿润气候，不耐高温，较耐低温；喜肥，适宜在肥沃、湿润、排水良好的壤土或黏土上种植，亦可在微酸性土壤上生长。

园林用途：多年生黑麦草叶片深绿有光泽，生长迅速，成坪速度快，常作为庭园和风景区绿化的先锋草种，还是优良的牧草植物。

自然分布：原产中国，分布于非洲、欧洲、亚洲西南部。（见图 6–39）

图 6-39　多花黑麦草

（二）常见暖地型草坪草

暖地型草坪主要分布于亚热带、热带，最适生长温度为 26 ~ 32 ℃。其主要特征是早春开始返青复苏，入夏后生长旺盛，进入晚秋，一经霜打茎叶即枯萎退绿；性喜温暖湿润的气候，耐寒能力差。

1. 结缕草

别称：锥子草、延地青

拉丁名：*Zoysia japonica* Steud.

科属：禾本科　结缕草属

植物类型：多年生草本

识别要点：根系分布较深，具坚韧的地下根状茎，茎直立，高 12 ~ 15 cm。叶片革质，长 3 cm，扁平。总状花序，花果穗呈绿色。花期 5—6 月。

生态习性：适应性强，喜阳光，耐干旱、高温、贫瘠，不耐阴，耐踏，并具有一定的韧度和弹性；适宜在深厚、肥沃、排水良好的砂质土壤上生长，在微碱性土壤中亦能生长良好。

园林用途：结缕草株型低矮，有弹性，耐践踏，可在公园、庭园、街头绿地等处铺设游憩草坪，也可铺设运动草坪。

自然分布：原产亚洲东南部，主要分布在中国、朝鲜、日本等温暖地带。（见图 6-40）

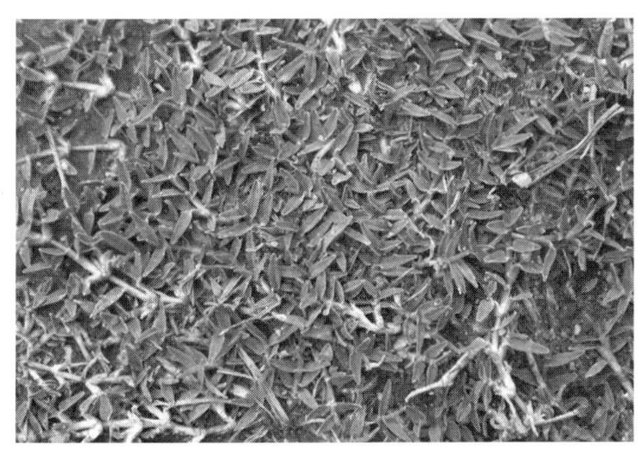

图 6-40　结缕草

2. 狗牙根

别称：爬根草

拉丁名：*Cynodon dactylon*（L.）Pers.

科属：禾本科　狗牙根属

植物类型：多年生草本

识别要点：植株低矮，具根状茎或细长匍匐枝，长达 50 cm 以上，直立部分秆高 10 ～ 30 cm。叶扁平线条形，先端渐尖，边缘有细齿，叶色浓绿。穗状花序 3 ～ 6 个，呈指状排列于茎顶，绿色，有时略带紫色。花期 5—8 月。种子成熟后易脱落。

生态习性：喜光，稍耐阴，耐践踏，耐旱，不耐寒，对土壤要求不严，喜排水良好的肥沃土壤。

园林用途：狗牙根叶色浓绿，适宜在公园、庭园、专用绿地等处作为游憩草坪大面积栽培，亦可用于铺设运动场草坪，或作为护堤、护岸的优良草种。

自然分布：广泛分布于南、北温带地区，我国华北以南均有分布。（见图 6-41）

图 6-41　狗牙根

3. 细叶结缕草

别称：天鹅绒草

拉丁名：*Zoysia pacifica*（Goudswaard）M. Hotta & S. Kuroki

科属：禾本科　结缕草属

植物类型：多年生草本

识别要点：匍匐茎发达。秆直立，高 5 ～ 10 cm。叶线形，内卷，长 2 ～ 6 cm。总状花序顶生，短于叶。花期 6—7 月。种子稀少，成熟后宜脱落。

生态习性：喜光，不耐阴，不耐寒，耐践踏性不如结缕草，但比结缕草致密、美观。

园林用途：细叶结缕草色泽嫩绿，草丛密集，外观似天鹅绒地毯，平整美观，是用于公园、庭院、居住区等绿化的优良的草坪草种。

自然分布：原产我国南部。（见图 6-42）

图 6-42　细叶结缕草

4. 假俭草

别称：爬根草

拉丁名：*Eremochloa ophiuroides*（Munro）Hack.

科属：禾本科 蜈蚣草属

植物类型：多年生草本

识别要点：具强壮的匍匐茎。秆斜生，高约 20 cm。叶片扁平、线形，顶端钝，有光泽，秋季叶子变红。总状花序单生秆顶，花序的小穗呈覆瓦状排列于穗轴一侧。花期 7—8 月。

生态习性：耐热，耐旱，耐践踏，耐水湿，抗寒，较耐阴，耐重修剪，适应酸性土壤。

园林用途：假俭草茎叶平铺地面，形成的草坪密集、平整美观、厚实柔软而富有弹性，是华东、华南地区较理想的观赏性草坪植物，被广泛用于园林绿地，或与其他草坪植物混合铺设运动草坪，也可用于护岸固堤。

自然分布：原产我国，分布于长江流域以南地区。（见图 6-43）

图 6-43　假俭草

续图 6–43

5. 沟叶结缕草

别称：马尼拉结缕草、半细叶结缕草

拉丁名：*Zoysia matrella*（L.）Merr.

科属：禾本科 结缕草属

植物类型：多年生草本

识别要点：植株低矮，地下茎姜黄色，节间下聚生较多须根，根细长而弯曲。叶片宽 2 mm 左右，革质，叶鞘常宿存于基部。总状花序，短小。花期 3 月中下旬，种子成熟后易脱落。

生态习性：喜光也耐阴，喜温暖湿润环境，耐寒性比细叶结缕草稍强，病虫害少，略耐践踏。抗干旱，耐瘠薄，适宜深厚肥沃、排水良好的土壤。生长势与扩展性强，分蘖力强，覆盖度大。

园林用途：沟叶结缕草草色翠绿，草层茂密，生长缓慢，病虫害少，观赏价值高。常用于运动场草坪，可以用来建设足球场、高尔夫球场、网球场等；也可用于庭园、公共绿地等处铺建草坪。

自然分布：广泛分布于大洋洲、亚洲的亚热带、热带地区，中国广东、广西、福建等地有野生。（见图 6–44）

图 6–44　沟叶结缕草

6. 野牛草

别称：水牛草

拉丁名：*Buchloe dactyloides*（Nutt.）Engelm.

科属：禾本科　野牛草属

植物类型：多年生草本

识别要点：植株低矮，秆纤细，高 5 ~ 25 cm，具匍匐茎。叶线形，粗糙，长 10 ~ 20 mm，宽 1 ~ 2 mm；叶片灰绿色，卷曲，两面疏生白柔毛。雄花序由 2 ~ 3 枚总状排列的穗状花序组成，草黄色；雌花序常呈头状。种子成熟后常脱落。

生态习性：喜光，不耐阴，耐寒，耐热，耐旱，也耐水淹，耐瘠薄，耐碱性强，适宜的土壤范围较广，但最适宜细壤。

园林用途：野牛草可栽植于湖边、池旁、堤岸上作为地被，还广泛用于冶金、化工等污染较重的工矿企业绿地中。

自然分布：原产北美西部，我国北方广泛种植。（见图 6–45）

图 6–45　野牛草

实训模块
常见园林水生植物、竹类植物、观赏草、草坪草调查识别

一、实训目的

正确识别本地常见水生植物、竹类植物及观赏草、草坪草，进一步了解其习性，掌握其主要识别要点、观赏特征及园林应用形式；同时培养学生的团队协作能力，以及独立分析问题、解决问题的能力和创新能力。

二、实训材料

校园及当地公园、植物园中的常见草本园林植物。

三、实训内容

实地观察常见水生植物、竹类植物及观赏草、草坪草，如花叶芦竹、丝带草、孝顺竹、凤尾竹等，可以结合园林树木，进行本地园林植物的识别综合实训。

（1）熟悉常见的水生植物 15 种，并掌握其专业术语及植物文化内涵。

（2）正确识别常见的 10 种竹子的中文名、拉丁名、科属、植物特性与分布、应用与文化。

（3）通过观察，识别常见的观赏草、草坪草的种类。

四、实训步骤

（1）教师下达任务，并简单介绍调查的方法与要求；

（2）学生分组调查校园、植物园及当地园林绿地中草本园林植物的种类及类型；

（3）记录水生植物、竹类植物、观赏草、草坪草的形态习性及园林应用形式等内容；

（4）教师归纳总结，选取典型的植物，对学生进行技能考核。

五、实训作业

将所调查的水生植物、竹类植物、观赏草、草坪草等园林植物列表整理出来，并注明它们的科属、识别要点、习性、主要观赏特征及园林用途。

知识拓展

水生植物的栽植方法

水生植物应根据不同种类或品种的习性进行种植。在园林施工时，栽植水生植物有两种不同的技术途径：

（1）种植槽。在池底砌筑种植槽，铺上至少 15 cm 厚的腐质培养土，将水生植物植入土中。

（2）种植器。将水生植物种在容器中，再将容器沉入水中，这种方法更常用一些，因为它移动方便。例如，北方冬季须把容器取出来收藏以防严寒，在春季换土、加肥、分株的时候，作业也比较灵活，而且这种方法能保持池水的清澈，清理池底和换水也比较方便。

水生植物的管理一般比较简单，栽植后除日常管理工作之外，还要注意以下几点：

（1）检查有无病虫害。

（2）检查植株是否拥挤，一般 3 ～ 4 年时间分一次株。

（3）定期施加追肥。

（4）清除水中的杂草，池底或池水过于污浊时要换水或彻底清理。

竹叶的神奇功效

竹叶的功效，重在清心凉肺，正如《药品化义》中所说：“竹叶清香透心，微苦凉热，气味俱清，经曰，治温以清，专清心气……又取气清入肺，是以清气分之热，非竹叶不能。”至于临床应用，《本草正》中的记载较为具体："退虚热烦躁不眠，止烦渴，生津液，利小水，解喉痹，并小儿风热惊痫。"竹叶用鲜品则清心除烦力强，配合清心降火的灯芯草，起协同作用。"轻可去实"之法则对病后体虚患者具有特殊意义。

观赏草的养护

观赏草的日常维护主要是每年冬末或早春对老秆进行剪除，使新生芽免受遮蔽，保持较快的生长。簇生型的观赏草要进行分株，以维持旺盛的生命力。分株的频率取决于观赏草的种类、土壤的肥沃程度、日照强度等。

对于大多数的草种，每三年分株一次是安全的方法，分株工作一般在秋季或初春完成。

练习与思考

1. 举出当地常见的水生植物 4 种，简述其生态习性、观赏特征及园林用途。
2. 举出当地常见的竹类植物 4 种，简述其生态习性、观赏特征及园林用途。
3. 举出当地常见的观赏草 4 种，简述其生态习性、观赏特征及园林用途。
4. 举出当地常见的草坪草 4 种，简述其生态习性、观赏特征及园林用途。
5. 请简述草坪草的分类及在园林绿化工程中的应用形式。
6. 请简述水生植物类型及在园林绿化工程中的应用形式。

参考文献

References

[1] 赵九洲，邢春艳．风景园林树木学 [M]．重庆：重庆大学出版社，2019.
[2] 曾明颖，王仁睿，王早．园林植物与造景 [M]．重庆：重庆大学出版社，2018.
[3] 罗镪，秦琴．园林植物栽培与养护 [M].3 版．重庆：重庆大学出版社，2016.
[4] 王友国，庄华蓉．园林植物识别与应用 [M].2 版．重庆：重庆大学出版社，2015.
[5] 黄金凤．园林植物识别与应用 [M]．南京：东南大学出版社，2015.
[6] 贾东坡，冯林剑．植物与植物生理 [M]．重庆：重庆大学出版社，2015.
[7] 江世宏．园林植物病虫害防治 [M]．重庆：重庆大学出版社，2015.
[8] 冯志坚．园林植物学（南方版）[M]．重庆：重庆大学出版社，2013.
[9] 刘丽雅．居住区景观设计 [M]．重庆：重庆大学出版社，2017.
[10] 刘滨谊．现代景观规划设计 [M]．南京：东南大学出版社，2017.
[11] 蔡晴．基于地域的文化景观保护研究 [M]．南京：东南大学出版社，2016.
[12] 张大为．景观设计 [M]．北京：人民邮电出版社，2016.
[13] 申晓辉．园林树木学 [M]．重庆：重庆大学出版社，2013.
[14] 李军．园林花卉 [M]．重庆：重庆大学出版社，2015.
[15] 高祥斌．园林绿地建植与养护 [M]．重庆：重庆大学出版社，2014.
[16] 范海霞，徐巧萍．园林植物 [M]．郑州：黄河水利出版社，2013.
[17] 颜玉娟，周荣．园林植物基础 [M]．北京：中国林业出版社，2020.
[18] 强胜．植物学 [M].2 版．北京：高等教育出版社，2017.
[19] 李艳．茂名市园林绿地植物及其景观调查分析 [D]．广西大学，2021.
[20] 王悦笛．唐宋诗歌与园林植物审美 [D]．中国社会科学院大学，2021.
[21] 雷晓丽．中国西南部小城市园林植物资源运用配置及植物多样性结构分析 [D]．西南大学，2021.
[22] 董杰．西方古典园林植物运用研究 [D]．东北林业大学，2020.
[23] 翟晶．园林植物在城市景观设计中的应用 [J]．住宅与房地产，2017(05):76.
[24] 庄志勇．园林植物在城市景观设计中的具体运用 [J]．建筑经济，2021，42(04)：157-158.
[25] 龙梦琪．上杭县城市园林植物评价与推介 [D]．中南林业科技大学，2017.
[26] 李盛仙．奇异树木大观园 [J]．科学世界，1997(05):34-35.
[27] 李真宪．世界上奇异的树木 [J]．吉林林业科技，1983(06):69.
[28] 郑丽．中国十大名花之人文形象思考——论园艺科学与人文精神的互动 [C]// 中国花文化国际学术研讨会论文集．旅游学研究，2007:181-183.
[29] 张德顺，芦建国．风景园林植物学 [M]．上海：同济大学出版社，2018.
[30] 卓丽环，陈龙青．园林树木学 [M].2 版．北京：中国农业出版社，2019.
[31] 臧德奎．园林树木学 [M].2 版．北京：中国建筑工业出版社，2012.
[32] 包满珠．花卉学 [M].2 版．北京：中国农业出版社，2003.
[33] 张建新．园林植物 [M]．北京：科学出版社，2012.
[34] 邓小飞．园林植物 [M]．武汉：华中科技大学出版社，2008.

[35] 潘文明．观赏树木 [M].4 版．北京：中国农业出版社，2019.
[36] 李宇宏．景观设计基础（植物设计篇）[M]. 北京：电子工业出版社，2010.
[37] http://www.china-flower.com/fjyl，中国花卉报社．
[38] http://www.xtbg.acs.cn/，中国科学院西双版纳热带植物园．
[39] http://www.beijingbg.com，北京植物园．
[40] http://www.kib.ac.cn，中国科学院昆明植物研究所．
[41] http://www.iplant.cn/，植物智．
[42] http://www.iplant.cn/frps，中国植物志．

常见园林植物观赏特性一览表

一、针叶乔木

（一）观叶类

1. 池杉 *Taxodium distichum* var. *imbricatum* (Nutt.) Croom
2. 柳杉 *Cryptomeria fortune* Hooibrenk ex Otto et Dietr
3. 水杉 *Metasequoia glyptostroboides* Hu & W.C. Cheng
4. 红豆杉 *Taxus chinensis* (Pilger) Rehd.
5. 杉木 *Cunninghamia lanceolata* (Lamb.)Hook.
6. 圆柏 *Juniperus chinensis* L.
7. 龙柏 *Juniperus chinensis* 'Kaizuca'
8. 侧柏 *Platycladus orientalis* (L.) Franco
9. 白皮松 *Pinus bungeana* Zucc.ex Endl.
10. 马尾松 *Pinus massoniana* Lamb.
11. 黑松 *Pinus thunbergii* Parl.
12. 日本五针松 *Pinus parviflora* Sieb. et Zucc.
13. 雪松 *Cedrus deodara* (Roxb.) G. Don
14. 罗汉松 *Podocarpus macrophyllus* (Thunb.) Sweet

（二）观果类

1. 罗汉松 *Podocarpus macrophyllus* (Thunb.) Sweet
2. 红豆杉 *Taxus chinensis* (Pilger) Rehd.

（三）观干类

1. 白皮松 *Pinus bungeana* Zucc. ex Endl.
2. 龙柏 *Juniperus chinensis* 'Kaizuca'

（四）赏株形类

1. 池杉 *Taxodium distichum* var. *imbricatum* (Nutt.) Croom
2. 柳杉 *Cryptomeria fortune* Hooibrenk ex Otto et Dietr
3. 水杉 *Metasequoia glyptostroboides* Hu & W.C. Cheng
4. 红豆杉 *Taxus chinensis* (Pilger) Rehd.
5. 杉木 *Cunninghamia lanceolata* (Lamb.) Hook.
6. 圆柏 *Juniperus chinensis* L.
7. 龙柏 *Juniperus chinensis* 'Kaizuca'
8. 侧柏 *Platycladus orientalis* (L.) Franco
9. 白皮松 *Pinus bungeana* Zucc. ex Endl.
10. 马尾松 *Pinus massoniana* Lamb.
11. 黑松 *Pinus thunbergii* Parl.
12. 日本五针松 *Pinus parviflora* Sieb. et Zucc.
13. 雪松 *Cedrus deodara* (Roxb.) G. Don
14. 罗汉松 *Podocarpus macrophyllus* (Thunb.) Sweet

二、阔叶乔木

（一）观叶类

1. 荷花玉兰 Magnolia *grandiflora* L.
2. 鹅掌楸 *Liriodendron chinensis* (Hemsl.) Sarg.
3. 樟 *Cinnamomum camphora* (L.) Presl
4. 小叶蚊母树 *Distylium buxifolium* (Hance) Merr.
5. 桂花 *Osmanthus fragrans* (Thunb.) Lour.
6. 枇杷 *Eribotrya japonica* (Thunb.) Lindl.
7. 女贞 *Ligustrum lucidum* Ait.
8. 棕榈 *Trachycarpus fortunei*（Hook.）H. Wendl.
9. 复羽叶栾树 *Koelreuteria bipinnata* Franch.
10. 银杏 *Ginkgo biloba* L.
11. 五角枫 *Acer pictum* subsp. *mono* (Maxim.) H. Ohashi
12. 三角枫 *Acer buergerianum* Miq.
13. 鸡爪槭 *Acer palmatum* Thunb.
14. 红枫 *Acer palmatum* 'Atropurpureum'
15. 羽毛枫 *Acer palmatum* 'Dissectum'
16. 黄栌 *Cotinus coggygria* Scop.
17. 乌桕 *Triadica sebifera* (L.) Small
18. 重阳木 *Bischofia polycarpa* Airy Shaw
19. 杜英 *Elaeocarpus decipiens* Hems.
20. 杜仲 *Eucommia ulmoides* Oliv.
21. 大叶榉树 *Zelkova schneideriana* Hand.-Mazz.
22. 梧桐 *Firmiana simplex* (L.) W. Wight
23. 黑弹树 *Celtis bungeana* Bl.
24. 垂丝海棠 *Malus halliana* Koehne
25. 紫叶李 *Prunus cerasifera* 'Atropurpurea'
26. 紫叶桃 *Prunus persica* 'Zi Ye Tao'
27. 合欢 *Albizia julibrissin* Durazz.
28. 臭椿 *Ailanthus altissima* (Mill.) Swingle
29. 香椿 *Toona sinensis* (A. Juss.) Roem.
30. 旱柳 *Salix matsudana* Koidz.
31. 垂柳 *Salix babylonica* L.
32. 兰考泡桐 *Paulownia elongata* S. Y. Hu
33. 毛白杨 *Populus tomentosa* Carr.
34. 桑 *Morus alba* L.
35. 榆树 *Ulmus pumila* L.
36. 苏铁 *Cycas revoluta*

（二）观果类

1. 枇杷 *Eribotrya japonica* (Thunb.) Lindl.
2. 枫杨 *Pterocarya stenoptera* C.DC.
3. 复羽叶栾树 *Koelreuteria bipinnata* Franch.
4. 乌桕 *Triadica sebifera* (L.) Small
5. 杜仲 *Eucommia ulmoides* Oliv.

6. 杜梨 *Pyrus betulifolia* Bunge
7. 垂丝海棠 *Malus halliana* Koehne
8. 紫叶李 *Prunus cerasifera* 'Atropurpurea'
9. 李 *Prunus salicina* Lindl.
10. 木瓜 *Chaenomeles sinensis* (Thouin) Koehne
11. 梨 *Pyrus pyrifolia* (Burm. F.) Nakai
12. 苹果 *Malus pumila* Mill.
13. 山楂 *Crataegus pinnatifida* Bge.
14. 柿 *Diospyros* kaki Thunb.
15. 紫叶桃 *Prunus persica* 'Zi Ye Tao'
16. 杏 *Prunus armeniaca* L.
17. 石榴 *Punica granatum* L.
18. 二球悬铃木 *Platanus acerifolia* (Ait.) Willd.
19. 卫矛 *Euonymus alatus* (Thunb.) Sieb.
20. 构树 *Broussonetia papyrifera* (L.) L'Her. ex Vent.
21. 楝 *Melia azedarach* L.
22. 桑 *Morus alba* L.
23. 无患子 *Sapindus saponaria*
24. 榔榆 *Ulmus parvifolia* Jacq.

（三）观干类

1. 棕榈 *Trachycarpus fortunei*（Hook.）H.Wendl.
2. 三角枫 *Acer buergerianum* Miq.
3. 乌桕 *Triadica sebiferum* (L.) Small
4. 重阳木 *Bischofia polycarpa* Airy Shaw
5. 大叶榉树 *Zelkova schneideriana* Hand.-Mazz.
6. 梧桐 *Firmiana simplex* (L.) W. Wight
7. 木瓜 *Chaenomeles sinensis* (Thouin) Koehne
8. 卫矛 *Euonymus alatus* (Thunb.) Sieb.
9. 紫薇 *Lagerstroemia indica* L.
10. 龙爪槐 *Styphnolobium japonicum* 'Pendula'

（四）观花类

1. 荷花玉兰 *Magnolia grandiflora* L.
2. 玉兰 *Yulania denudata* (Desr.) D. L. Fu
3. 二乔玉兰 *Yulania* × *soulangeana* D. L. Fu
4. 紫玉兰 *Yulania liliflora* (Desrousseaux) D. L. Fu
5. 鹅掌楸 *Liriodendron chinensis* (Hemsl.) Sarg.
6. 桂花 *Osmanthus fragrans* (Thunb.) Lour.
7. 枇杷 *Eribotrya japonica* (Thunb.) Lindl.
8. 复羽叶栾树 *Koelreuteria bipinnata* Franch.
9. 五角枫 *Acer pictum subsp.mono* (Maxim.) H. Ohashi
10. 杜梨 *Pyrus betulifolia* Bunge
11. 垂丝海棠 *Malus halliana* Koehne
12. 紫叶李 *Prunus cerasifera* 'Atropurpurea'
13. 李 *Prunus salicina* Lindl.

14. 木瓜 *Chaenomeles sinensis* (Thouin) Koehne
15. 梨 *Pyrus pyrifolia* (Burm. F.) Nakai
16. 苹果 *Malus pumila* Mill.
17. 山楂 *Crataegus pinnatifida* Bge.
18 柿 *Diospyros kaki* Thunb.
19. 桃 *Prunus persica* L.
20. 紫叶桃 *Prunus persica* 'Zi Ye Tao'
21. 碧桃 *Prunus persica* ' Duplex'
22. 杏 *Prunus armeniaca* L.
23. 日本晚樱 *Prunus serrulate* var. *lannesiana* (Carr.) Makino
24. 石榴 *Punica granatum* L.
25. 榆叶梅 *Prunus triloba* (Lindl.) Ricker
26. 紫丁香 *Syringa oblata* Lindl.
27. 合欢 *Albizia julibrissin* Durazz.
28. 卫矛 *Euonymus alatus* (Thunb.) Sieb.
29. 紫薇 *Lagerstroemia indica* L.
30. 刺槐 *Robinia pseudoacacia* L.
31. 槐 *Styphnolobium japonicum* L.
32. 龙爪槐 *Styphnolobium japonicum* 'Pendula'
33. 构树 *Broussonetia papyrifera* (L.) L'Her. ex Vent.
34. 楝 *Melia azedarach* L.
35. 兰考泡桐 *Paulownia elongata* S. Y. Hu
36. 毛白杨 *Populus tomentosa* Carr.
37. 东京樱花 *Cerasus yedoensis* (Matsum.) Yu et Li

(五)赏根类

银杏 *Ginkgo biloba* L.

(六)赏株形类

1. 荷花玉兰 *Magnolia grandiflora* L.
2. 玉兰 *Yulania denudata* (Desr.) D. L. Fu
3. 二乔玉兰 *Yulania* × *soulangeana* D. L. Fu
4. 紫玉兰 *Yulania liliflora* (Desrousseaux) D. L. Fu
5. 鹅掌楸 *Liriodendron chinensis* (Hemsl.) Sarg.
6. 樟 *Cinnamomum camphora* (L.) Presl
7. 小叶蚊母树 *Distylium buxifolium* (Hance) Merr.
8. 桂花 *Osmanthus fragrans* (Thunb.) Lour.
9. 枇杷 *Eribotrya japonica* (Thunb.) Lindl.
10. 女贞 *Ligustrum lucidum* Ait.
11. 棕榈 *Trachycarpus fortunei*（Hook.） H. Wendl.
12. 枫杨 *Pterocarya stenoptera* C. DC.
13. 复羽叶栾树 *Koelreuteria bipinnata* Franch.
14. 银杏 *Ginkgo biloba* L.
15. 五角枫 *Acer pictum* subsp.*mono* (Maxim.) H. Ohashi
16. 三角枫 *Acer buergerianum* Miq.
17. 鸡爪槭 *Acer palmatum* Thunb.

18. 红枫 *Acer palmatum* 'Atropurpureum'
19. 羽毛枫 *Acer palmatum* 'Dissectum'
20. 重阳木 *Bischofia polycarpa* Airy Shaw
21. 杜英 *Elaeocarpus decipiens* Hems.
22. 杜仲 *Eucommia ulmoides* Oliv.
23. 大叶榉树 *Zelkova schneideriana* Hand.-Mazz.
24. 梧桐 *Firmiana simplex* (L.) W. Wight
25. 黑弹树 *Celtis bungeana* Bl.
26. 杜梨 *Pyrus betulifolia* Bunge
27. 垂丝海棠 *Malus halliana* Koehne
28. 紫叶李 *Prunus cerasifera* 'Atropurpurea'
29. 李 *Prunus salicina* Lindl.
30. 木瓜 *Chaenomeles sinensis* (Thouin) Koehne
31. 梨 *Pyrus pyrifolia* (Burm. F.) Nakai
32. 苹果 *Malus pumila* Mill.
33. 山楂 *Crataegus pinnatifida* Bge.
34. 柿 *Diospyros kaki* Thunb.
35. 桃 *Prunus persica* L.
36. 紫叶桃 *Prunus persica* 'Zi Ye Tao'
37. 碧桃 *Prunus persica* ' Duplex'
38. 杏 *Prunus armeniaca* L.
39. 日本晚樱 *Prunus serrulate* var. *lannesiana* (Carr.) Makino
40. 榆叶梅 *Prunus triloba* (Lindl.) Ricker
41. 紫丁香 *Syringa oblata* Lindl.
42. 合欢 *Albizia julibrissin* Durazz.
43. 二球悬铃木 *Platanus acerifolia* (Ait.) Willd.
44. 紫薇 *Lagerstroemia indica* L.
45. 臭椿 *Ailanthus altissima* (Mill.) Swingle
46. 香椿 *Toona sinensis* (A. Juss.) Roem.
47. 旱柳 *Salix matsudana* Koidz.
48. 垂柳 *Salix babylonica* L.
49. 刺槐 *Robinia pseudoacacia* L.
50. 槐 *Styphnolobium japonicum* L.
51. 龙爪槐 *Styphnolobium japonicum* 'Pendula'
52. 构树 *Broussonetia papyrifera* (L.) L'Her. ex Vent.
53. 楝 *Melia azedarach* L.
54. 兰考泡桐 *Paulownia elongata* S. Y. Hu
55. 毛白杨 *Populus tomentosa* Carr.
56. 桑 *Morus alba* L.
57. 榆树 *Ulmus pumila* L.

三、常绿灌木

（一）观叶类

1. 千头柏 *Platycladus orientalis* 'Sieboldii'
2. 铺地柏 *Juniperus procumbens* (Endlicher) Siebold ex Miquel

3. 阔叶十大功劳 *Mahonia bealei* (Fort.) Carr.
4. 十大功劳 *Mahonia fortunei* (Lindl.) Fedde
5. 枸骨 *Ilex cornuta* Lindl.et Paxt.
6. 火棘 *Pyracantha fortuneana* (Maxim.) Li
7. 南天竹 *Nandina domestica* Thunb.
8. 海桐 *Pittosporum tobira* (Thunb.) Ait.
9. 冬青卫矛 *Euonymus japonicus* Thunb.
10. 黄杨 *Buxus sinica* (Rehd. et Wils.) Cheng
11. 金边黄杨 *Euonymus japonicus* 'Aurea−marginatus '
12. 雀舌黄杨 *Buxus bodinieri* L é vl.
13. 石楠 *Photinia serratifolia* (Desfontaines) Kalkman
14. 红叶石楠 *Photinia × fraseri*
15. 红花檵木 *Loropetalum chinense* var. *rubrum* Yieh
16. 花叶青木 *Aucuba japonica* var. *variegata* Dombrain
17. 八角金盘 *Fatsia japonica* (Thunb.) Decne. et Planch.
18. 日本珊瑚树 *Viburnum odoratissimum* var. *awabuki* (K.Koch) Zabel ex Rumpl.
19. 龟甲冬青 *Ilex crenata* var. *convexa* Makino
20. 山茶 *Camellia japonica* L.
21. 凤尾丝兰 *Yucca gloriosa* L.
22. 小叶女贞 *Ligustrum quihoui* Carr.
23. 野迎春 *Jasminum mesnyi* Hance
24. 小叶蚊母树 *Distylium buxifolium* (Hance) Merr.

（二）观果类

1. 阔叶十大功劳 *Mahonia bealei* (Fort.) Carr.
2. 十大功劳 *Mahonia fortunei* (Lindl.) Fedde
3. 枸骨 *Ilex cornuta* Lindl. et Paxt.
4. 火棘 *Pyracantha fortuneana* (Maxim.) Li
5. 南天竹 *Nandina domestica* Thunb.
6. 海桐 *Pittosporum tobira* (Thunb.) Ait.
7. 冬青卫矛 *Euonymus japonicus* Thunb.
8. 黄杨 *Buxus sinica* (Rehd. et Wils.) Cheng
9. 金边黄杨 *Euonymus Japonicus* 'Aurea−marginatus '
10. 雀舌黄杨 *Buxus bodinieri* L é vl.
11. 石楠 *Photinia serratifolia* (Desfontaines) Kalkman

（三）观干类

冬青卫矛 *Euonymus japonicus* Thunb.

（四）观花类

1. 阔叶十大功劳 *Mahonia bealei* (Fort.) Carr.
2. 十大功劳 *Mahonia fortunei* (Lindl.) Fedde
3. 火棘 *Pyracantha fortuneana* (Maxim.) Li
4. 南天竹 *Nandina domestica* Thunb.
5. 海桐 *Pittosporum tobira* (Thunb.) Ait.
6. 冬青卫矛 *Euonymus japonicus* Thunb.

7. 石楠 *Photinia serratifolia* (Desfontaines) Kalkman
8. 红花檵木 *Loropetalum chinense* var. *rubrum* Yieh
9. 山茶 *Camellia japonica* L.
10. 凤尾丝兰 *Yucca gloriosa* L.
11. 小叶女贞 *Ligustrum quihoui* Carr.
12. 夹竹桃 *Nerium oleander* L.
13. 扶桑 *Hibiscus rosa-sinensis*
14. 含笑 *Michelia figo*

（五）赏根类

山茶 *Camellia japonica* L.

（六）赏株形类

1. 千头柏 *Platycladus orientalis* 'Sieboldii'
2. 铺地柏 *Juniperus procumbens* (Endlicher) Siebold ex Miquel
3. 枸骨 *Ilex cornuta* Lindl. et Paxt.
4. 海桐 *Pittosporum tobira* (Thunb.) Ait.
5. 冬青卫矛 *Euonymus japonicus* Thunb.
6. 黄杨 *Buxus sinica* (Rehd. et Wils.) Cheng
7. 金边黄杨 *Euonymus Japonicus* 'Aurea-marginatus'
8. 雀舌黄杨 *Buxus bodinieri* L é vl.
9 石楠 *Photinia serratifolia* (Desfontaines) Kalkma
10. 红叶石楠 *Photinia* × *fraseri*
11. 红花檵木 *Loropetalum chinense* var. rubrum Yieh
12. 山茶 *Camellia japonica* L.

四、落叶灌木

（一）观叶类

1. 皱皮木瓜 *Chaenomeles speciosa* (Sweet) Nakai
2. 紫叶小檗 *Berberis thunbergii* 'Atropurpurea'
3. 金叶女贞 *Ligustrum* × *vicaryi*

（二）观果类

1. 紫叶小檗 *Berberis thunbergii* 'Atropurpurea'
2. 花椒 *Zanthoxylum bungeanum* Maxim.

（三）观干类

1. 皱皮木瓜 *Chaenomeles speciosa* (Sweet) Nakai
2. 紫荆 *Cercis chinensis* Bunge
3. 连翘 *Forsythia suspensa* (Thunb.) Vahl
4. 迎春花 *Jasminum nudiflorum* Lindl.
5. 锦带花 *Weigela florida* (Bunge) A. DC.
6. 野蔷薇 *Rosa multiflora* Thunb.
7. 花椒 *Zanthoxylum bungeanum* Maxim.

（四）观花类

1. 绣球荚蒾 *Viburnum macrocephalum* Fort.
2. 琼花 *Viburnum macrocephalum* f. *keteleeri* (Carr.) Rehd.
3. 珍珠梅 *Sorbaria sorbifolia* (L.) A. Br.
4. 重瓣棣棠花 *Kerria japonica* f. *pleniflora* (Witte) Rehd.
5. 皱皮木瓜 *Chaenomeles speciosa* (Sweet) Nakai
6. 紫荆 *Cercis chinensis* Bunge
7. 金丝桃 *Hypericum monogynum* L.
8. 连翘 *Forsythia suspensa* (Thunb.) Vahl
9. 绣线菊 *Spiraea salicifolia* L.
10. 杜鹃 *Rhododendron simsii* Planch.
11. 锦带花 *Weigela florida* (Bunge) A. DC.
12. 结香 *Edgeworthia chrysantha* Lindl.
13. 蜡梅 *Chimonanthus praecox* (L.) Link
14. 木芙蓉 *Hibiscus mutabilis* L.
15. 野蔷薇 *Rosa multiflora* Thunb.
16. 月季 *Rosa chinensis* Jacq.
17. 牡丹 *Paeonia suffruticosa* Andrews
18. 夹竹桃 *Nerium oleander* L.
19. 小蜡 *Ligustrum sinense* Lour.
20. 金叶女贞 *Ligustrum* × *vicaryi*
21. 木槿 *Hibiscus syriacus* L.

（五）赏根类

蜡梅 *Chimonanthus praecox* (L.) Link

（六）赏株形类

1. 皱皮木瓜 *Chaenomeles speciosa* (Sweet) Nakai
2. 结香 *Edgeworthia chrysantha* Lindl.
3. 夹竹桃 *Nerium oleander* L.

五、常见藤本

（一）观叶类

1. 常春藤 *Hedera nepalensis* var. *sinensis* (Tobl.) Rehd
2. 扶芳藤 *Euonymus fortunei* (Turcz.) Hand.-Mazz
3. 花叶络石 *Trachelospermum jasminoides* 'Flame'
4. 紫藤 *Wisteria sinensis* (Sims) DC.
5. 木香花 *Rosa banksiae* Ait.
6. 地锦 *Parthenocissus tricuspidata* (Siebold & Zucc.) Planch.
7. 葡萄 *Vitis vinifera* L.
8. 五叶地锦 *Parthenocissus quinquefolia* (L.) Planch.

（二）观果类

1. 常春藤 *Hedera nepalensis* var.*sinensis* (Tobl.) Rehd

2. 扶芳藤 *Euonymus fortunei* (Turcz.) Hand.-Mazz
3 紫藤 *Wisteria sinensis* (Sims) DC.
4. 忍冬 *Lonicera japonica* Thunb.
5. 葡萄 *Vitis vinifera* L.

（三）观干类

1. 紫藤 *Wisteria sinensis* (Sims) DC.
2. 葡萄 *Vitis vinifera* L.

（四）观花类

1. 花叶络石 *Trachelospermum jasminoides* 'Flame'
2. 紫藤 *Wisteria sinensis* (Sims) DC.
3. 木香花 *Rosa banksiae* Ait.
4. 忍冬 *Lonicera japonica* Thunb.
5. 厚萼凌霄 *Campsis radicans* (L.) Seem.
6. 茑萝松 *Ipomoea quamoclit* L.
7. 藤本月季 *Rosa (Climbers Group)*

（五）赏株形类

1. 花叶络石 *Trachelospermum jasminoides* 'Flame'
2. 紫藤 *Wisteria sinensis* (Sims) DC.

六、常见花卉

1. 金鸡菊 *Coreopsis basalis* (A. Dietr.) S.F.Blake
2. 波斯菊 *Cosmos bipinnatus* Cav.
3. 金光菊 *Rudbeckia laciniata* L.
4. 松果菊 *Echinacea purpurea* (Linn.) Moench
5. 黑心金光菊 *Rudbeckia hirta* L.
6. 天人菊 *Gaillardia pulchella* Foug.
7. 勋章菊 *Gazania rigens* Moench
8. 亚菊 *Ajania pallasiana* (Fisch. ex Bess.) Poljak.
9. 银叶菊 *Jacobaea maritima* (L.)
10. 堆心菊 *Helenium autumnale* L.
11. 雏菊 *Bellis perennis* Linn.
12. 金盏花 *Calendula officinalis* L.
13. 万寿菊 *Tagetes erecta* L.
14. 翠菊 *Callistephus chinensis* (L.) Nees
15. 白晶菊 *Mauranthemum paludosum* (Poir.) Vogt et Oberprieler
16. 百日菊 *Zinnia elegans* Jacq.
17. 孔雀草 *Tagetes patula* L.
18. 三色堇 *Viola tricolor* L.
19. 角堇 *Viola cornuta* Desf.
20. 碧冬茄 *Petunia* × *hybrida*
21. 金鱼草 *Antirrhinum majus* L.
22. 萱草 *Hemerocallis fulva*（L.）L.

23. 鸢尾 *Iris tectorum* Maxim.
24. 美女樱 *Glandularia* × *hybrida*
25. 凤仙花 *Impatiens balsamina* L.
26. 石竹 *Dianthus chinensis* L.
27. 虞美人 *Papaver rhoeas* L.
28. 一年蓬 *Erigeron annuus* (L.) Pers.
29. 蓝花鼠尾草 *Salvia farinacea* Benth.
30. 大丽花 *Dahlia pinnata* Cav.
31. 四季秋海棠 *Begonia cucullata* Willd.
32. 火炬花 *Kniphofia uvaria* (L.) Oken
33. 芍药 *Paeonia lactiflora* Pal.
34. 醉蝶花 *Tarenaya hassleriana* (Chodat) Iltis
35. 玉簪 *Hosta plantaginea* (Lam.) Aschers.
36. 月见草 *Oenothera biennis* L.
37. 白车轴草 *Trifolium repens* L.
38. 红花酢浆草 *Oxalis corymbosa* DC.
39. 天竺葵 *Pelargonium hortorum* Bailey
40. 五彩苏 *Coleus scutellarioides* (L.) Benth.
41. 天蓝绣球 *Phlox paniculata* L.
42. 大吴风草 *Farfugium japonicum* (L.f.) Kitam
43. 蜀葵 *Alcea rosea* Linn.
44. 蛇鞭菊 *Liatris spicata* (L.) Willd.
45. 美人蕉 *Canna indica* L.
46. 向日葵 *Helianthus annuus* L.
47. 八宝 *Hylotelephium erythrostictum* (Miq.) H. Ohba
48. 柳叶马鞭草 *Verbena bonariensis* L.
49. 鸡冠花 *Celosia cristata* L.
50. 环翅马齿苋 *Portulaca umbraticola* Kunth
51. 石蒜 *Lycoris radiata* (L'Her.) Herb.
52. 唐菖蒲 *Gladiolus gandavensis* Van Houtte
53. 小苍兰 *Freesia refracta* Klatt
54. 水仙 *Narcissus tazetta* var. *chinensis* Roem.
55. 郁金香 *Tulipa gesneriana* L.
56. 风信子 *Hyacinthus orientalis* L.
57. 百合 *Lilium brounii* var.*viridulum* Baker
58. 大岩桐 *Sinningia speciosa* (Lodd.) Hiern
59. 朱顶红 *Hippeastrum rutilum* (Ker-Gawl.) Herb
60. 文殊兰 *Crinum asiaticum*.var.*sinicum* (Roxb. ex Herb.) Baker
61. 马蹄莲 *Zantedeschia aethiopica* (L.) Spreng.
62. 仙客来 *Cyclamen persicum* Mill.
63. 五彩芋 *Caladium bicolor* (Ait.) Vent.
64. 铃兰 *Convallaria majalis* L.
65. 大花美人蕉 *Canna generalis* Bailey
66. 美丽月见草 *Oenothera speciosa*
67. 瓜叶菊 *Pericallis hybrida*
68 旱金莲 *Tropaeolum majus*
69. 葱兰 *Zephyranthes candida*

70. 报春花 *Primula malacoides*
71. 芭蕉 *Musa basjoo*
72. 荷包牡丹 *Lamprocapnos spectabilis* (L.) Fukuhara

七、常见水生植物

1. 莲 *Nelumbo nucifera* Gaertn.
2. 睡莲 *Nymphaea tetragona* Georgi
3. 千屈菜 *Lythrum salicaria* L.
4. 芦苇 *Phragmites australis* (Cav.) Trin. ex Steud.
5. 香蒲 *Typha orientalis* Presl
6. 梭鱼草 *Pontederia cordata* L.
7. 雨久花 *Monochoria korsakowii* Regel et Maack
8. 水葱 *Schoenoplectus tabernaemontani* (C. C. Gmelin) Palla
9. 华夏慈姑 *Sagittaria trifolia* subsp. *leucopetala* (Miquel) Q. F. Wang
10. 野生风车草 *Cyperus alternifolius* Linn.
11. 凤眼蓝 *Eichhornia crassipes* (Mart.) Solme
12. 再力花 *Thalia dealbata* Fraser ex Roscoe
13. 萍蓬草 *Nuphar pumila* (Timm) de Candolle
14. 花叶芦竹 *Arundo donax* 'Versicolor'

八、常见竹子

1. 斑竹 *Phyllostachys reticulata* 'Lacrima−deae '
2. 方竹 *Chimonobambusa quadrangularis* (Fenzi) Makino
3. 孝顺竹 *Bambusa multiplex* (Lour.) Raeusch. ex J. A. et J. H. Schult.
4. 凤尾竹 *Bambusa multiplex* 'Fernleaf '
5. 龟甲竹 *Phyllostachys edulis* 'Heterocycla '
6. 刚竹 *Phyllostachys sulphurea* var. *viridis* R. A. Young
7. 淡竹 *Phyllostachys glauca* McClure
8. 黄槽竹 *Phyllostachys aureosulcata* McClure
9. 黄金间碧玉竹 *Bambusa vulgaris* 'Vittata '
10. 金镶玉竹 *Phyllostachys aureosulcata* 'Spectabilis '
11. 毛竹 *Phyllostachys edulis* (Carriere) J. Houzeau
12. 紫竹 *Phyllostachys nigra* (Lodd.) Munro
13. 箬竹 *Indocalamus tessellatus* (munro) Keng f.
14. 阔叶箬竹 *Indocalamus latifolius* (Keng) McClure
15. 菲白竹 *Pleioblastus fortunei* (Van Houtte) Fiori
16. 佛肚竹 *Bambusa ventricosa* McClure

九、常见观赏草

1. 狼尾草 *Pennisetum alopecuroides* (L.) Sprengel
2. 细叶芒 *Miscanthus sinensis* 'Gracillimus'
3. 斑叶芒 *Miscanthus sinensis* 'Zebrinus'

4. 细茎针茅 *Stipa tenuissima* Trin.
5. 丝带草 *Phalaris arundinacea* var. *picta* L.

十、常见草坪草

1. 西伯利亚剪股颖 *Agrostis stolonifera* L.
2. 草地早熟禾 *Poa pratensis* L.
3. 高羊茅 *Festuca elata* Keng ex Alexeev
4. 多花黑麦草 *Lolium multiflorum* Lam.
5. 结缕草 *Zoysia japonica* Steud.
6. 狗牙根 *Cynodon dactylon* (L.) Pers.
7. 细叶结缕草 *Zoysia pacifica* (Goudswaard) M. Hotta & S. Kuroki
8. 假俭草 *Eremochloa ophiuroides* (Munro) Hack.
9. 沟叶结缕草 *Zoysia matrella* (L.)Merr.
10. 野牛草 *Buchloe dactyloides* (Nutt.) Engelm.

常见园林植物拉丁学名检索